微课版

计算机组装与维护项目教程

崔升广 张一豪 ◉ 主编
姚灵 徐辉 郭子明 赵春亮 李中跃 ◉ 副主编

人民邮电出版社
北京

图书在版编目（CIP）数据

计算机组装与维护项目教程 : 微课版 / 崔升广，张一豪主编. -- 北京 : 人民邮电出版社，2022.2(2024.1重印)
工业和信息化精品系列教材
ISBN 978-7-115-57200-4

Ⅰ. ①计… Ⅱ. ①崔… ②张… Ⅲ. ①电子计算机－组装－高等学校－教材②计算机维护－高等学校－教材
Ⅳ. ①TP30

中国版本图书馆CIP数据核字(2021)第171880号

内 容 提 要

本书以实际项目为导向，系统介绍了计算机组装与维护的基础知识。全书共有 7 个项目，包括计算机系统概述、计算机硬件配置、操作系统安装、操作系统还原与备份、常用工具软件的安装与使用、构建局域网络，以及计算机系统管理与维护。

本书强调理论与实践相结合，以理论知识够用为度，重在实践操作，通过丰富的实例、大量的插图进行项目化、图形化的知识呈现。本书实用性强，简单易学，初学者容易上手。本书从实用角度出发讲解教学内容，以提升学生的实操能力，使学生在训练过程中巩固所学知识。

本书适合作为高职院校“计算机组装与维护”课程的教材和教学参考书，也可供从事计算机组装和维护等相关工作的人员阅读参考。

◆ 主　　编　崔升广　张一豪
副 主 编　姚　灵　徐　辉　郭子明　赵春亮　李中跃
责任编辑　郭　雯
责任印制　王　郁　彭志环

◆ 人民邮电出版社出版发行　　北京市丰台区成寿寺路 11 号
邮编　100164　　电子邮件　315@ptpress.com.cn
网址　https://www.ptpress.com.cn
河北京平诚乾印刷有限公司印刷

◆ 开本：787×1092　1/16
印张：12.25　　2022 年 2 月第 1 版
字数：333 千字　　2024 年 1 月河北第 4 次印刷

定价：49.80 元

读者服务热线：(010)81055256　印装质量热线：(010)81055316
反盗版热线：(010)81055315
广告经营许可证：京东市监广登字 20170147 号

前言 FOREWORD

随着计算机软件、硬件技术的不断发展，个人计算机已经普及家庭，成为人们日常生活和办公的必需品。掌握计算机组装和维护的相关知识，具备组装与维护计算机的基本技能，是计算机技术人员的基本能力要求。在高职教育中，“计算机组装与维护”是一门重要的基础课程，作为与之配套的教材，应该做到与时俱进，涵盖尽量广的知识面与技术面，帮助学生学到前沿和实用的技术，为以后工作做好知识储备。

本书结合当前主流的软件和硬件，介绍了计算机组装与维护的基础知识。本书在内容安排上力求做到深浅适度、详略得当。本书从计算机基础知识起步，用大量的案例、插图进行项目化、图形化的知识呈现。计算机行业软件、硬件知识更新速度比较快，因此本书在重点向读者传授计算机组装与维护的基础知识和常用技能的同时，还力求教会读者获取新知识的方法和途径。

本书具有以下特点。

1. 理论与实践紧密结合

每个项目包含前置知识点和详细的操作步骤，通过这种理论结合实践的设计，读者能够知其然，也知其所以然，融会贯通、举一反三。

2. 与时俱进，内容紧跟技术变化

本书可以让学生学到前沿和实用的技术，使读者能组装与维护个人计算机、安装操作系统、使用常用工具软件等，为以后的工作储备基础知识。

3. 内容深入浅出，配备微课视频

编者精心选取了本书的内容，并对教学内容进行了整体规划与设计，使本书在叙述上简明扼要、通俗易懂，既方便教师讲授，又方便学生理解与掌握。本书用大量的插图、案例讲解相关知识，同时配备微课视频、课程标准、教案、PPT 等课程资源。

本书由崔升广、张一豪任主编，姚灵、徐辉、郭子明、赵春亮、李中跃任副主编，全书由崔升广组织编写并统稿。具体分工如下：崔升广编写项目 1、项目 6、项目 7，张一豪编写项目 2、项目 3，姚灵、徐辉、郭子明、赵春亮、李中跃编写项目 4、项目 5。

由于编者水平有限，书中难免存在疏漏或不足之处，恳请读者批评指正。

编者

2021 年 6 月

目录 CONTENTS

项目1

项目2

项目3

项目1 计算机系统概述

01

【学习目标】

- 了解计算机的发展历程。
- 理解计算机系统的构成。
- 了解计算机的应用领域。

1.1 项目描述

计算机（Computer）俗称电脑，是一种用于高速计算的电子计算机器。计算机既可以进行数值运算，又可以进行逻辑运算，还具有存储记忆功能，是能够按照程序运行，自动、高速地处理海量数据的现代化智能电子设备。

计算机是 20 世纪最先进、最伟大的科学发明之一，对人类的生产和社会活动产生了极其重要的影响。它标志着信息化时代的开始，并以强大的生命力飞速发展。计算机的应用从最初的军事、科研扩展到社会的各个领域，已形成了规模巨大的计算机产业，带动了全球范围的技术进步，由此引发了深刻的社会变革。

1.2 必备知识

1.2.1 计算机的发展历程

20 世纪 70 年代初，第一个微处理器诞生，从此以后，微处理器的性能和集成度几乎“每隔 18 个月便会提高到原来的两倍，而价格却下降一半”，这就是著名的摩尔定律，由英特尔公司创始人之一——戈登·摩尔提出。这一定律预示了信息技术的发展速度，尽管实际上这个增长率略有波动，实际生产也并非严格遵循摩尔定律，但这已经成为各计算机生产厂商追求的一个目标。

1. 第一台数字式电子计算机

为了解决计算大量数据的难题，宾夕法尼亚大学的莫奇利和埃克特成立了研究小组。经过 3 年紧张的工作，第一台数字式电子计算机 ENIAC 终于在 1946 年 2 月 14 日问世，如图 1-1 所示，它被用来进行弹道计算，是一个庞然大物，它的运算速度在现在看来微不足道，但在当时却是破天荒的。ENIAC 以电子管作为元器件，所以又被称为电子管计算机，是第一代计算机。电子管计算机使用的电子管体积很大，耗电量大，易发热，因而工作的时间不能太长。

图1-1 ENIAC

2. 计算机的普及与推广

现代计算机的发展经历了 4 个阶段，分别是电子管时代（1946—1958 年）、晶体管时代（1959—1964 年）、中小规模集成电路时代（1965—1970 年）、大规模和超大规模集成电路时代（1971 年至今）。直到 1981 年，IBM 公司推出微型计算机，后来被广泛应用于学校和家庭，计算机才开始普及。

3. 冯·诺依曼计算机

现在使用的计算机，其基本工作原理是存储程序和程序控制，该原理是由“计算机之父”冯·诺依曼提出的。

“冯·诺依曼机”标志着电子计算机时代的真正来临，指导着以后的计算机设计。但一切事物总是在发展着的，随着科学技术的进步，人们又认识到“冯·诺依曼机”的不足，它妨碍了计算机运算速度的进一步提高，因而人们提出了“非冯·诺依曼机”（脱离了冯·诺依曼结构原有模式的计算机，如光子计算机和量子计算机等）的设想。

4. 目前计算机的应用状况

当今，计算机的应用基本上都要与计算机网络结合。资源与服务更大范围的整合，为计算机的发展与应用提供了前所未有的空间。笔记本电脑、平板电脑、掌上电脑、超级本等越来越多地被普通人拥有和使用，新的技术与概念也不断被推出。例如，云计算（Cloud Computing）指基于互联网的相关服务的增加、交付和使用模式，通常涉及通过互联网来提供动态、易扩展的虚拟化的资源。“云”是互联网上的一种比喻说法，因为过去在网络示意图中经常用云来表示电信网，后来也用来表示互联网和底层基础设施。狭义云计算指信息技术（Information Technology，IT）基础设施的交付和使用模式，指通过网络以按需、易扩展的方式获得所需资源；广义云计算指服务的交付和使用模式，指通过网络以按需、易扩展的方式获得所需服务。这种服务可以与 IT 软件、互联网相关，也可以是其他服务。它意味着计算能力也可作为一种商品通过互联网进行流通。IT 行业的高速发展也成就了一批著名的公司，如微软、苹果、华为等。

5. 未来计算机的发展趋势

基于集成电路的计算机短期内还不会退出历史舞台，但一些新的计算机正在加紧研究，如超导计算机、纳米计算机、光计算机、脱氧核糖核酸（Deoxyribo Nucleic Acid，DNA）计算机和量子计算机等。未来的计算机将以超大规模集成电路为基础，向巨型化、微型化、网络化与智能化等方向发展。

1.2.2 计算机系统的构成

V1-1 计算机系统的构成

完整的计算机系统由硬件系统和软件系统两大部分构成，如图 1-2 所示。硬件（Hardware）指组成计算机的物理器件，是计算机系统的物质基础；软件（Software）指运行在硬件系统之上的管理、控制和维护计算机外部设备（简称外设）的各种程序、数据及相关文档等的总称。

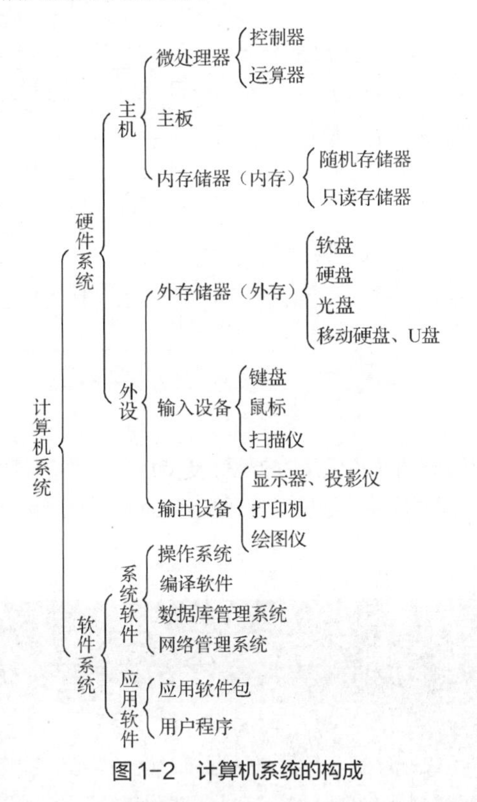

图 1-2 计算机系统的构成

1. 计算机的硬件系统

按照冯·诺依曼理论体系分析，计算机的硬件系统由五大部分组成，即输入设备、存储器、运算器、控制器和输出设备等，如图 1-3 所示。

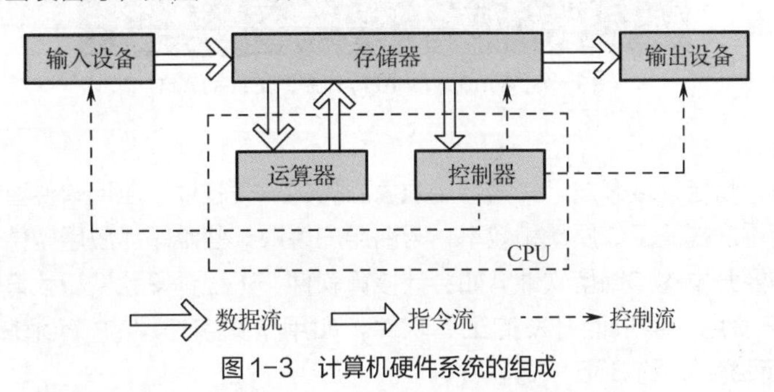

图 1-3 计算机硬件系统的组成

2. 计算机的软件系统

计算机的软件系统是指在计算机上运行的各种程序、数据及相关文档资料等，通常被分为系统软件和应用软件两大类，如图 1-4 所示。计算机系统软件能保证计算机按照用户的意愿正常运行，满足用户使用计算机的各种需求，帮助用户管理计算机和分配资源，执行用户命令、控制系统调度等。虽然这两类软件的用途不同，但它们的共同点是都存储在计算机存储器中，以某种格式编码书写的程序或数据。

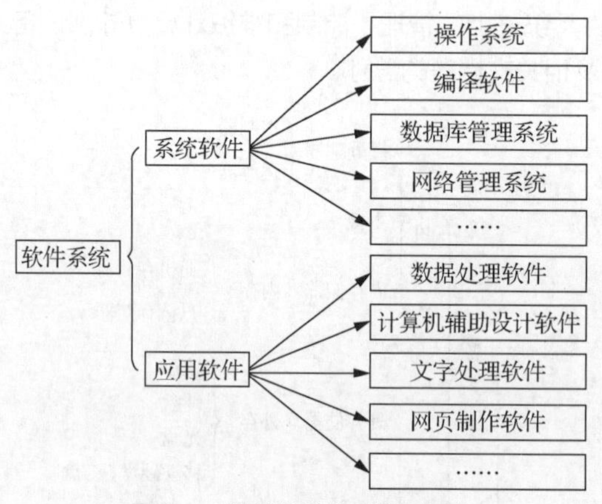

图 1-4　计算机软件系统的组成

（1）系统软件。

系统软件是指负责控制和协调计算机及其外设、支持应用软件的开发和运行的一类计算机软件。系统软件一般包括操作系统、编译软件、数据库管理系统和网络管理系统等。图 1-5 所示为 Windows 10 操作系统的启动界面。

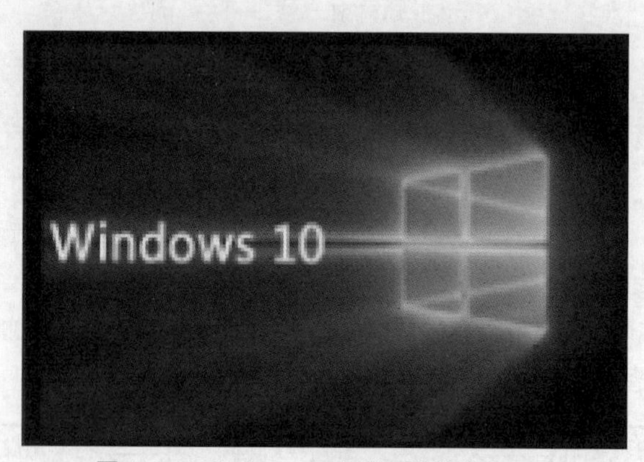

图 1-5　Windows 10 操作系统的启动界面

（2）应用软件。

应用软件是指为特定领域开发，并为特定对象服务的一类软件。应用软件直接面向用户需求，它们可以直接帮助用户提高工作质量和效率，帮助用户解决某些难题。应用软件一般分为两类：一类是为满足特定需要开发的实用型软件，如会计核算软件、工程预算软件和教育辅助软件等；另一类是为了方便用户使用计算机而开发的工具软件，如用于文字处理的 Word、用于辅助设计的 AutoCAD 及用于系统维护的 360 杀毒软件等。

1.2.3 计算机的应用领域

计算机在人们的日常生活和工作中发挥着越来越重要的作用，它的应用领域越来越广泛，主要体现在以下几个方面。

1. 科学计算

计算机研制的初衷就是节省人力资源，实现科学计算。目前，科学计算仍然是计算机的重要应用领域，如高能物理、工程设计、地震预测、气象预报、航天技术（见图 1-6）等。计算机具有较高的运算速度、较高的计算精度及较强的逻辑判断能力，因此出现了计算力学、计算物理、计算化学、生物控制论等新的学科。

图 1-6 航天飞机与卫星对接

2. 信息管理

信息管理是计算机应用最广泛的领域之一，可利用计算机来加工、管理与操作任何形式的数据资料，如企业管理、物资管理、报表统计、账目管理、信息情报检索，以及近些年的电子商务、无纸化办公等。某公司库存管理系统如图 1-7 所示。

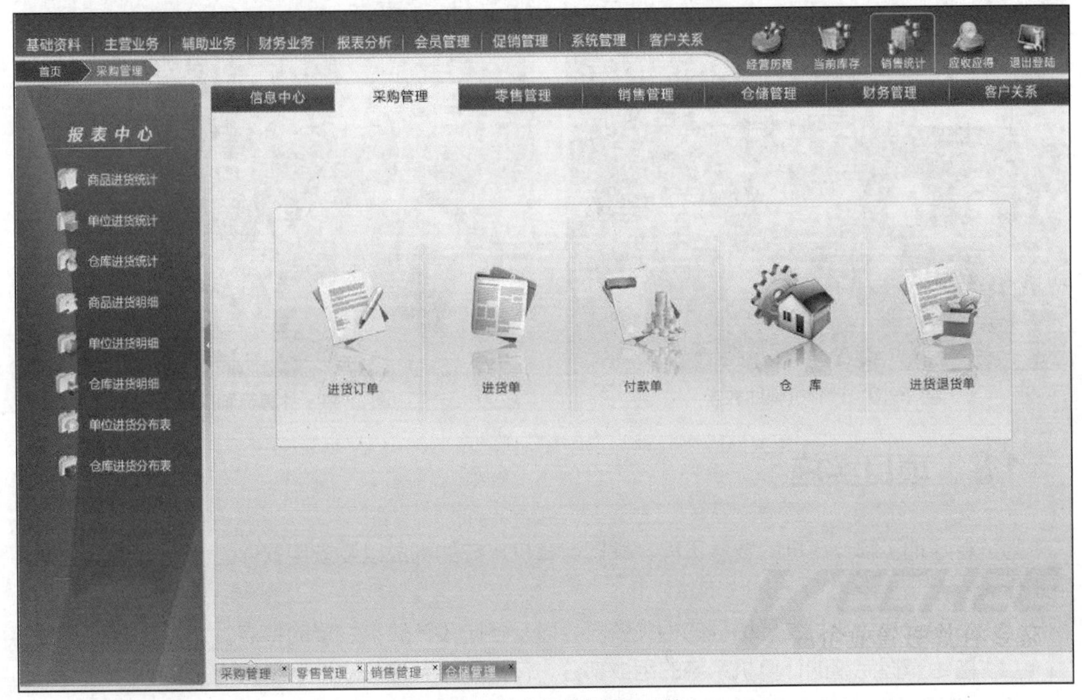

图 1-7 某公司库存管理系统

3. 计算机辅助系统

（1）计算机辅助设计（Computer Aided Design，CAD）：利用计算机来帮助设计人员进行工程设计，如图 1-8 所示。

（2）计算机辅助测试（Computer Aided Testing，CAT）：利用计算机进行大量而复杂的测试工作，提高测试工作效率，如图 1-9 所示。

（3）计算机辅助教学（Computer Aided Instruction，CAI）：利用计算机帮助教师讲授和学生学习的自动化系统，如图 1-10 所示。

（4）计算机辅助制造（Computer Aided Manufacturing，CAM）：利用计算机进行生产设备的管理、控制与操作，从而提高产品质量、降低生产成本，如图 1-11 所示。

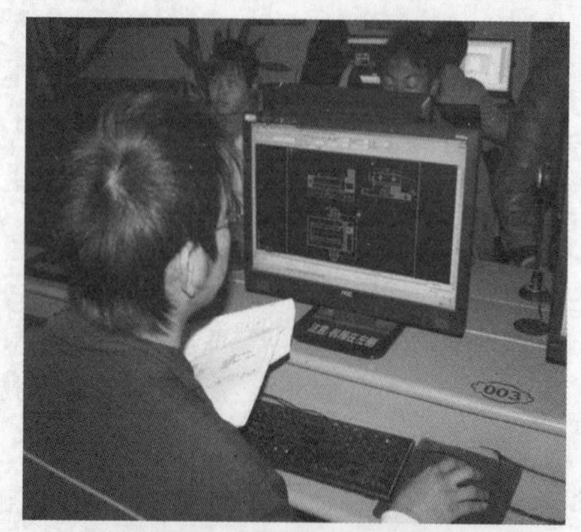

图 1-8　计算机辅助设计

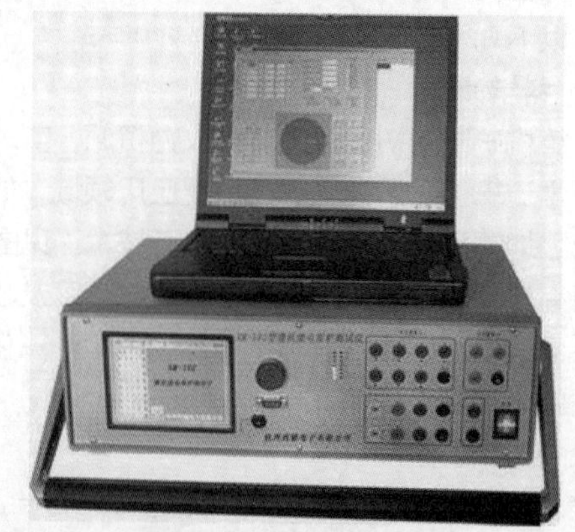

图 1-9　计算机辅助测试

图 1-10　计算机辅助教学

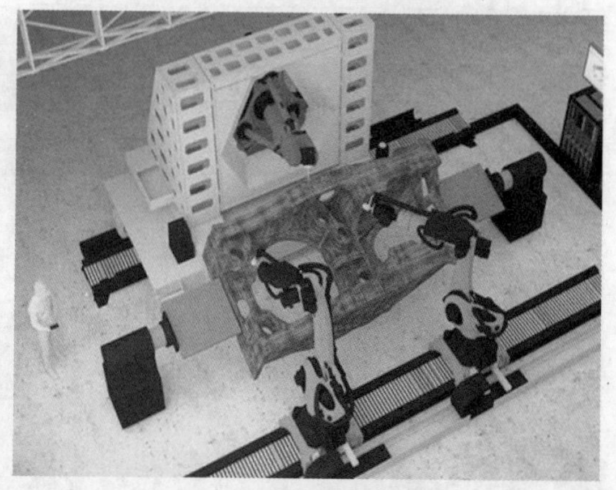

图 1-11　计算机辅助制造

1.3 项目实施

为了更好地了解计算机的发展历程、掌握计算机系统的构成以及应用软件的使用，需要完成以下工作。

（1）上网查找计算机发展历程的相关资料，以及各阶段计算机发展的特点。

（2）熟练掌握完整的计算机系统的组成部分，包括硬件系统与软件系统的相关知识。

（3）学习并掌握常用应用软件的使用方法，如用于文字处理的 Word、用于辅助设计的 AutoCAD 及用于系统维护的 360 杀毒软件等。

1.4 项目小结

（1）计算机的发展历程：摩尔定律——每隔 18 个月半导体芯片上集成的元件数量便会提高到原来的两倍，而价格却下降一半；第一台数字式电子计算机——ENIAC 在美国宾夕法尼亚大学研制成功，美国国防部用它来进行弹道计算；计算机的普及与推广，介绍了现代计算机发展经历的 4 个阶段；冯·诺依曼计算机及冯·诺依曼设计思想，其明确了计算机由 5 部分组成，包括运算器、控制器、存储器、输入设备和输出设备；目前计算机的应用状况——指出了计算机的应用基本上都要与计算机网络结合，资源与服务更大范围的整合为计算机的发展与应用提供了前所未有的空间；未来计算机的发展趋势——未来的计算机将以超大规模集成电路为基础，向巨型化、微型化、网络化与智能化等方向发展。

（2）计算机系统的构成：完整的计算机系统由硬件系统和软件系统两大部分组成；计算机的硬件系统包括主机（微处理器、主板、内存储器）、外设（外存储器、输入设备、输出设备）；计算机的软件系统包括系统软件与应用软件。

（3）计算机的应用领域：科学计算，计算机研制的初衷就是节省人力资源，实现科学计算；信息管理，这是计算机应用最广泛的领域之一，利用计算机来加工、管理与操作任何形式的数据资料；计算机辅助系统。

课后习题

简答题

（1）简述计算机系统的发展历程。

（2）计算机系统的构成包括哪些方面？

（3）简述未来计算机的发展趋势。

（4）简述计算机的应用领域。

项目2 计算机硬件配置

02

【学习目标】

- 掌握CPU性能指标及选购。
- 掌握主板性能指标及选购。
- 掌握内存性能指标及选购。
- 掌握硬盘性能指标及选购。
- 掌握独立显卡性能指标及选购。
- 掌握外置声卡知识。
- 掌握液晶显示器性能指标及选购。
- 掌握鼠标与键盘性能指标及选购。
- 掌握电源选购的基本常识。
- 掌握笔记本电脑的选购。
- 掌握组装计算机实践。

2.1 项目描述

要买一台计算机，无非 3 个选择：购买整机、购买笔记本电脑、购买配件自己组装。这 3 个选择各有优缺点。如果要选择一个，则应该从性价比和使用环境入手，毕竟适合才是最好的。本项目从计算机每种硬件的性能指标、常见品牌、类型及选购入手，详细介绍计算机硬件配置。

2.2 必备知识

2.2.1 CPU 简介

CPU 是一块超大规模的集成电路，是一台计算机的运算核心（Core）和控制单元（Control Unit）。它的主要功能是解释计算机指令及处理计算机软件中的数据。CPU 的发展速度非常快，从世界上第一块商用 CPU——英特尔 4004 诞生至今已有近 50 年，如今主要有 Intel（英特尔）公司和 AMD（超威半导体）公司两大厂商。

图 2-1　英特尔 4004 微处理器

1971 年，世界上第一块商用微处理器英特尔 4004 在英特尔公司诞生，如图 2-1 所示。它集成了约 2300 个晶体管，功能有限，运算速度很慢，市场反应也不理想。

1973 年 8 月，由霍夫与费金研制的英特尔 8080 微处理器问世，如图 2-2 所示，它的运算速度约是 4004 的 20 倍。当时，运算速度较快的新型金属氧化物半导体电路出现了，霍夫和费金把该电路应用到 8080 微处理器上，使 8080 微处理器一举成功，成为第二代微处理器。它是有史以来最成功的微处理器之一。

1978 年，英特尔公司首次生产出 16 位的微处理器，它的主频为 4.77MHz，集成了约 30 万个晶体管，同与之配套的数字协处理器 i8087 一起使用相互兼容的指令集——x86 指令集。至今的 CPU 仍在使用该构造框架和指令集，通常称作“向下兼容”，即新型 CPU 可以直接使用基于老式 CPU 开发的软件，无须做任何变动。1979 年推出的 8088 微处理器（见图 2-3）是 8086 微处理器的简化型，被首次应用于 IBM 个人计算机（Personal Computer，PC），PC 的第一代 CPU 便从它开始。

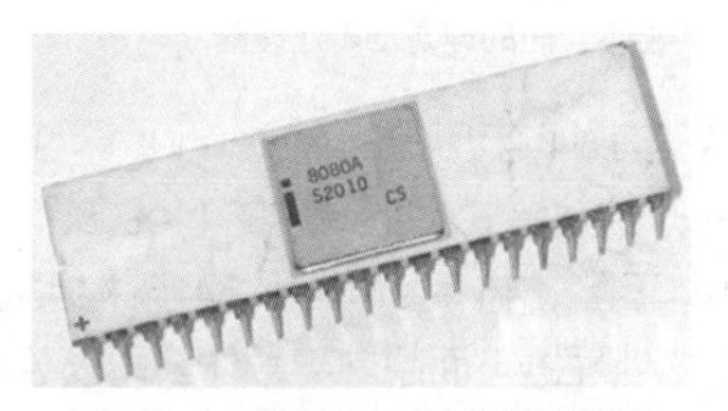

图 2-2　英特尔 8080 微处理器

图 2-3　英特尔 8088 微处理器

1982 年，英特尔公司推出 80286 微处理器，如图 2-4（a）所示。该微处理器集成了约 13.4 万个晶体管，主频达到 20MHz。1985 年推出的 80386 微处理器（见图 2-4（b））是 80x86 系列中第一款 32 位微处理器，内部含约 27.5 万个晶体管，主频最高可达到 33MHz。1989 年推出的 80486 微处理器（见图 2-4（c）），集成了 120 万个晶体管，主频最高可达到 66MHz，它采用了突发总线方式，大大提高了 CPU 与内存的数据交换速度，其性能约是 80386DX 的 4 倍。

（a）

（b）

（c）

图 2-4　英特尔公司 1982—1989 年推出的微处理器

图 2-5　奔腾处理器

1993 年，英特尔公司推出了 Pentium（中文名称为奔腾）处理器，如图 2-5 所示，其最高主频可达 200MHz，集成了约 310 万个晶体管。1995 年的 Pentium Pro 处理器内含约 550 万个晶体管，主频为 133MHz，处理速度几乎是 100MHz 奔腾处理器的 2 倍。

在 1995 年以后的十几年，市场上出现了 100 多种 CPU。英特尔公司的奔腾 4 处理器与超威半导体公司的速龙（Athlon）64 处理器如图 2-6 所示。

英特尔公司的 CPU 插座从 Socket 5（配合零插拔力插座使用的方形多针脚，只要将插座上的拉杆轻轻扳起或按下，就可方便地安装和更换 CPU，Socket 5 拥有 296 或 320 根针脚）发展到 Socket 775，超威半导体公司的 CPU 插座从 Socket 7 发展到 Socket 939。CPU 的主频从 1995 年的 100MHz 到 3800MHz，已经是原来的将近 40 倍；而缓存的数据带宽也从 1997 年的 110 MB/s 提高到 6000MB/s。在 1995 年，当人们需要将一段 17min 的音频文件转换成 MP3 格式时，用当时最先进的 Pentium100 CPU 需要 77min 才能完成，而用超威半导体公司的速龙 64 FX-55 完成同样的工作只需要半分钟。

图 2-6　英特尔公司的奔腾 4 处理器与超威半导体公司的速龙 64 处理器

2006 年是处理器市场动荡的一年，英特尔公司放弃了有 12 年历史的“Pentium”金字招牌，更换了有 37 年历史的公司标志，放弃了从奔腾 4 初期就开始在台式机上沿用的 Net Burst 架构，而采用源于笔记本电脑的酷睿架构，推出了采用 65nm 工艺、与 Pentium M 架构类似的酷睿（Core）2 系列处理器，着重性能功耗比，并率先发布 4 核处理器。而超威半导体公司以 AM2 接口速龙 64 X2（双核处理器）为主，如图 2-7 所示。

图 2-7　英特尔酷睿 2（4 核处理器）与超威半导体公司的速龙 64 X2（双核处理器）

2010 年 1 月 8 日下午，英特尔公司在北京举行发布会，正式面向全球发布新产品：基于 32nm 工艺的全新桌面级和移动端处理器 i3、i5 和 i7，如图 2-8 所示。其中 i3 主攻低端市场，采用双核处理器架构，约 2MB 二级缓存；i5 处理器主攻主流市场，采用 4 核处理器架构，约 4MB 二级缓存；i7 主攻高端市场，采用 4 核 8 线程或 6 核 12 线程架构，二级缓存不低于 8MB。

2014 年 9 月上市的 i7-5960X 处理器是一款基于 22nm 工艺的 8 核桌面级处理器，如图 2-9 所示。它拥有高达 20MB 的三级缓存，最大睿频频率可达到 3.5GHz，散热设计功耗（后文简称功耗）为 140W。当时，此处理器的处理能力可谓超群，浮点数计算能力是普通办公计算机处理器的 10 倍以上。随着这一“怪兽”处理器的问世，英特尔公司在处理器领域与超威半导体公司的差距越拉越大。

2015 年是微电子的新时代，14nm 工艺产品爆发式上市。2015 年 1 月，英特尔公司发布的处理器共计 17 款，全部为 Broad well U 处理器，低端产品如赛扬，高端产品如 i7，覆盖高中低端全产品线。CPU 未来的发展不仅是核心，更加注重架构、材料与功耗的突破。

图 2-8　英特尔公司的 i 系列处理器

图 2-9　英特尔 i7-5960X 处理器

2015 年到 2020 年，英特尔公司意识到光靠 CPU 是不能在未来占领更大的市场的，所以其于 2015 年 12 月斥资 167 亿美元收购了 Altera 公司，这是英特尔有史以来金额最大的一次收购，这意味着英特尔公司要考虑 CPU 之外的新技术应用了。在 PC 市场不断萎缩且移动端市场迟迟难以打开的背景下，英特尔公司希望实现 CPU 和 FPGA 硬件规格深层次的结合，用于布局物联网市场。

2016 年 11 月 30 日，国外媒体报道，英特尔公司正在组建一个事业部以专门从事自动驾驶解决方案的研发，这个部门即为自动驾驶事业部（Automated Driving Group，ADG）。

2017 年 3 月，英特尔公司收购 Mobileye 公司，这意味着“算法+芯片”整合成为了 AI 的制胜关键。

2018 年 4 月，英特尔公司宣布 2019 年将大规模交付 10nm 芯片。

2018 年 7 月 13 日，英特尔公司宣布收购芯片制造商 eASIC 公司，加速 FPGA 开发，降低对 CPU 的依赖程度。

1. CPU 性能指标

CPU 为整个计算机的系统核心，CPU 型号往往也是各种计算机的代名词。CPU 的性能大致可以反映计算机的性能，因此它的性能指标十分重要。

（1）CPU 主频。

CPU 主频也叫作时钟频率，是 CPU 内部的工作频率，代表的是处理器的运算速度，单位一般为 GHz。主频越高，处理器的运算速度越快，如图 2-10 所示。

V2-1　CPU 性能指标

（2）CPU 字长。

一个字中的数位或字符的数量叫作字长。通常处理字长为 8 位数据的 CPU 叫作 8 位 CPU，32 位 CPU 就是在同一时间内处理字长为 32 位的二进制数据。

（3）前端总线频率。

前端总线（Front Side Bus，FSB）频率是 CPU 与芯片、内存等进行数据交换的工作频率。前端总线频率越高，意味着 CPU 与内存等进行数据交换的速度越快，也就越能让 CPU 充分发挥其性能，如图 2-10 所示。

图 2-10　CPU 主频与前端总线频率

前端总线频率由主板的芯片组决定，一般能够向下兼容。例如，主板支持 1066MHz 前端总线频率，那么该主板安装的 CPU 前端总线频率可以是 1066MHz 或 800MHz，当只是安装了 800MHz 前端总线频率的 CPU 时，主板不能发挥最大的性能。

（4）缓存。

缓存（Cache）是位于 CPU 与内存之间的临时存储器，它的特点是容量比内存小，但数据交换速度比内存快。加入缓存的目的是减小 CPU 与内存之间工作速度的差异，提高 CPU 与内存之间数据传输的速度。缓存可分为 3 种：一级缓存（L1 Cache）、二级缓存（L2 Cache）和三级缓存（L3 Cache）。

① 一级缓存为 CPU 内部缓存，集成在 CPU 的内部，用于暂时存储 CPU 运算时的部分指令和数据。一级缓存容量比较小，如英特尔酷睿 i5-740 的一级缓存为 128KB。

② 二级缓存为外部缓存，位于 CPU 外部，用于暂时存储 CPU 内部一级缓存与内存交换的指令和数据。二级缓存的容量比一级缓存的容量大一些，但存取速度稍慢，如英特尔酷睿 i5-740 的二级缓存为 1MB。

③ 三级缓存是为读取二级缓存后未命中的数据而设计的一种缓存。在拥有三级缓存的 CPU 中，约 95%的数据无须从内存中调用，进一步降低了内存延迟，提升了大数据量计算时的 CPU 性能。如英特尔酷睿 i5-740 的三级缓存为 8MB。

（5）制造工艺及工作电压。

CPU 制造工艺又叫作 CPU 制程，它的先进与否决定了 CPU 的性能优劣。CPU 的制造是一项极为复杂的过程，当今世上只有少数几个厂商具备研发和生产 CPU 的能力。CPU 的发展史也可以看作制造工艺的发展史，几乎每一次制造工艺的改进都能为 CPU 的发展带来最强大的源动力，无论是英特尔公司还是超威半导体公司，制造工艺都是公司发展蓝图中的重中之重。

工作电压指 CPU 在正常工作时需要的电压。早期 CPU（如 80386、80486）由于工艺落后，它们的工作电压一般为 5V，发展到奔腾 586 时，电压已经是 3.5V、3.3V 或 2.8V 了。随着 CPU 的制造工艺的进步与主频的提高，CPU 的工作电压有逐步下降的趋势，发热量和功耗也随之下降。目前，主流 CPU 的工作电压为 1.35V，功耗为 65W。低电压能解决耗电量大和发热量大的问题，这对于笔记本电脑来说尤为重要。

（6）CPU 主流产品。

目前国际市场上主流 CPU 厂家有英特尔公司和超威半导体公司。英特尔公司的 CPU 占有较多的市场份额，英特尔公司生产的 CPU 就产生了事实上的 x86 CPU 技术规范和标准。超威半导体公司专门为计算机、通信和消费电子行业设计及制造各种创新的微处理器，如 CPU、图形处理单元（Graphics Processing Unit，GPU）、加速处理器（Accelerated Processing Unit，APU）、主板芯片组、电视卡芯片等，以及闪存（Flash Memory）和低功耗处理器。

① 英特尔酷睿 i9-10900K。

该 CPU 是英特尔酷睿十代产品，如图 2-11 所示。酷睿 i9-10900K 采用 10 核 20 线程设计，采用 14nm 制造工艺，基本频率为 3.7GHz，全核最大睿频频率为 5.3GHz。对于这款处理器，英特尔公司给予其“全球顶级游戏处理器”的称号。

② 英特尔酷睿 i7-10700K。

2020 年 4 月 30 日，英特尔公司一口气发布了 32 款新处理器。在英特尔第十代处理器中，酷睿 i7-10700K 如图 2-12 所示。该 CPU 采用 8 核 16 线程设计，具有 16MB 三级缓存。

图 2-11　英特尔酷睿 i9-10900K

图 2-12　英特尔酷睿 i7-10700K

③ 超威半导体锐龙（Ryzen）9 3900X。

该 CPU 采用更为先进的 7nm 工艺、12 核 24 线程设计，基准时钟频率为 3.8GHz，最大加速时钟频率可达 4.6GHz，如图 2-13 所示。

④ 超威半导体锐龙 Threadripper（线程撕裂者）3970X。

该 CPU 采用 32 核 64 线程设计，基准时钟频率为 3.7GHz，最大加速时钟频率可达 4.5GHz，二级缓存为 16MB，三级缓存为 128MB，功耗为 280W，如图 2-14 所示。该 CPU 支持 4 个 DDR4-3200 内存通道、4 个 USB 3.1 接口，芯片组还支持 8 个 USB 3.1 接口、4 个 USB 2.0 接口、4 个 SATA 3 接口和 NVMe 接口。

图 2-13　超威半导体锐龙 9 3900X

图 2-14　超威半导体锐龙 Threadripper 3970X

英特尔公司主流 CPU 的参数如表 2-1 所示。

表 2-1　英特尔公司主流 CPU 的参数

CPU 型号	制造工艺/nm	核数/线程数	基本频率/GHz	三级缓存/MB	功耗/W	接口
i9-10900K	14	10/20	3.7	20	125	LGA 1151
i7-9700	14	8/8	3.0	12	65	
i5-8600K	14	6/6	3.6	9	95	
i5-8600	14	6/6	3.1	9	65	
i5-8500	14	6/6	3.0	9	65	
i5-8400	14	6/6	2.8	9	65	
i3-8350K	14	4/4	4.0	8	91	

超威半导体公司主流 CPU 的参数如表 2-2 所示。

表 2-2　超威半导体公司主流 CPU 的参数

CPU 型号	制造工艺/nm	核数/线程数	基准时钟频率/GHz	三级缓存/MB	功耗/W	架构
3970X	7	32/64	3.7	128	280	ZEN+
3700X	12	8/16	3.6	32	65	
R5 2600X	12	6/12	3.6	16	95	
R5 2600	12	6/12	3.4	16	65	

2. CPU 选购

CPU 应该选英特尔公司的还是超威半导体公司的，这可能是大多数用户在装机选购 CPU 时遇到的第一个问题，就目前的产品线布局来看，无论是英特尔公司还是超威半导体公司，都针对不同需求的用户推出了多款从入门到旗舰的全线产品。英特尔公司除了有人们熟悉的酷睿 i3、i5、i7 系列产品之外，还为入门级用户推出了奔腾系列及赛扬系列，为高端用户推出了酷睿至尊系列。

而超威半导体公司近两年的产品线也在大幅增加，除了带有独显核心的 APU 系列产品之外，超威半导体公司还首次推出了面向主流用户的锐龙 3/5/7，以及面向高端用户的锐龙浅程撕裂者系列产品。

也就是说，在选购 CPU 的过程中，无论选择哪家厂商的产品，都有能够满足需求的对应型号，不必太过纠结。对于 CPU 的购买，建议参照如下 7 个问题及解答。

（1）关于核心数量的问题。

用户普遍认为 CPU 的核心数量越多，其性能就越强，但其实并不能一概而论。对于一款处理器来说，重要的参数除了核心数量之外，还包括是否支持超线程技术、默认主频、最大加速频率、是否支持超频等。例如，同一厂商的一款原生 6 核 6 线程处理器，即使是在相同的主频下，性能并不一定强过同系列 4 核 8 线程的产品。

因此，在选购 CPU 的过程中，只通过核心数量来判断一款 CPU 的好坏是不科学的。需要注意的是，由于产品的架构不同，英特尔公司和超威半导体公司对于处理器的主频标准是不一样的，不能直接横向比较。

（2）CPU 是不是一分钱一分货?

虽然整体来说，价格越高的 CPU，其综合性能就越强，但因为 CPU 市场存在着竞争关系，英特尔公司和超威半导体公司不断地针对竞品推出相应新品，尤其是对于超威半导体公司的产品来说，价格是其非常重要的一项优势。另外，即便是同一品牌的产品，由于产品定位和促销策略的不同，可能也会出现一些价格低却性能好的产品。因此，购买时需要结合用户需求来决定。

（3）装机到底是先选 CPU 还是先选主板?

总体来说还是要先选 CPU，因为不同的 CPU 需要搭配带有不同芯片组的主板。在实际操作过程中，首先要有一个预算比例。例如，一台 8000 元的整机，在选购硬件之前要大致规划 CPU、主板、显卡、内存、硬盘等设备的预算占比，如果“CPU+主板”的预算能够达到 3000 元甚至更高，那么就可以选择“i7+Z270 主板”或“锐龙 5/7+X370 主板”等同类组合。如果“CPU+主板”的预算只有 2000 元，那么就可以选择“i5+B250 主板”或“锐龙 5 低端型号+B350 主板”。在确认了 CPU+主板的预算之后，再来合理地选择相应的产品。

（4）是否选择超频 CPU?

“英特尔‘K’系列的 CPU 仅表示该产品支持超频，而对于一般用户而言，是不会用到 CPU

超频的，所以没必要购买‘K’系列的 CPU。”，这种说法是很片面的。熟悉英特尔酷睿产品的人可能知道，英特尔公司的“K”系列产品除了支持超频外，在默认基本频率及最大睿频频率上比不带“K”的产品要高不少。

对于高端用户来说，在 CPU 线程相同的情况下，更高的主频往往会带来更多的帧数，而目前 i7-7700 和 i7-7700K 的差价很小，但两者的最大睿频频率分别是 4.2GHz 和 4.5GHz，差距还是很明显的。

（5）CPU 是否要和其他电子产品一样，买新不买旧?

对于电子产品市场来说，一直有“买新不买旧”的说法，因为新品往往有着更新的技术和功能。从 CPU 行业来看，虽然一些新的技术不能直接在 CPU 中体现出来，但却能在新 CPU 对应的主板中加入一些新的接口和功能。如果使用的是几年前的 CPU，那么这些功能是没办法在老款主板上实现的。

但很多功能可能只是“看起来很美”，对于一般用户来说，很多新功能根本用不上，而新 CPU 可能有着成倍增长的价格，性能提升不一定足够好，因此对于预算较为有限的用户来说，完全没有必要选择最新的 CPU 产品。有时候购买上一代甚至是再上一代 CPU，依然能够获得不错的使用体验。但是当 CPU 厂商架构大幅升级的时候，还是可以考虑在价格稳定之后购买新品的。

（6）CPU 该买盒装还是散装?

CPU 本身的制造难度极高，因此不易出现假货或高仿的问题，一般情况下，盒装和散装最大的区别就是质保。通常正品盒装 CPU 官方质保三年，而散装产品往往仅含销售的店铺质保一年。另外，一些型号的盒装 CPU 可能还会附带原装散热器，这样就使同一款产品的盒装与散装的差价达到了一两百元，一些热门高端产品的差价可能会更大。

对于购买 CPU 的用户来说，如果是“DIY 行家”，喜欢自己搭配硬件，则可以考虑购买散装 CPU，以获取最大的价格优势，并且可以自行购买理想的大功率散热器，或水冷散热器。如果是普通用户，则推荐购买盒装 CPU，因为盒装 CPU 的价格已经非常合理，且不需要额外资金购买配套散热器等。最后要记得购买有代理商标志的产品，如图 2-15 所示。

图 2-15　CPU 部分代理商标志

（7）现在买一款旗舰 CPU，可以坚持使用 5 年以上吗?

有一部分人在选择 CPU 时喜欢一步到位，如 5 年前买的 i7-2600K，用到现在依然能够满足各类高级软件及新游戏的运行要求。但能够看到，英特尔公司和超威半导体公司都加快了新品的研发速度，一款 CPU 坚持 5 年可能要成为历史了。

无论是 CPU 还是其他硬件，新品更迭的速度明显加快了，新品在性能表现上也要比上一代产品好一些，因此根据现在的市场环境来看，并不推崇“选择旗舰产品更加保值”的想法。一方面，由于目前的旗舰产品价格不低，少则三千元多则上万元，对大部分装机用户的预算是很大的挑战；另一方面，即便选择了旗舰产品，也不一定能够保证用很多年，可能还不如先选择一款主流 CPU，用两三年之后再进行更换显得实惠。

2.2.2 主板简介

计算机机箱主板又叫作母板（Motherboard），分为商用主板和工业主板两种。主板安装在机箱内，是计算机最基本也是最重要的部件之一。主板一般为矩形电路板，上面安装了组成计算机的主要电路系统，一般有基本输入/输出系统（Basic Input Output System，BIOS）芯片、输入/输出（Input/Output，I/O）控制芯片、面板控制开关接口、指示灯插接件、扩展插槽、主板及插卡的直流电源供电接插件等。

主板采用开放式结构，上面大都有 6～15 个扩展插槽，供计算机外设的控制卡（适配器）插接。通过更换外设，可以对计算机的相应子系统进行升级，使厂家和用户在配置机型方面有更大的灵活性。总之，主板的类型和档次决定着整个计算机系统的类型和档次，主板的性能影响着整个计算机系统的性能。

目前，市场的主流主板板型分为 4 种：E-ATX（加强型）、ATX（标准型）、M-ATX（紧凑型）、MINI-ITX（迷你型）。主板板型只和主板尺寸有关系，和主板芯片型号没有任何关系，任何一款主板都可能是这 4 种类型之一，只是在尺寸和扩展插槽等方面存在区别。

1. 加强型主板

图 2-16 所示为华硕 ROG RAMPAGE V EDITION 10 加强型主板。该主板用于配置中高档计算机，搭载了 Super Speed USB + 3.1 解决方案，最高达 10Gbit/s 的数据传输速率。

图 2-16 华硕 ROG RAMPAGE V EDITION 10 加强型主板

该型主板一般具有如下配置。

PCI-E 插槽：4×PCI-E X16 插槽、1×PCI-E X4 插槽、1×PCI-E X1 插槽。

USB 接口：2×USB3.1 Type-A 接口、2×USB3.1 Type-C 接口、8×USB3.0 接口（内置 4 个、背板 4 个）、6×USB2.0 接口（内置 4 个、背板 2 个）。

存储接口：1×U.2 接口、1×M.2 接口、10×SATA 3 接口。

2. 标准型主板

图 2-17 所示为华硕 B150 PRO GAMING 标准型主板。该型主板对应大众级别，一般具有如下配置。

PCI-E 插槽：2×PCI-E X16 插槽、2×PCI-E X1 插槽。

USB 接口：1×USB3.1 Type-A 接口、1×USB3.1 Type-C 接口、6×USB3.0 接口（内置 2 个、背板 4 个）、6×USB2.0 接口（内置 4 个、背板 2 个）。

电源接口：1 个 8 针、1 个 24 针电源接口。

存储接口：1×M.2 接口、6×SATA 3 接口。

其他接口：1×RJ-45 网络接口、1×光纤接口、1×音频接口、1×PS/2 键鼠通用接口。

图 2-17　华硕 B150 PRO GAMING 标准型主板

3. 紧凑型主板

图 2-18 所示为铭瑄（MAXSUN）MS-挑战者 B360M 紧凑型主板。该型主板是小巧轻便型主板，适用于小型机箱。它将标准型主板的外部设备互连标准（Peripheral Component Interconnect，PCI）扩展插槽取消一部分，留下两三个插槽给用户使用，这样主板的尺寸比标准型主板缩小了。供电系统也是从标准型供电系统修改而来的，只是降低了总功率并简化了部分供电线路。

图 2-18　铭瑄（MAXSUN）MS-挑战者 B360M 紧凑型主板

该型主板一般具有如下配置。

PCI-E 插槽：1×PCI-E X16 插槽。

USB 接口：2×USB3.1 接口、4×USB3.0 接口（内置 2 个、背板 2 个）、6×USB2.0 接口（内置 4 个、背板 2 个）。

存储接口：2×M.2 接口、5×SATA 3 接口。

其他接口：1×RJ-45 网络接口、1×音频接口、1×PS/2 键鼠通用接口。

4．迷你型主板

图 2-19 所示为华硕 J1800I-A 迷你型主板。该型主板与紧凑型主板都属于小巧紧凑型主板，只不过迷你型主板更为小巧。它主要用于小空间、小尺寸的计算机，如汽车、机顶盒及一些网络设备中。

图 2-19　华硕 J1800I-A 迷你型主版

迷你型主板集成了显卡、声卡、网卡芯片，一般具有如下配置。

USB 接口：6×USB2.0 接口（背板 2 个、内置 4 个）、1×USB3.0 接口（背板）。

电源接口：1 个 4 针、1 个 24 针电源接口。

其他接口：1×RJ-45 网络接口、1×音频接口、1×TPM 接口、1×内部扬声器接口、1×COM 接口。

5．主板性能指标

V2-2　主板性能指标

选主板的关键在于芯片组，注意超威半导体平台与英特尔平台必须选用各自品牌对应的芯片。通常，主板名称取自所采用芯片的类型。例如，我们常说的 H61、B75、A55、A75 主板等都是以芯片组名称命名的，不管是什么品牌的 H61 或 B75 主板，其芯片组是一样的，不一样的只是品牌与一些设计细节，也就是说，所有主板厂商都需要用到超威半导体公司的或者英特尔公司的芯片。图 2-20 所示为华硕 X99-DELUXE 主板，图 2-21 所示为华硕 RAMPAGE V EXTREME/U3.1 主板，这里以华硕 RAMPAGE V EXTREME/U3.1 主板为例介绍主板参数。

（1）芯片组。

芯片组（Chipset）是主板电路的核心，是“南桥”和“北桥”的统称，即把以前复杂的电路和元器件最大限度地集成在几个芯片组成的芯片组中。芯片组是主板的“灵魂”，芯片组性能的优劣决定了主板性能的好坏与级别的高低。这是因为目前 CPU 的型号与种类繁多、功能特点不一，如果芯片组不能与 CPU 良好地协同工作，将严重影响计算机的整体性能，甚至使计算机不能正常工作。英特尔 X99 芯片组如图 2-22 所示。

图 2-20　华硕 X99-DELUXE 主板

图 2-21　华硕 RAMPAGE V EXTREME/U3.1 主板

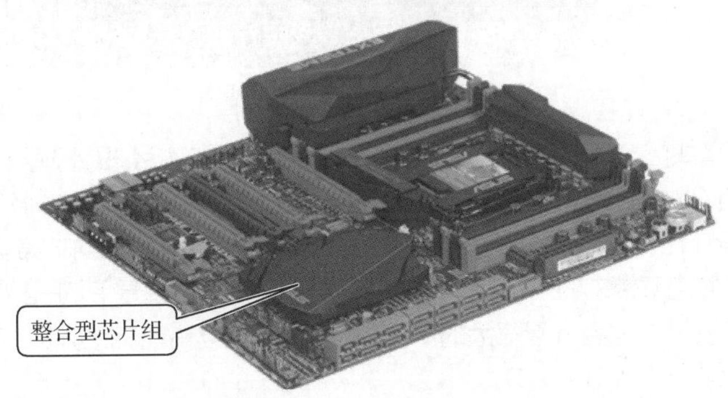

图 2-22　英特尔 X99 芯片组

（2）PCI-E 插槽。

主板上的扩展插槽曾经是多种多样的。例如，曾经非常流行的组合是 PCI 插槽搭配 AGP 插槽，其中 AGP 插槽主要用于显卡；而 PCI 插槽的用途则更广一些，除了显卡之外，还能用于扩展其他设备，如网卡、声卡、调制解调器等。这两种插槽曾经共同为广大用户“服务”多年，然而，在数据传输速率更高、扩展性更强的插槽出现之后，它们就迅速退出了舞台，被彻底取代了。这种可以在短时间内“淘汰前辈”的新型插槽，就是现在显卡及各种扩展卡所用的主流插槽——PCI-E 插槽，如图 2-23 所示。

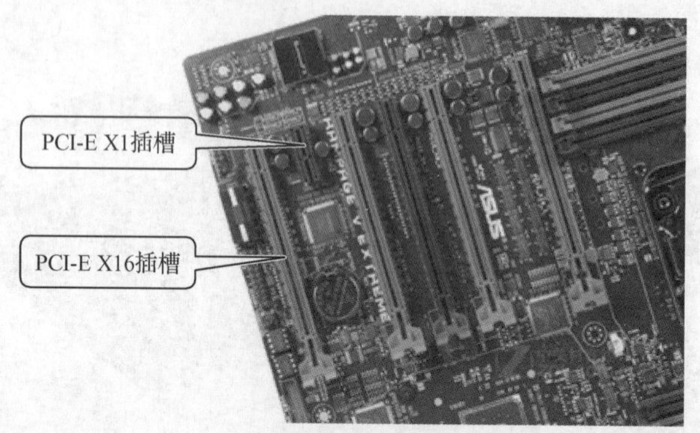

图 2-23　PCI-E 插槽

PCI-E X1 插槽的长度是 PCI-E 插槽中最短的，如图 2-24 所示，其长度仅有 25mm，相比 PCI-E X16 插槽，其数据针脚大幅度减少至 14 根。PCI-E X1 插槽的带宽通常由主板芯片提供，其面向的产品范围比较广泛，如网卡、声卡、USB3.0/3.1 扩展卡等。

图 2-24　PCI-E X1 插槽

PCI-E X16 插槽如图 2-25 所示，插槽全长 89mm，拥有 164 根针脚，分为前后两组，位于前面、较短的插槽有 22 根针脚，主要用于供电；位于后面、较长的插槽有 142 根针脚，主要用于数据传输。这样的设计让 PCI-E X16 插槽拥有了极佳的兼容性，可以向下兼容 X1/X4/X8 级别的设备，再加上其 16 通道所带来的高带宽，PCI-E X16 插槽可以说是 PCI-E 插槽在消费级领域中的“完全体”，多用于安装数据吞吐量很大的产品，如显卡及独立磁盘冗余阵列（Redundant Arrays of Independent Disks，RAID）卡等。

PCI-E X4 插槽如图 2-26 所示，其长度为 39mm，它是在 PCI-E X16 插槽的基础上，以减少数据针脚的方式实现的，主要用于 PCI-E SSD，或通过 PCI-E 转接卡安装 M.2 SSD 等。PCI-E X4 插槽通常由主板芯片扩展而来，不过随着 CPU 内部 PCI-E 通道数的增多，有部分高端主板已经开始提供直连 CPU 的 PCI-E X4 插槽，这样在安装 PCI-E SSD 时，理论上可以提供更好的性能。

图 2-25　PCI-E X16 插槽

图 2-26　PCI-E X4 插槽

（3）内存插槽。

内存插槽是指主板上用来插内存条的插槽，主板所支持的内存种类和容量都是由内存插槽来体现的。内存插槽通常最少有 2 个，也有的为 4 个、6 个或者 8 个。某些芯片组可以支持 64GB 或者更多的内存容量。内存双通道要求内存条必须插在相同颜色的插槽上，否则将不能正常开启内存双通道功能，如图 2-27 所示。

图 2-27　内存插槽

组建内存双通道时，选用内存的频率可以不一致，但容量最好是一致的，否则无法组建双通道。较新型主板可以自主识别内存双通道，无须额外设置。

（4）CPU 插槽。

CPU 经过这么多年的发展，采用的接口方式有引脚式、卡式、触点式、针脚式等，对应到主板上就有相应的插槽类型。CPU 接口类型不同，其插孔数、体积、形状都有变化。

CPU 插槽如图 2-28 所示，对应主板的 CPU 插槽为 LGA 2011-V3 型。英特尔公司的产品有一个特点——几乎每代处理器都要换插槽，就连服务器市场也是如此。LGA 2011 插槽就有 3 种不同的类型，而且互不兼容。LGA 2011-V3 只能使用英特尔 X99 芯片组的主板，并且不向下兼容。

图 2-28　CPU 插槽

（5）USB 接口。

通用串行总线（Universal Serial Bus，USB）接口如图 2-29 所示，是连接计算机系统与外设的一种串口总线标准，也是一种输入/输出接口的技术规范，被广泛应用于计算机和移动设备等通信产品，并扩展至摄影器材、数字电视（机顶盒）、游戏机等其他相关设备。

图 2-29　USB 接口

随着支持 USB 的计算机的普及，USB 已成为计算机的标准接口之一。USB2.0 接口的理论传输速率可达 480Mbit/s。在外设端，使用 USB 接口的设备也与日俱增，如数码相机、扫描仪、游戏杆、图像设备、打印机、键盘、鼠标等。

图 2-30　机箱前置 USB3.0 接口

USB3.0 接口（见图 2-30）的理论传输速率高达 5Gbit/s，要注意这是理论传输速率，如果几台设备共用一个 USB 通道，则主控制芯片会对每台设备可支配的带宽进行分配和控制。只有计算机内安装了 USB3.0 相关的硬件设备后才可以使用 USB3.0 相关的功能。从键盘到高吞吐量磁盘驱动器，各种设备都能够采用这种低成本接口进行平稳运行的即插即用连接。USB3.0 在保持与 USB2.0 的兼容的同时，还提供了下面的几项增强功能。

① 极大地提高了带宽——高达 5Gbit/s 全双工（USB2.0 为 480Mbit/s 半双工）。

② 实现了更好的电源管理。

③ 能够使主机为设备提供更大电流，可应用于 USB 充电电池、LED 照明和迷你风扇等。

④ 能够使主机更快地识别设备。

⑤ 数据处理效率更高。

有两种区分 USB2.0 和 USB3.0 接口的方法。第一种是颜色区分法，如图 2-31 所示，根据接口的颜色来区分，通常蓝色的就是 USB3.0 接口（一般位于台式机主机的背后，因为 USB3.0 需要安装驱动）。第二种是标志区分法，如图 2-32 所示，根据接口旁边的标志来区分，USB3.0 接口的“SS”代表“Super Speed”（超速）。

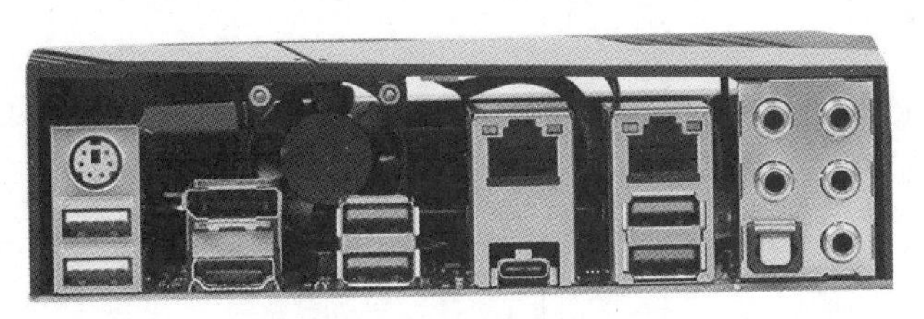

图 2-31 主板上的 USB 接口

图 2-32 USB 标志

USB3.1 接口的理论传输速率可达 10Gbit/s，采用三段式电压（5V/12V/20V），最大供电功率为 100W。而新型 Type-C 接口不再分正反。

（6）CMOS 电池。

在计算机领域，互补金属氧化物半导体（Complementary Metal Oxide Semiconductor，CMOS）常指保存计算机基本启动信息（如日期、时间、启动设置等）的芯片。有时人们会把 CMOS 和 BIOS 混称，其实 CMOS 是主板上的一块可读/写的并行或串行闪存芯片，用来保存 BIOS 的硬件配置和用户对某些参数的设定。而纽扣电池是为 CMOS 芯片供电的，如图 2-33 所示，如果电池没电了，这些设置就会恢复出厂设置。

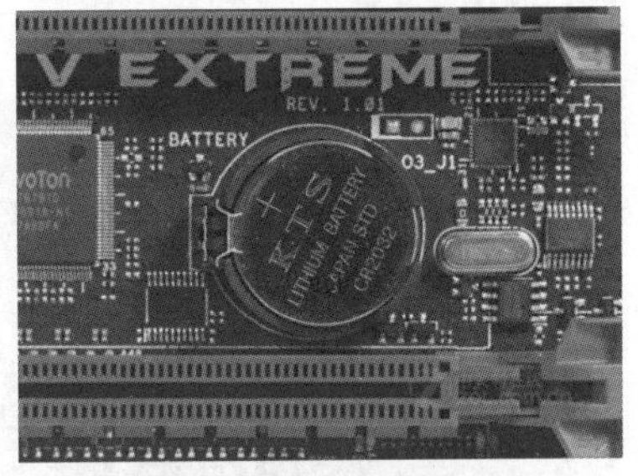

图 2-33 CMOS 电池

（7）SATA 接口。

SATA 是 Serial ATA 的缩写，即串行 ATA。它是一种计算机总线，主要用于主板和存储设备（如硬盘）之间的数据传输。在接口的物理特性上，SATA 接口完全推翻了老式并行接口（见图 2-34）的模式。SATA 接口分为信号与电源两部分。

如图 2-35 所示，该主板拥有 12 个 SATA 3 接口，该接口正式名称为 SATA 6Gbit/s，是第三代 SATA 接口，其数据传输速率理论上为 6Gbit/s。这个接口向下兼容 SATA 2 接口。

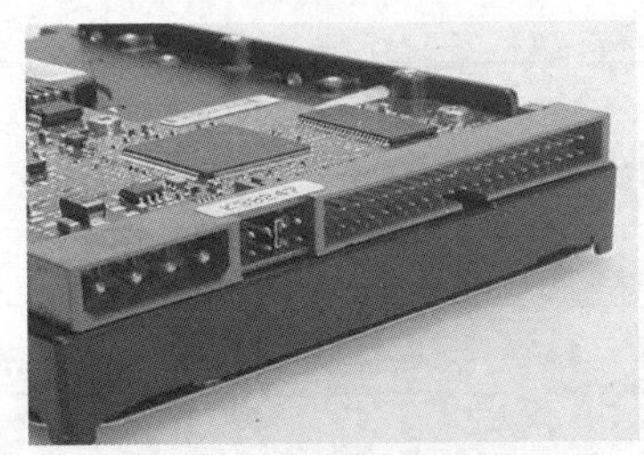

图 2-34 老式并行接口

图 2-35 SATA 3 接口

（8）音频接口。

如图 2-36 所示，该主板有 5 个音频接口，分别对应以下接口。

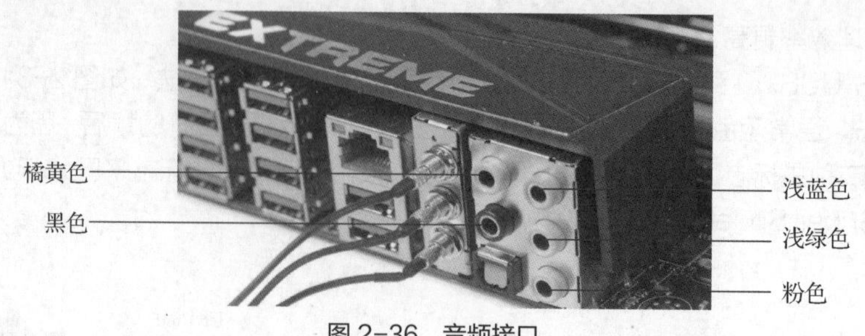

图 2-36　音频接口

① 中置/低音音频输出（橘黄色）接口。
② 后置音频输出（黑色）接口。
③ 音频输入（浅蓝色）接口。
④ 耳机/音频输出（浅绿色）接口。
⑤ 麦克风（粉色）接口。
（9）电源接口。

该主板电源接口分别为一个横排 4 针接口、一个 4 针接口、一个 8 针接口、一个 24 针接口。横排 4 针接口主要用于 PCI-E 外接电源。当 PCI-E 插槽上插满了硬件时，插槽上原始的供电可能没法满足大负荷的运行需求，于是需要额外给硬件供电，就会用到这个以前常见于电子集成驱动器（Integrated Drive Electronics，IDE）接口硬盘、光驱上的横排 4 针电源接口，如图 2-37 所示。

图 2-37　PCI-E 外接电源接口

8 针接口用于 CPU 供电，它就在 CPU 插槽的旁边。一般的，CPU 供电都是由 8 针接口提供的，如图 2-38 所示。还有一些高端主板会使用“8 针+4 针”接口的组合形式，以获得更多的电能，提升超频能力。但通常情况下，可以只用一个 8 针接口供电。此外，有些较低端的主板上可能会采用 4 针接口供电。

图 2-38　8 针和 4 针电源接口

24 针接口用于主板供电，目前主流的主板都采用了通用的“20 针+4 针”的供电方式。24 针接口大多位于主板边缘，这样线缆会更容易整理，如图 2-39 所示。

图 2-39　24 针接口

（10）其他接口。

如图 2-40 所示，USB3_34 对应机箱前置面板 USB3.0 接口；CHA_FAN2A 和 CHA_FAN2B 对应机箱风扇接口，4 针的 CPU 风扇接口是英特尔公司的新标准，多出的一个针脚是用来控制风扇转速的，叫作智能风扇控制功能，它和 3 针的风扇接口完全兼容；USB1314 对应前置 USB2.0 接口；ROG_EXT 是专门给华硕玩家国度（Republic of Gamers，RoG）外置超频设备准备的接口，在非华硕主板上见不到。

图 2-40　其他接口

计算机主板是计算机重要的硬件载体，在购买时先要考虑英特尔公司的和超威半导体公司的处理器所用的主板是不同的，一定要根据处理器来选择主板，再考虑其他技术指标。

需要注意的是，不同芯片组的主板并不会影响 CPU 的性能，也就是说，同一个 CPU 在不同主板上的性能表现是一样的，不会有明显的差距。另外，主板上的声卡、网卡和电源管理芯片从另一个方面反映了主板的做工和用料，多声道及高速联网功能也是关系到用户使用体验的重要部分。

（11）兼容扩展性。

确定了主板的芯片组，接下来就要看主板的兼容性和扩展性了。前面说的不同芯片组有不同的扩展功能，主要就体现在这里，如果确定了硬件，就要考虑主板对硬件的兼容和支持。在选择主板前要看好主板对显卡的支持。一般来说，不同芯片组的主板能够提供的功能是有限的，由于芯片组 PCI-E 总线的限制，入门级的主板无法兼顾很多功能。

（12）主板的做工和用料。

主板的做工和用料直接关系到主板的稳定性和使用寿命。判断一款主板的做工和用料的直接技巧是观测 CPU 的供电，我们经常可以看到主板采用 4 相供电、6 相供电这样的宣传，这里说的就是 CPU 的供电。一般来说，供电的相数越多，主板的用料就越扎实。但需要注意的是，相数只是 CPU 供电的设计，只要做工没有问题就不会影响 CPU 的性能。另外，可以看主板的输出接口，一般而言，接口越充足的主板用料就越扎实，如音频接口只有 3 个的主板通常不如有 5 个的主板的用料扎实。

2.2.3 内存简介

内存（Memory）是计算机的重要部件之一，计算机中的所有程序都运行在内存中，因此内存的性能对计算机的影响非常大。内存也被称为内存储器，其作用是暂时存放 CPU 中的运算数据，以及与硬盘等外部存储器交换的数据。只要计算机在运行中，CPU 就会把需要运算的数据调到内存中进行运算，运算完成后 CPU 再将结果传送出来。内存的稳定运行决定了计算机的稳定运行。

计算机主板上有专门的内存插槽，封装好的内存通过这个插槽实现与计算机的连接。内存条主要由印制电路板（Printed-Circuit Bord，PCB）、芯片颗粒、串行检测（Serial Presence Detect，SPD）芯片和金手指 4 部分组成，如图 2-41 所示。

图 2-41　内存条的组成

随着技术的发展，内存条的工艺水平和美观度都在提高，一些内存条在外面增加了散热片甚至灯条，除了金手指裸露在外，芯片及电路板都被包裹在散热片中，很符合年轻群体的喜好，如图 2-42 和图 2-43 所示。

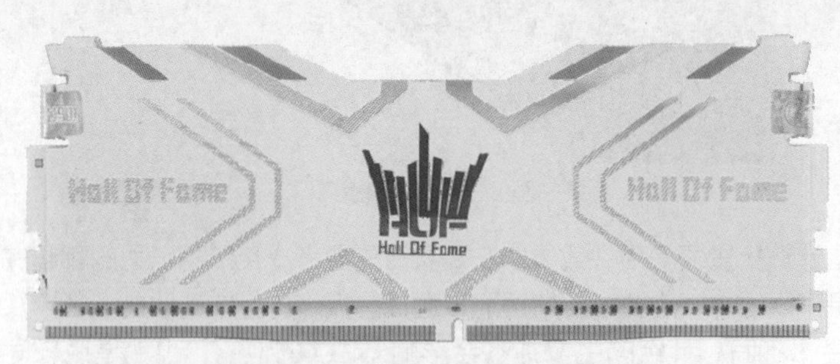

图 2-42　加了散热片和灯条的内存条一

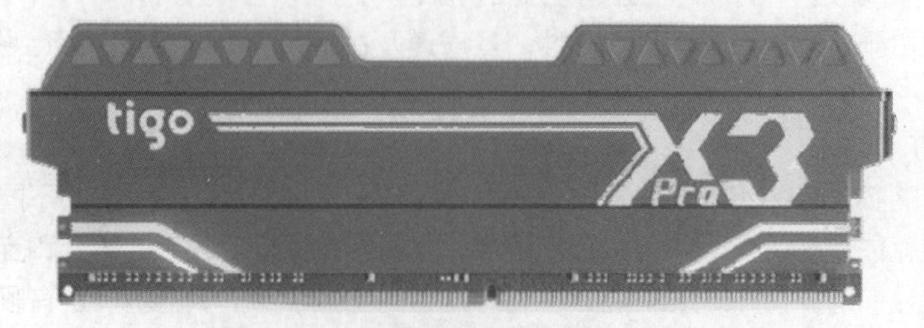

图 2-43　加了散热片和灯条的内存条二

内存芯片实际上就是存储芯片，用于存储计算机运行时的临时数据。根据品牌不同，内存采用的芯片也会有所区别。

SPD 芯片是 8 针 256 字节的电擦除可编程只读存储器（Electrically-Erasable Programmable Read-Only Memory，EEPROM）芯片，一般位于内存条正面，它记录了内存速度、容量、电压、行地址、列地址及带宽等重要的参数信息。当计算机启动时，BIOS 将自动读取 SPD 芯片中的信息。

金手指是内存条上的金黄色的导电触片，其表面镀金且导电触片的排列呈手指状，故被称为“金手指”。内存条通过金手指与内存插槽连接，CPU 中所有的数据流及电子流都是通过该连接与计算机系统进行交换的。金手指的每个导电触片都有不同的功能。

1. 内存发展史

随着计算机技术的发展，对计算机内存的要求越来越高。从几百千字节到现在的几吉字节，内存的容量和制造工艺都发生了很大变化。从发展年代来划分，内存到现在已经经历了 5 代，分别是单数据速率（Single Data Rate，SDR）同步动态随机存储器（Synchronous Dynamic Random Access Memory，SDRAM）、双倍数据速率（Double Data Rate，DDR）SDRAM、DDR2 SDRAM、DDR3 SDRAM、DDR4 SDRAM。下面对每一代内存进行介绍。

（1）SDR SDRAM。

SDR SDRAM 的频率是 66MHz，通常大家称之为 PC66 内存，后来随着英特尔与超威半导体公司的 CPU 频率提升，相继出现了 PC100 与 PC133 的 SDR SDRAM，还有后续的为超频人群所准备的 PC150 与 PC166 内存。SDR SDRAM 标准工作电压为 3.3V，容量是 16～512MB。SDR SDRAM 的存在时间相当长，英特尔公司的奔腾 2、奔腾 3 与奔腾 4（Socket 478），Slot 1、Socket 370 与 Socket 478 的赛扬处理器，以及超威半导体公司的 K6、K7 处理器都可以搭配 SDR SDRAM。SDR SDRAM 如图 2-44 所示。

图 2-44　SDR SDRAM

（2）DDR SDRAM。

DDR SDRAM 如图 2-45 所示，从名称上就知道它是 SDR SDRAM 的升级版。DDR SDRAM 采用 184 个金手指，防呆缺口从 SDR SDRAM 时的两个变成一个，常见工作电压为 2.5V。DDR SDRAM 的频率是 200MHz，容量则是 128MB～1GB。刚开始 DDR SDRAM 只有单通道，后来支持双通道，使内存的带宽直接翻番。两根 DDR-400 内存条可组成双通道，基本可以满足 800MHz 的奔腾 4 处理器的需求。

图 2-45　DDR SDRAM

（3）DDR2 SDRAM。

2004 年 6 月，DDR2 SDRAM 与英特尔公司的 915/925 主板一同登场，它伴随了大半个 LGA 775 芯片组时代。而超威半导体公司产品的 K8 架构把内存控制器整合在了 CPU 内部，要把内存控制器改成 DDR2 比英特尔公司麻烦得多，因此直到 2006 年 6 月推出 AM2 平台时才开始支持 DDR2 SDRAM。DDR2 SDRAM 的金手指数比 DDR SDRAM 多，有 240 个，DDR SDRAM 只有 184 个。DDR2 SDRAM 的标准工作电压下降至 1.8V，这使得它较上代产品更为节能，频率为 400～1200MHz（当时的主流内存是 DDR2-800，更高频率的其实都是超频内存条），容量为 256MB～4GB。不过 4GB 的 DDR2 SDRAM 是很少的，在 DDR2 SDRAM 时代的末期大多是单条 2GB 的容量，如图 2-46 所示。

图 2-46　DDR2 SDRAM 2GB

（4）DDR3 SDRAM。

DDR3 SDRAM 是随着英特尔公司在 2007 年发布“3”系列芯片组时一同推出的，至于超威半导体公司产品支持 DDR3 SDRAM 已经是 2009 年 2 月 AM3 平台发布的时候了。和 DDR2 SDRAM 相比，DDR3 SDRAM 在许多方面确立了新的规范，核心工作电压降低到 1.5V，数据预取从 4bit 变成 8bit，这也是 DDR3 SDRAM 提升带宽的关键。DDR3 SDRAM 与 DDR2 SDRAM 一样是 240 个金手指，不过两者的防呆缺口位置是不同的，不能混插。常见的 DDR3 SDRAM 容量是 512MB～8GB，当然，也有单条 16GB 的 DDR3 SDRAM，但很稀少。在频率方面，DDR3 SDRAM 从 800MHz 起步，比较容易买到的 DDR3 SDRAM 的最高频率是 2400MHz，实际上有厂家推出了 3100MHz 的 DDR3 SDRAM，只是比较难买到。支持 DDR3 SDRAM 的平台有英特尔公司的 LGA 775 主板 P35、P45、x38、x48 等，LGA 1366，LGA 115x 全系列，还有 LGA 2011 的 x79，超威半导体公司的 AM3、AM3+、FM1、FM2、FM3 接口的产品。DDR3 SDRAM 如图 2-47 所示。

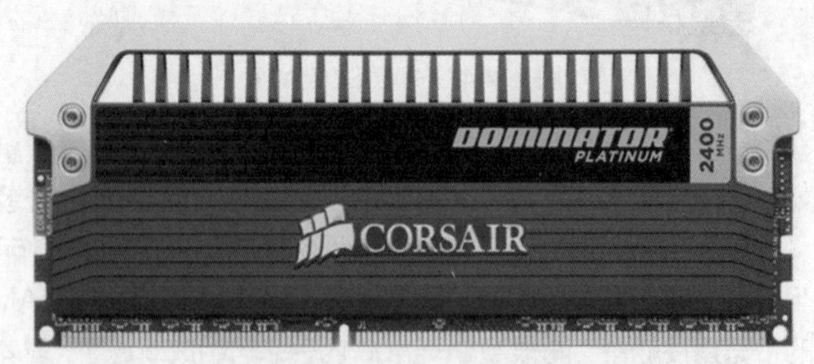

图 2-47　DDR3 SDRAM

（5）DDR4 SDRAM。

DDR4 SDRAM 在 2014 年登场的时候并没有重走 DDR3 SDRAM 发布的旧路。首款支持 DDR4 SDRAM 的是英特尔公司的 X99 平台，真正走向大众其实已经是 2015 年 8 月英特尔公司发布 Skylake 处理器与 100 系列主板之后了。DDR4 SDRAM 的金手指从 DDR3 SDRAM 的 240 个提高到了 284 个，防呆缺口也与 DDR3 SDRAM 的位置不同。此外，DDR4 SDRAM 的金手指中间高、两侧低、有轻微的曲线，而之前的内存金手指都是平直的，这样 DDR4 SDRAM 既能保持与 DIMM 插槽有足够的信号接触面积，又能在移除内存时更加轻松。

如图 2-48 所示，DDR4 SDRAM 的标准工作电压是 1.2V，频率从 2133MHz 起步，可以达到 4200MHz，单条容量有 4GB、8GB 和 16GB，目前已经很大程度地取代了 DDR3 SDRAM。2018 年以后，新的主板已经很少提供 DDR3 SDRAM 插槽了，彻底进入 DDR4 SDRAM 的时代。

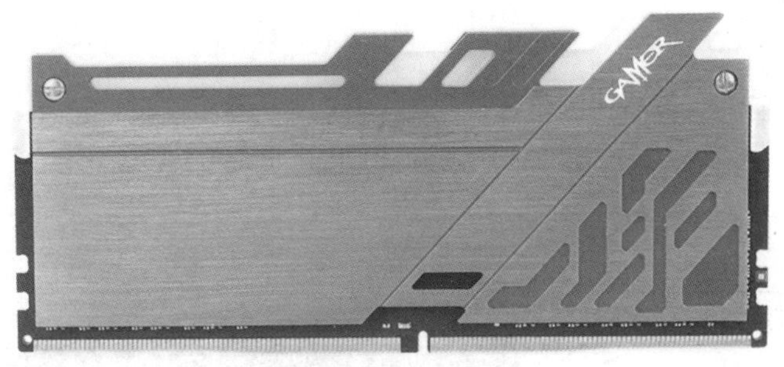

图 2-48　DDR4 SDRAM

2. 内存的选购

V2-3　内存的选购

电子产品的更新换代速度越来越快，计算机的内存条性能也越来越强，并且花样繁多，品牌繁杂。很多对计算机硬件不够了解的人认为一分价钱一分货，经常花高价买性能过剩的内存条。计算机就像木桶，只要有一块桶板短，其余桶板就算再长也无济于事。买内存首先要考虑应该买多大的容量，下面以主流的 Windows 10 操作系统为例，分析一下其对于内存容量的需求。

（1）考虑自身需求。

按照最低配置，Windows 10 专业版配置需求如下：32 位操作系统需要内存容量最少为 1GB，64 位操作系统只需要内存容量为 2GB 即可运行，但也仅仅是运行。正常情况下，64 位 Windows 10 操作系统开机后就要占用 1.6GB 左右的内存容量，也就是说，如果使用 2GB 的内存，则开机就占用了其 80%的内存容量，若打开一个网页，内存容量占用率会直接飙升到 90%。因此，在条件允许的情况下，应尽可能选择较大容量的内存，以保证系统运行速度。

（2）选择内存的品牌和散热结构。

大品牌在质量、做工及售后方面更有保障。目前，市场上的内存品牌有很多，如金士顿（Kingston）、金邦（Geil）、威刚（ADATA）、海盗船（Corsair）、黑金刚（KINGBOX）、三星（SAMSUNG）、宇瞻（Apacer）、金泰克（tigo）、芝奇（G.SKILL）等，在内存条的背面可以看到相应的品牌标志。散热结构是指内存条上面加装的金属散热片，加了散热片的内存会比不带散热片的相同内存散热好一些。另外，部分内存在金属框架上会加装各种颜色灯条，使其安装后更加美观，如图 2-49 所示。

图 2-49　带各种颜色灯条的内存

（3）选择内存的频率和型号。

内存的频率和 CPU 的频率类似，频率越高，运行速度越快。内存的型号就是 DDR 系列，选购内存前需看好自己主板所对应的型号，现在基本上选用 DDR4 SDRAM。一旦确定自己想买的内存型号，想搭配高容量内存，就应尽量购买同一品牌、同一型号、同一频率的内存。这样做的目的是避免不同品牌或不同频率的内存的兼容性不好而出现不稳定问题，如计算机蓝屏、死机等，给用户带来不必要的损失。

（4）考察内存做工。

正规厂家生产的内存元器件排列整齐，焊点光亮工整，金手指颜色鲜艳、无毛刺、无氧化物，且内存颗粒的型号标识清晰。图 2-50 所示为科赋 Cras Ⅱ 炎龙 RGB 16GB DDR4 内存。

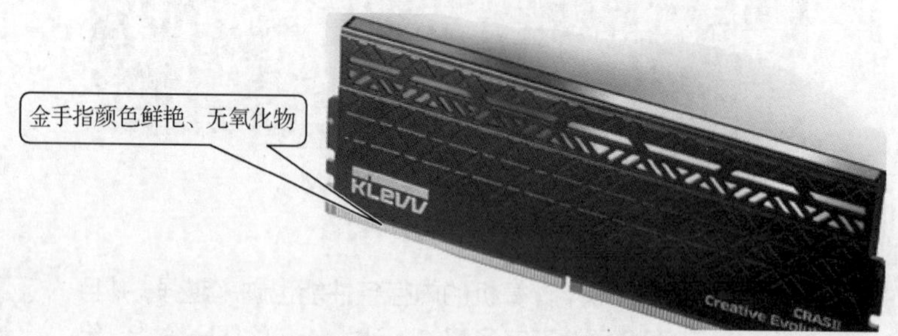

图 2-50　科赋 Cras Ⅱ 炎龙 RGB 16GB DDR4 内存

2.2.4　硬盘简介

硬盘被永久性地密封固定在硬盘驱动器中，通常由一个或多个铝制或玻璃制的盘片组成，盘片外覆盖有铁磁性材料。硬盘是计算机的主要存储介质之一，分为固态硬盘（Solid State Disk，SSD）、硬盘驱动器（Hard Disk Drive，HDD）、混合固态硬盘（Solid State Hybird Disk，SSHD）。SSD 采用闪存或动态随机存储器（Dynamic Random Access Memory，DRAM）来存储，HDD 采用磁性盘片来存储，SSHD 是把磁性盘片和闪存集成到一起的一种硬盘。

1. SSD

（1）SSD 概述。

V2-4　硬盘的性能指标

SSD 分为两种，一种采用闪存作为存储介质，另一种采用 DRAM 作为存储介质。

① 基于闪存的 SSD：采用闪存作为存储介质，这也是通常所说的 SSD。它的外形可以被制作成多种模样，如笔记本电脑硬盘、微硬盘、存储卡、U 盘等。这种 SSD 最大的优点就是可以移动，且数据保护不受电源控制，能适应各种环境，适合个人用户使用。

② 基于 DRAM 的 SSD：采用 DRAM 作为存储介质，应用范围较窄，应用方式可分为 SSD 和 SSD 阵列两种。它仿效传统硬盘的设计，可被绝大部分操作系统的文件系统进行卷设置和管理，并提供工业标准的 PCI 接口和光纤信道（Fibre Channel，FC）接口以连接主机或服务器。它是一种高性能的存储器，使用寿命很长，美中不足的是需要独立电源来保护数据安全。DRAM SSD 不属于主流的设备。

（2）SSD 接口分类。

SSD 的传输性能是 HDD 的数倍，使用体验成倍提升，因此经历多年的发展，SSD 已主导存储市场。

为了实现更快的速度、更好的体验，SSD 的接口也在不断革新，主流的 SSD 接口有 SATA、M.2、PCI-E、U.2 等。这 4 种常见的接口有什么不同，分别适合什么样的平台使用呢？下面来一一解读。

① SATA 接口。SATA 接口分为 SATA 2 和 SATA 3 等，其中 SATA 2 接口理论速度为 3Gbit/s，SATA 3 接口理论速度为 6Gbit/s。SATA 2 和 SATA 3 接口外观一致，支持的协议不同，只能通过厂家标志来区别。SATA 3 接口的 SSD 是目前最常见的 SSD 之一，价格便宜，性能也不错。

虽然 SATA 3 接口规格已经落伍，但普通用户对性能的要求谈不上苛刻，SATA 3 在很长一段时间内还是主流选择，其适用的平台也较为广泛，基本上带 SATA 接口的设备连接 SATA SSD 都没有问题。三星 1TB SSD 如图 2-51 所示。

图 2-51　三星 1TB SSD

② M.2 接口。M.2 接口按照支持协议分为 M.2 NVMe 和 M.2 SATA 等，按照尺寸分为 2242、2260、2280 等规格。其尺寸不影响性能，只要符合插槽长度即可。而其支持协议的不同，导致其速度不同，外观也不同。

为了更适应超极本这类超薄设备的使用环境，针对便携设备开发的 M.2 SATA（Mini SATA）接口应运而生。M.2 SATA 接口连接 SATA 通道，速度与 SATA 3 一样，最大理论速度为 6Gbit/s，但价格高出不少。外观上的直接区别是，M.2 SATA 接口有两个缺口，采用该接口的 SSD 如图 2-52 所示。M.2 SATA 接口是 SSD 小型化的一个重要过程，但 M.2 SATA 依然没有解决 SATA 接口的一些缺陷。

图 2-52　M.2 SATA SSD

M.2 NVMe 连接 PCI-E 3.0 X4 通道，速度可达到 32Gbit/s，是 M.2 SATA 3 的 5 倍。其与 M.2 SATA 3 在外观上的直接区别是，M.2 NVMe 接口有一个缺口。这种接口是目前较为流行、性能较好的接口，在笔记本电脑领域应用较为广泛。M.2 NVMe SSD 如图 2-53 所示。

图 2-53 M.2 NVMe SSD

③ PCI-E 接口。采用这种接口的 SSD（见图 2-54）是直接连接 PCI-E 通道的，价格高昂。最初，PCI-E SSD 主要用于工业。最近几年，这种 SSD 也开始面向消费级市场的“发烧友”。虽然 PCI-E SSD 有诸多好处，但也不是每个人都需要。PCI-E SSD 由于闪存和主控品质问题，总成本较高，相比传统 SATA SSD 价格贵一些。另外，由于 PCI-E 接口会占用总线通道，入门及中端平台通道数较少的都不太适合添加 PCI-E SSD，只有顶级平台才可以完全发挥 PCI-E SSD 的性能。

图 2-54 PCI-E SSD

④ U.2 接口。U.2 接口别称为 SFF-8639，是由 SSD 形态工作组织（Form Factor Work Group）推出的接口规范，U.2 SSD 如图 2-55 所示。U.2 接口不但能支持 SATA-Express 规范，还能兼容 SAS、SATA 等规范。在外观上，U.2 接口类似 SATA 接口，它是一种全新的接口，几乎可以发挥 PCI-E 接口的全部性能。其理论速度已经达到了 32Gbit/s，与 M.2 接口无差别。但其使用范围小，支持的主板不多，且 U.2 接口的 SSD 产品只有英特尔公司的 750 系列、影驰（GALAX）名人堂等。其他主板如想使用 U.2 接口，需要购买一块 M.2 接口转 U.2 接口的转接卡，并将 SSD 连接在转接卡上，如图 2-56 所示。

图 2-55 U.2 SSD

图 2-56 M.2 接口转 U.2 接口的转接卡

（3）闪存颗粒。

SSD 主要是由闪存颗粒组成的，闪存颗粒决定着 SSD 的读取速度与使用寿命等。SSD 的闪存颗粒有 SLC、MLC、TLC 和 QLC 等类型。其中，SLC 颗粒最好，具备 10 万次写入次数、高使用寿命等特点，被广泛用于高端 SSD；MLC 颗粒次之，写入次数为 1 万次左右，使用寿命适中，是目前主流 SSD 使用的颗粒；接下来为 TLC 颗粒，写入次数仅为 1000～5000 次，被广泛用于低端 SSD；最差的是 QLC 闪存颗粒，虽然它拥有比 TLC 更高的存储密度，成本相比 TLC 更低，并且可以将容量做的更大，但它的理论擦写次数仅为 150 次，这意味着它的使用寿命很短。

（4）容量。

SSD 与 HDD 相比，唯一的不足就是容量偏小，常见的有 120GB、256GB、512GB、1TB、2TB 等。

但同级别中容量并非越大越好，不少人在选择 500GB 这一级别的 SSD 时，都看到了 480GB、500GB 和 512GB 这 3 种不同的容量，如图 2-57 和图 2-58 所示。在价格相差不大的情况下，很多用户会毫不犹豫地选择 512GB 的 SSD，觉得购买大容量的 SSD 肯定不会吃亏。其实，512GB 的 SSD 未必是最好的选择，因为闪存是有读/写寿命的，SSD 在长时间使用后，数据有可能会出错。为了保证数据安全，许多厂商在制造 SSD 时会留有一定的冗余空间，以便在 SSD 局部出错的情况下依然正常读/写。这些冗余的空间虽然平时无法使用，但是在关键时刻能挽救数据。冗余越大，SSD 容错能力就越强，数据安全性也就越高。

图 2-57　480GB 和 500GB SSD

图 2-58　512GB SSD

（5）主控芯片。

主控芯片相当于 SSD 的“大脑”，大脑运转得越快，SSD 的性能自然越好。决定主控芯片性能的因素有很多，大致有频率、通道数量、核心数量和架构等。一般而言，比较高端的 SSD 主控芯片有三星的 MGX 和美满电子的 88SS9189。以图 2-59 所示的美满电子的 88SS9189 主控芯片为例，其采用双核架构，运行频率为 400MHz，拥有 8 条闪存通道，采用了非压缩算法。而比较低端的智微芯片 JMF667H 则采用了单核 ARM9 架构，频率为

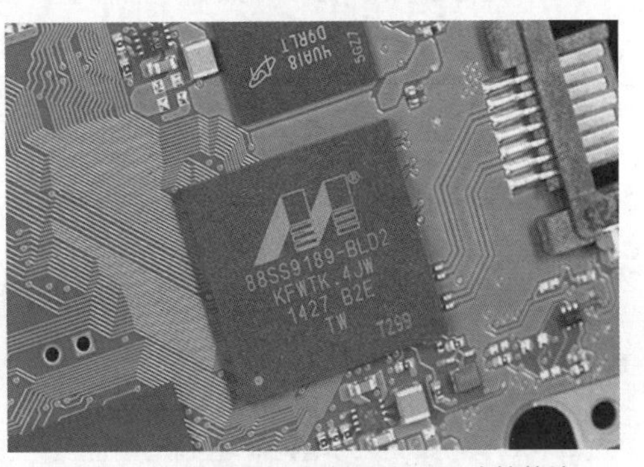

图 2-59　美满电子的 88SS9189 主控芯片

246MHz，闪存通道数量也仅为 4 个。因此，应尽量选择高端的主控芯片。

（6）传输协议。

主流 HDD 和 SATA SSD 采用的是高级主机控制器接口（Advanced Host Controller Interface，AHCI）传输协议，这种传输协议与 SATA 接口配合完全够用，毕竟 SATA 接口速度本来就有限。但随着 PCI-E SSD 的问世，AHCI 传输协议就成了瓶颈，它严重限制了 SSD 的“4K 读/写性能”。在这种情况下，全新的 NVMe 协议问世了，它专门针对全新的 PCI-E SSD 而开发。相比传统的 AHCI 传输协议，NVMe 协议的延迟降低了约 50%。同时，NVMe 协议支持更大的数据吞吐量，吞吐速度也远超 AHCI 协议。这两个优势使得采用 NVMe 协议的 SSD 拥有更快的“4K 读/写性能”，功耗也更低。

（7）SSD 选购注意事项。

选购 SSD 时要先确定自己的计算机适合的 SSD 容量和接口类型，主流的接口有 SATA 6Gbit/s 接口和 M.2 NVMe 接口。目前，三星、英特尔、浦科特等品牌的 SSD 从做工质量到使用体验都是不错的，近几年涌现出的一大批国产品牌，如致钛、海康威视、威刚等品牌的 SSD 也是不错的。

2. HDD

（1）HDD 概述。

HDD 即传统硬盘，主要由盘片、磁头、盘片转轴、控制电机、磁头控制器、数据转换器、接口、缓存等几个部分组成。

有的 HDD 只装一张盘片，有的 HDD 则装多张盘片，HDD 内部构造如图 2-60 所示。这些盘片安装在控制电机的转轴上，在控制电机的带动下高速旋转。每张盘片的容量称为单碟容量，而 HDD 的容量就是所有盘片容量的总和。早期 HDD 单碟容量小，所以盘片较多，有的甚至有 10 余张，现在 HDD 的盘片一般只有几张。一块 HDD 内的所有盘片都是完全一样的，否则控制部分会太复杂。一般的，一个品牌的一个系列使用同一种盘片，使用不同数量的盘片会出现一个系列不同容量的 HDD 产品。

图 2-60　HDD 内部构造

（2）HDD 性能指标。

HDD 是计算机内数据存放的仓库，存储容量大，价格低廉。其启动与运行速度虽然没有 SSD 快，但主要优点在于当电压不稳，或在突发情况下，或 HDD 某部分突然损坏时，HDD 中的数据可以通过技术手段恢复，从而确保重要数据不会丢失。而 SSD 损坏后是无法恢复数据的。所以，HDD 能够长期保存程序和数据等信息。一般情况下，计算机采用 SSD 和 HDD 组合搭配：SSD 负责系统与软件的运行，而计算机内所有重要的图片、文字、音频、视频等资料性内容，都存放在 HDD 内。下面通过一系列的指标来解读 HDD 的性能。

① 容量。HDD 最大的特点是容量大、价格实惠。硬盘容量的大小直接决定了用户可用存储空间的大小，在 HDD 的容量选择上主要根据用途而定，如今 1～4TB HDD 已经是首选，4TB HDD 如图 2-61 所示。

② 转速。HDD 转速以每分钟多少转来表示，单位为转/分（Revolutions Per Minute，RPM）。HDD 的转速越高，它的随机寻道时间就越短，数据传输速率就越高，性能也就越好。目前，市面上的 HDD 主流转速为 7200 转/分，部分 HDD 的转速高达 10000 转/分（见图 2-62），较低的转速则为 5400 转/分，多为笔记本电脑的硬盘或一些低速存储盘。HDD 转速越高，读/写速度越高，但发热量也会随之增加。

HDD 转速的不同，主要体现在随机读/写的寻道时间上，寻道时间数值越小越好。Windows 操作系统启动、大量零碎文件的读/写、各种软件的启动时间等，都和随机读/写时间有直接关系，这是 CPU 和内存性能再好都无法改变的。

图 2-61　4TB HDD

图 2-62　10000 转/分转速的 HDD

③ 单碟容量。单碟容量越大，HDD 性能越好。在垂直记录技术出现之前，HDD 盘片的容量和性能的发展到达瓶颈，直到 2006 年采用垂直记录技术的 HDD 产品开始量产，这一瓶颈才被突破。要在有限的盘片中增大 HDD 的容量，只能靠提升盘片的存储密度来实现。通过垂直记录技术，盘片的容量提高到新高度，与此同时，由于盘片数据密度的增加，HDD 的持续传输速率也获得了质的提升。

最能体现这种性能提升的应用就是 HDD 间的大体积文件复制，当在两个 HDD 之间复制一些光盘镜像、高清视频文件时，可以节省大量等待时间，大大提高了效率，如图 2-63 所示。

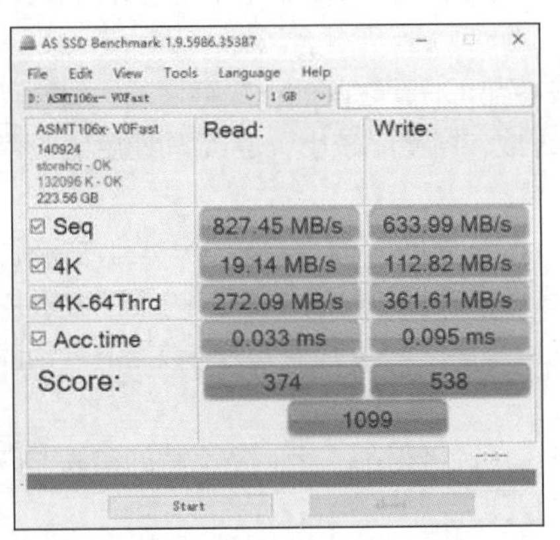

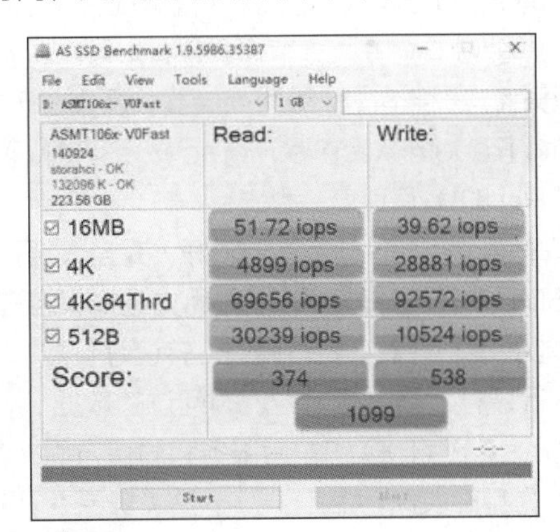

图 2-63　读/写速度

（3）监控 HDD 与存储 HDD 的区别。

① 监控硬盘。数字录像设备（Digital Video Recorder，DVR）专用硬盘（监控硬盘）是按“24×7”的企业级环境要求进行设计开发的。24×7 表示每天工作 24 小时，每周工作 7 天。普通计算机硬盘的设计以“8×5”为基础。8×5 指的是每天工作 8 小时，每周工作 5 天。需要注意的是，硬盘加电后有两个状态：工作状态和等待状态。工作状态是硬盘进行读/写工作的状态，等待状态是硬盘没有进行读/写工作时处于的待命状态。

② 网络附接存储（Network Attached Storage，NAS）硬盘。简单地说，NAS 硬盘就是一台小型的云端硬盘服务器，NAS 系统为用户提供了更加便利的资源读取与共享、更加安全的数据备份解决方案。如果几个人要存取同一块硬盘中的资料，则需要使用移动硬盘逐个进行复制，这相当于线性分享。而如果把非常重要的资料存放在公有云上，许多用户又感觉不那么放心。此时，使用 NAS 硬盘就是一个很好的选择，它相当于在用户自己家建立一个私有云。

作为重要存储设备，NAS 硬盘有几条硬性标准：平均 100 万小时无故障时间、“7×24 小时 365 天”不断电运行、RAID 优化、振动抵消、阵列读/写等待、优化的静音读/写。其中，容量和静音较为重要，所以一般 NAS 硬盘容量在 4TB 以上，转速在 7200 转/分以下。西部数据（Western Digital）红盘就是专为 NAS 设计的，如图 2-64 所示。

图 2-64 西部数据红盘

（4）HDD 选购注意事项。

如何才能选购一款最适合的 HDD 呢？请从以下 4 个方面来考虑。

① 容量。HDD 容量决定着计算机的数据存储能力，也是用户购买 HDD 时最关心的参数之一。目前，主流 HDD 的容量为 1～4TB，容量一般是越大越好，但更重要的还是个人使用需求，有多大需求买多大容量的 HDD 即可。

② 转速。转速并不是越高越好，主流台式机 HDD 的转速为 7200 转/分，以前很多笔记本电脑 HDD 的转速为 5400 转/分，但它们在实际使用时差别不大。HDD 工作时转速越高，功耗越大，散热量也会比低转速的大很多。而笔记本电脑的最大缺陷就是散热不好使得性能下降。同配置的笔记本电脑，在同样的工作条件下，7200 转/分的 HDD 的笔记本电脑的温度要比 5400 转/分的高。虽然转速高的 HDD 读/写速度也比较高，在传输速率上可以更好地满足用户的需求，但是会带来热量问题和产生杂音。

③ 缓存。缓存指高速缓冲存储器，是存在于主存与 CPU 之间的一级存储器，由静态随机存储器（Static Radom Access Memory，SRAM）组成，容量比较小，但读/写速度比主存高得多，接近于 CPU 的读/写速度。

一般来说，HDD 缓存越大越好，并且大缓存 HDD 的使用寿命会更长一些。主流硬盘缓存为 64～128MB，在选择硬盘时，应优先选择大容量缓存的 HDD。但 HDD 的缓存容量并不是决定 HDD 性能的唯一参数，还有接口、转速等参数。简单来讲，缓存主要负责对数据进行预读取、对写入动作进行缓存、临时存储最近访问过的数据。

④ 质保。在 HDD 的售后服务和质保方面，各个厂商做得都不错，各品牌的盒装 HDD 一般提供 3 年或 5 年的质保，但是千万不要买来源不明的 HDD。

需要注意的是，无论哪一种情况的质保，在质保期内，如果 HDD 损坏，厂商通常仅为用户更换相同容量同型号的产品（并非新品），对于 HDD 中的数据，厂商是不提供任何服务的，所以用户平时一定要做好备份，不要过分依赖数据丢失后可以用软件进行恢复的功能。

3. SSHD

SSHD 是基于 HDD 的硬盘，除了 HDD 必备的盘片、磁头等，还内置了闪存颗粒，这种颗粒用于存储用户经常访问的数据，可以达到与 SSD 一样的读取性能，即混合固态硬盘同时具备 SSD 的读/写速度优点和 HDD 的容量优点。SSHD 把磁性盘片和闪存集成到一起，以减少读取资料的次数，从而减小耗电量，特别是使笔记本电脑的电池续航能力得以提升。

（1）新型混合固态硬盘的发展。

为了跟上处理器技术的发展，硬盘也需要不断改进。SSD 在高效能、高生产率方面有着卓越的贡献，实践证明 SSD 技术能够显著提高 CPU 性能和使用率，但它的价格也格外高昂。对于 64～128GB 的存储器来说，SSD 是可行的解决方案，但很多商用笔记本电脑和台式机需要更大的容量。这通常使得 SSD 的价格超出了用户的预算。

混合固态硬盘如图 2-65 所示，它能够在保证成本效益的基础上满足性能和容量需求。

图 2-65　混合固态硬盘

（2）混合固态硬盘的运行机制。

从第三代 SSHD 开始，希捷 Fire Cuda 混合固态硬盘就普遍采用了“5400 转/分+8GB MLC 闪存”的组合。希捷加入的快闪加速技术主要是为日常程序应用而设计的，HDD 主要用于存储数据；一些随机读取和高频碎文件，如进入系统、打开常用软件或游戏的部分，则由 8GB MLC 闪存来负责。Fire Cuda 混合固态硬盘针对游戏计算机、高性能计算机、创意专业人士及工作站用户所使用的计算机等设计，希捷 SSHD 一直主打高容量和比一般硬盘读/写速度更快的集合体概念。Fire Cuda 采用了比较主流的 PCB 倒置设计，以保护板载的芯片电路。电路布局由负责接口数据传输、读通道和缓存管理的主控芯片组成，其中包括一块 8GB MLC 闪存及一块 128MB 缓存，如图 2-66 所示。

这块 8GB MLC 闪存是作为一种类似镜像的方式存在的，因此这 8GB 不包含在硬盘总容量之内。8GB MLC 闪存内的数据不会随着硬盘格式化而消失，闪存上的数据将保持不变，经过重装系统或进行系统迁移之后，SSHD 依旧迅速而高效，如图 2-67 所示。

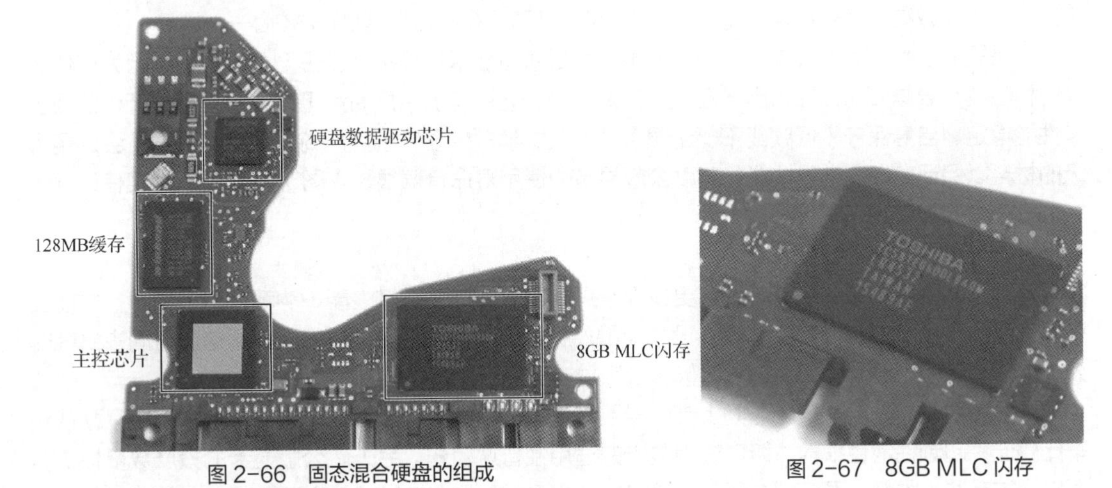

图 2-66　固态混合硬盘的组成

图 2-67　8GB MLC 闪存

2.2.5　独立显卡简介

独立显卡简称独显，是高性能计算机用户的必选配件之一。在进行渲染类的图形运算时，显卡承担着主要工作。

和 CPU 一样，显卡厂商也分为两个阵营，分别为超威半导体公司与英伟达公司。

超威半导体公司显卡的优势如下。

① 不只追求图形渲染性能，更注重通用运算性能的提升，面向未来高运算显卡。

② 入门级、主流级的产品，性价比高。

③ 支持超威半导体 Eyefinity 宽屏技术。

图 2-68 所示为超威半导体 Radeon RX 6700 XT 显卡。

英伟达公司显卡的优势如下。

① 定位于高性能、低功耗，其表现令人刮目相看。

② 性能强大。

③ 支持 PhysX、TXAA、FXAA 等多种技术。

④ 驱动程序完善。

图 2-69 所示为影驰 RT 3090 金属大师 24GB 显卡。

图 2-68　超威半导体 Radeon RX 6700 XT 显卡

图 2-69　影驰 RTX 3090 金属大师 24GB 显卡

1. 公版显卡的优点

公版显卡的一大优点就是整体运行稳定。一般而言，最新一代的显卡芯片生产出来，芯片厂商（如英伟达公司、超威半导体公司）首先会发布一个内部已经稳定测验过的成熟的显卡规划方案，包括供电方案、散热方案、接口方案、元器件规格等，这个公版方案作为各板卡厂商（如华硕、索泰、技嘉、影驰、微星、七彩虹等公司）的一个参考，厂商这时才刚拿到显卡核心——芯片。

不是只有芯片厂商才可以生产公版显卡，而是所有板卡厂商都可以生产公版显卡，因为英伟达公司和超威半导体公司已经给出一套成熟的规划方案，所有板卡厂商都可以直接套用生产。公版显卡性能稳定、自身保守（低频或不能超频）、用料“豪华”。显卡芯片厂商为了追求品质，会选用顶级的材料以保证良好的电气性能，所以公版显卡的使用寿命普遍很长。图 2-70 所示为英伟达泰坦 V 12GB 公版显卡。

2. 公版显卡的缺点

对于一款刚刚发布的显卡芯片，更多板卡厂商需要详细了解其性能、功耗等诸多信息，才能自行研究非公版显卡，所以其会选择先投产少量公版显卡在市场上测试效果，并用这些时间去研究非公版显卡。所以当显卡芯片发布的时候，公版显卡是第一时间上市的“新货”。

因为质量较好，以及第一时间上市，导致其售价居高不下，加上其规划非常保守，所以默认频率比较低，超频性能也很弱，所以公版显卡的适用性普遍较弱。另外，公版显卡的投产数量极少，所以会被有些人收藏。图 2-71 所示为超威半导体 Radeon RX Vega 公版显卡。

图 2-70　英伟达泰坦 V 12GB 公版显卡

图 2-71　超威半导体 Radeon RX Vega 公版显卡

3. 非公版显卡的种类

第 1 种是超公版显卡。超公版显卡是公版显卡的加强版，用料更加“奢华”，散热规划更加夸张。超公版显卡的频率、用料、细节、功能等都有很大的进步，所以其性能不言而喻，且不受控制功耗的约束，通常是为“发烧友”准备的，而价格也高出公版显卡很多。图 2-72 所示的技嘉（GIGABYTE）GeForce RTX 3080 VISIONOC 10GB 显卡，拥有自定义显示屏、自定义 RGB 灯、全接口发光设计、专属防坠支撑架、加粗加厚的散热片配合 3 组强力风扇、独立的超频开关。

第 2 种是普通非公版显卡。厂商会根据自身对显卡芯片的理解适当增减这种显卡的元器件，其在价格方面与公版显卡基本持平。图 2-73 所示的微星 RTX 3080 10GB 显卡，采用了视窗技术、零杂音设计、智能启停、全新散热模组、全固态电容器等。

图 2-72　技嘉（GIGABYTE）GeForce RTX 3080 VISION OC 10GB 显卡

图 2-73　微星 RTX 3080 10GB 显卡

第 3 种是“缩水版”显卡。这种显卡是为一些资金不够充裕的用户准备的，具有价格优势，但性能会低于公版显卡。图 2-74 所示为技嘉（GIGABYTE）GTX 1060 WINDFORCE CN 3GB 显卡，虽然该显卡只有 3GB 显卡内存（简称显存），但价格比公版显卡低很多，性价比很高。

图 2-74　技嘉（GIGABYTE）GTX 1060 WINDFORCE CN 3GB 显卡

4. 流处理器

“流处理器”这个名词第一次出现在人们的视线中还要追溯到 2006 年 12 月 4 日，英伟达公司正式对外发布新一代 DX10 显卡 8800GTX，在技术参数表中看不到常使用的两个参数——Pixel Pipelines（像素渲染管线）和 Vertex Pipelines（顶点着色器单元），取而代之的是一个新名词——Streaming Processor（流处理器）。流处理器的作用就是处理由 CPU 传输过来的数据，处理后将数据转化为显示器可以辨识的数字信号。

每个流处理器中都有专门的高速单元负责解码和执行流数据。片载缓存是一个典型的采用流处理器的单元，它可以迅速输入和读取数据从而完成下一步的渲染。

流处理器的数量对显卡性能起决定性作用，可以说不同档次的显卡除核心不同以外，最主要的差别就在于流处理器的数量。但是有一点要注意，英伟达公司的显卡和超威半导体公司的显卡的流处理器数量不具有可比性，两家公司的显卡核心架构不同，不能通过比较流处理器数量来看性能，一般情况下，英伟达公司的显卡的流处理器数量会明显少于超威半导体公司的显卡。要从流处理器数量来看性能，只能自家的与自家的相比较。

5．流处理器的作用

我们在真实世界看到的物体，是由大量的分子或原子等构成的，不会看到锯齿现象，而显示器没有足够多的像素来表现图形，像素与像素之间的不连续就造成了锯齿。可以通过采样算法抗锯齿效应，在像素与像素之间进行平均值计算，增加像素的数目，达到像素之间平滑过渡的效果。

流处理器的作用就是去除物体边缘的锯齿现象，就像放大后的像素边缘的棱角，使其更加圆润美观。去掉锯齿后，还可以模拟高分辨率的精致画面。

6．流处理器和 CUDA

计算统一设备体系架构（Compute Unified Device Architecture，CUDA）是一种运算架构，流处理器是一种硬件运算单元。在实际应用中，CUDA 中的运算可以调用流处理器。英伟达公司称流处理器为 CUDA Core（CUDA 核心）。CUDA Core 的数量决定了显卡算力的强弱，例如，一项渲染任务可以拆分为更多项任务交由不同的 CUDA Core 进行处理。图 2-75 所示为技嘉（GIGABYTE）RTX 3070 8G/3080 10G AORUS MASTER 显卡。

7．图形处理单元

图形处理单元（Graphic Processing Unit，GPU）是英伟达公司在发布 GeForce 256 图形处理芯片时首先提出的概念。GPU 使显卡减少了对 CPU 的依赖，完成部分 CPU 的工作，尤其是在处理 3D 图形时。如果说 CPU 是整个计算机的“心脏”，那么 GPU 就是显卡的“心脏”。显卡负责的图形处理全部依靠这颗小小的 GPU。一般来说，衡量 GPU 工作能力的性能指标有两个：流处理器数量和核心工作频率。其他性能指标还有光栅处理单元、一级缓存、核心面积、制造工艺。

从电子工程领域来讲，GPU 是专门设计用于图形信号处理的单芯片处理器。在独立显卡中，GPU 一般位于 PCB 的中心，如图 2-76 所示。

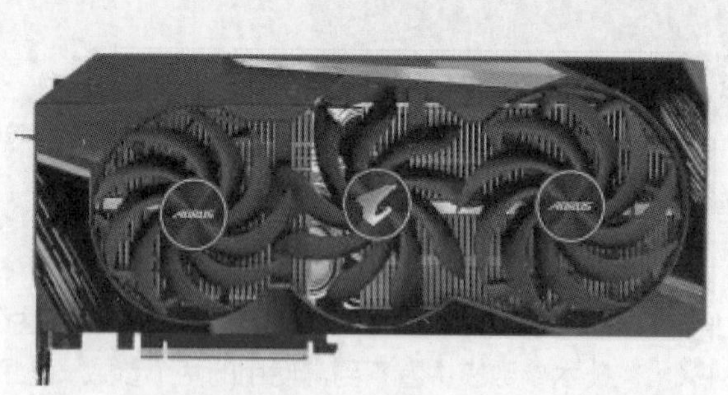

图 2-75　技嘉（GIGABYTE）RTX 3070 8G/3080 10G AORUS MASTER 显卡

图 2-76　GPU

1999 年 8 月，英伟达公司发布了一款代号为 NV10 的图形处理芯片 GeForce 256，如图 2-77 所示。GeForce 256 是图形处理芯片领域开天辟地的产品，第一次提出了 GPU 的概念。GeForce 256 所采用的核心技术有“T&L”硬件、立方环境材质贴图和顶点混合、纹理压缩和凹凸映射贴图、双重纹理四像素 256 位渲染引擎等。

2002 年 12 月，微软公司发布了全新一代图形应用程序接口（Application Programming

Interface，API）——DirectX 9.0。DirectX 9.0 带来了大量令人印象深刻的图形特效，同时 FP24 浮点格式的 RGB 数据处理让程序员第一次有了能够完整、正确地表达颜色的可能。接下来，微软公司继续对 DirectX 9.0 进行了数次版本更新和升级，并最终进化到 DirectX 9.0C。同时，通过多目标渲染（Multiple Render Targets，MRT）和延迟渲染（Deferred Shading）等创造性的技术保证了光栅化过程中整个流水线的效率。2004 年 3 月，全球首款完整支持 DirectX 9.0C 的 GPU——英伟达 GeForce 6800 发布，它提供了至少两倍于前代产品的性能提升，如图 2-78 所示。此后，GPU 在整个 DirectX 9 时代蓬勃发展。

图 2-77　英伟达 GeForce 256

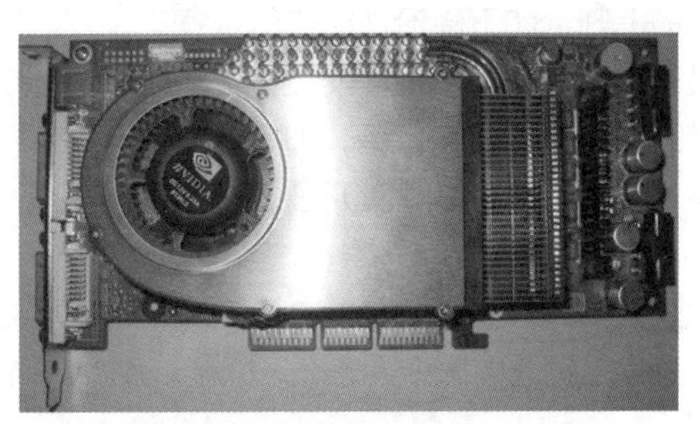

图 2-78　英伟达 GeForce 6800

8. 显卡 PCB

显卡 PCB 如图 2-79 所示，其主要功能是提供电子元器件之间的相互连接。如果一块显卡连最基本的电路都设计不好，即使使用再好的电容器和显存颗粒等，也可能无法稳定地运行，更别提超频了，所以 PCB 对显卡来说也是非常重要的。一般来说，PCB 的层数越多，长度越长，能容纳的元器件越多，电路越复杂，用料就越多，显卡性能也就越好。

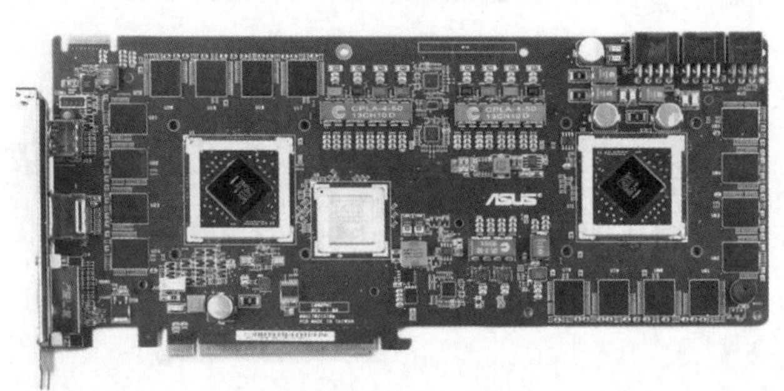

图 2-79　显卡 PCB

9. 显存

V2-5　显存

显存也叫作帧缓存，用来存储显卡芯片处理过或即将提取的渲染数据。如同内存一样，显存是用来存储要处理的图形信息的部件。显存的参数有显存类型、容量、位宽、频率、带宽、散热等。

（1）显存类型。

显存类型是选择显卡时需要关注的，目前最好的显存类型是图形双倍数据速率（Graphics Double Data Rate，GDDR）6，它的等效频率最高，其次是 GDDR5，最后是常见的 GDDR3。

（2）容量。

通常，1440px × 900px 及其以下分辨率最少需要 512MB 显存，1680px × 1050px 分辨率最

少需要 1GB 显存，1920px×1080px 分辨率最少需要 1.5GB 显存。动态共享显存技术可以动态地将内存划分为显存，以便当显卡独立显存不够用时，可临时使用内存。

（3）位宽。

位宽是显存在一个时钟周期内所能传送数据的位数，位宽越大，瞬间所能传输的数据量就越大，这是显存的重要参数之一，位宽的作用是增大带宽。位宽是由每个颗粒的位宽和使用数量决定的，例如，每个颗粒 32bit 位宽，8 个颗粒并联就是 256bit 位宽。

（4）频率。

显存的实际频率和等效频率是两个概念。由于现在的显存都基于 DDR 系列内存改造，DDR 在时钟的上升沿和下降沿都能传送数据，是 SDR 同频效率的两倍，因而有了等效频率这一说法。GDDR3 和 DDR3 都是等效 2 倍频率；而 GDDR5 是 2 倍于 GDDR3 的数据预取量，使 GDDR5 显存的实际读/写速度翻番，即等效 4 倍频率。这也就是为什么 GDDR5 的频率很高，只是等效频率高了，实际频率和 GDDR3 相差不多。

（5）带宽。

除容量外，显存类型、位宽和频率能共同决定一个重要的参数——带宽。显存带宽是指显卡芯片与显存之间的数据传输速率，以字节/秒为单位。带宽越大，意味着显存对 GPU 数据吞吐的能力越强。

（6）散热。

显卡一般采用风冷主动散热，就是在散热片上加装风扇。被动散热指的是没有风扇，依靠自然气流散热。被动散热一般鳍片比较宽厚，覆盖面积大，多应用于发热少的低端显卡。显卡一般是整个机箱中温度最高的硬件，常规温度为 50～70℃，在运行大型 3D 游戏或播放高清视频时，温度甚至可达到 100℃，一般情况下，高负载下不超过 110℃均视为正常。一般高端显卡会配有 2 或 3 个覆盖整个 PCB 的强力风扇，如图 2-80 所示。

图 2-80　覆盖整个 PCB 的强力风扇

10. 显示接口

显示接口是指显卡与显示器、电视机等图像输出设备之间连接的接口。下面介绍目前常见的 3 种显示接口。

（1）VGA 接口。

视频图形显示适配器（Video Graphic Array，VGA）接口是显卡上输出模拟信号的接口，也叫 D-Sub 接口。VGA 接口是显卡上应用最为广泛的接口类型之一，在中低端显卡上很常见，如图 2-81 所示。目前，英伟达公司在第 10 系列显卡中取消了 VGA 接口。

（2）DVI 接口。

如图 2-82 所示，目前的数字视频交互（Digital Video Interactive，DVI）接口分为两种：一种是 DVI-D 接口，它只能接收数字信号，不兼容模拟信号，接口上有 3 行 8 列共 24 个针脚，其中右上角的一个针脚为空；另一种是 DVI-I 接口，它兼容模拟信号和数字信号。兼容模拟信号并不意味着 D-Sub 接口可以连接在 DVI-I 接口上，而要通过转换接头才能使用，一般采用这种接口的显卡都会带有相关的转换接头。

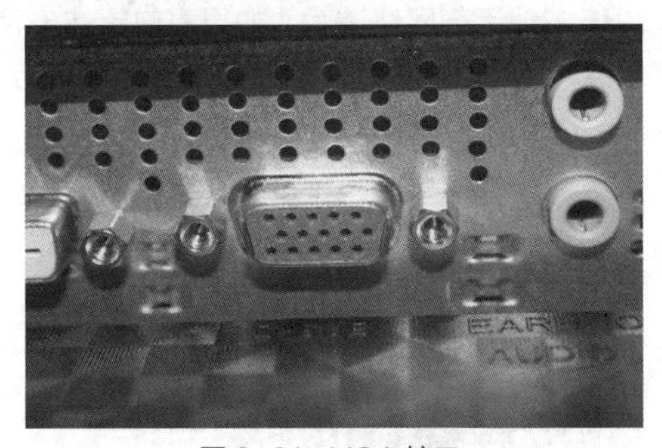

图 2-81　VGA 接口

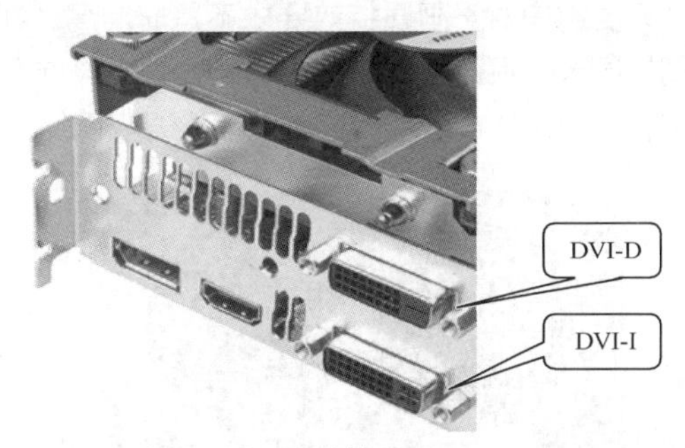

图 2-82　DVI 接口

（3）HDMI。

应用高清晰度多媒体接口（High Definition Multimedia Interface，HDMI）的好处是，只需要一条 HDMI 线，便可以同时传送影、音信号。HDMI 也可以转换成 DVI 或者 VGA 接口。目前，高端显卡和显示器均采用此类型接口，HDMI 数据线如图 2-83 所示。

图 2-83　HDMI 数据线

11. 独立显卡选购

首先要弄清楚自己购买独立显卡是出于何种目的，是为了普通办公、看视频，还是用于图形图像设计，或是用于视频剪辑、3D 图形处理。下面主要从不同的需求情况出发讲解显卡的选购。

V2-6　显卡的选购

（1）日常使用。

如果只是单纯办公、看视频、浏览网页，则入门级独显已足够。例如，英伟达 GeForce GT 1030 显卡采用 14nm 的制造工艺，显存容量为 2GB，接口根据品牌的不同会有所不同，如图 2-84 所示。

图 2-84　英伟达 GeForce GT 1030 显卡

（2）网络游戏用户。

经常玩网络游戏的用户，可以选择性能较高的显卡，如微星 RTX 2060 GAMING Z 6GB 显卡，如图 2-85 所示，这款显卡足够应付市面上大部分网络游戏。每个独立显卡商都有相应的产品，只要用户对于画质特效要求不是非常高，都可以流畅地运行网络游戏。如果喜欢超威半导体公司的显卡，且对画质的要求更高，则比较推荐使用技嘉（GIGABYTE）RTX 2060 OC 6GB 显卡，如图 2-86 所示，它可以轻松驾驭网络游戏，不过价格也更高。

图 2-85　微星 RTX 2060 GAMING Z 6GB 显卡

图 2-86　技嘉（GIGABYTE）RTX 2060 OC 6GB 显卡

（3）追求极致画质的用户。

一些追求“完美”的用户，对于画质的要求已经达到了“极致”，例如，一定要使用“全高特效”功能，看“4K”分辨率的视频，这样对于显卡的要求又上了一个档次。

在这种情况下，建议选购七彩虹（Colorful）RTX 3090 24GB 显卡（见图 2-87）或超威半导体 Radeon Pro WX 7100 专业显卡（见图 2-88），据测评，在“4K”分辨率的显示中，这两款显卡能确保大部分情况下的最低帧数超过 48 帧。

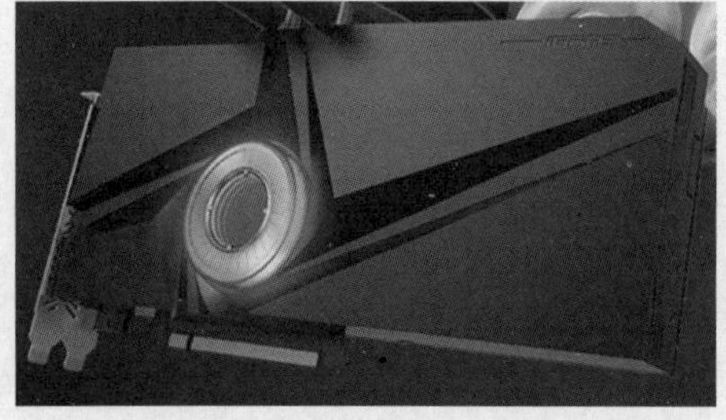

图 2-87　七彩虹（Colorful）RTX 3090 24GB 显卡

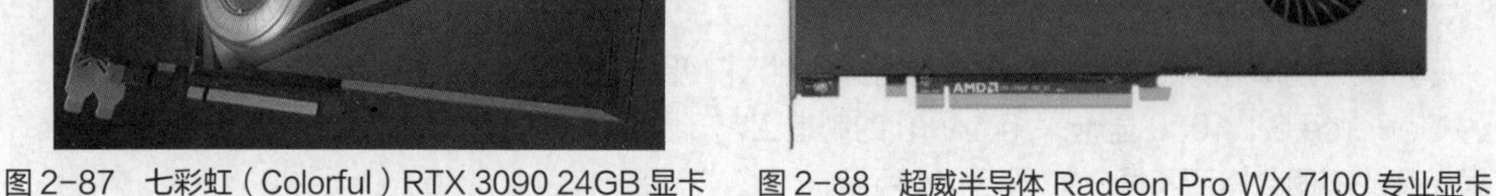

图 2-88　超威半导体 Radeon Pro WX 7100 专业显卡

2.2.6　其他硬件

1. 外置声卡

声卡是多媒体技术中最基本的组成部分之一，是实现声波与数字信号相互转换的一种硬件。声卡的基本功能是把来自话筒、磁带、光盘的原始声音信号加以转换，输出到耳机、扬声器、扩音机等音响设备，或通过乐器数字接口（Music Instrument Digital Interface，MIDI）使乐器发出美妙的声音。内置声卡是集成在主板上的，本节主要讲解外置声卡。

外置声卡拥有独立的音频控制芯片，它与内置 PCI 声卡的区别在于它需要一个单独的系统接口程序来使用 USB 总线传输音频数据。因为某些录音及直播软件要求独占内置声卡，打开软件后其他声音无法播放，所以要用外置声卡，将资源全部分配给该软件，再配合内置声卡使用。

声卡，顾名思义就是能发出声音的设备。早期声卡是插在计算机主板上的一个扩展卡，因此称为“卡”，后来为了便于使用，扩展出来了一个机架盒子，把诸多接口放入其中，这种形式看起来很专业但显得累赘。

21 世纪初开发的外置“声卡”是通过一根 IEEE1394 线缆连接到计算机的，这种方式简单易用，在苹果公司的推广下，这种连接线被赋予了一个很形象的名称——“火线”，于是这种名叫“火线声卡”的产品很快就流行开来，其外形和卡已基本没有关系了，严格来说称其为“声盒”可能更准确。

随着 IEEE1394 的流行，USB 逐渐被广泛使用，2007 年左右 USB 2.0 成熟后，做出了用 USB 线缆连接的音频接口，这就是现在常见的声卡形式了。目前，低端音频接口（声卡）基本上采用了 USB 2.0 的形式；高端音频接口有一小部分采用了 USB2.0，一部分采用了 USB3.0。

最近几年高端音频接口兴起了采用雷电接口连接的方式，这主要得益于雷电接口的高带宽特性，可以做到高带宽传输的同时支持复杂的任意路由，以及支持大量效果器运算。雷电的英文叫“ThunderBolt”，苹果公司为其取名为“雷雳”。此接口在苹果设备上得到了大力发展，如图 2-89 所示。

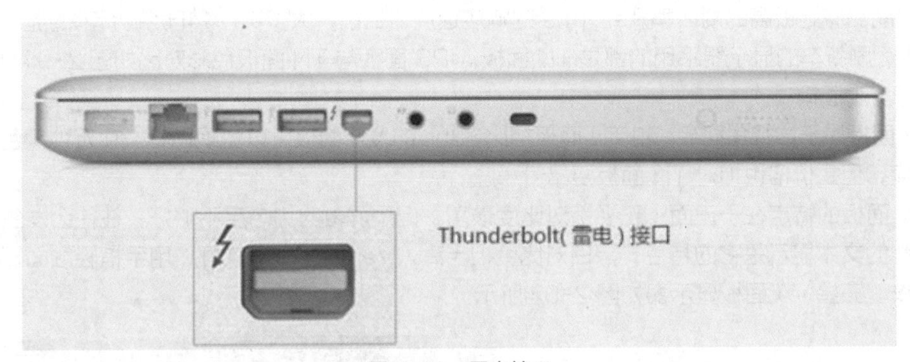

图 2-89　雷电接口

2. 话放

所谓“话放”，就是话筒放大器，是对话筒输入的信号进行放大的设备。常规的话筒输出的信号是弱信号，不能满足录音和扩声需求。而话筒放大器就是用来放大话筒信号的，只有这样被放大的模拟音频信号，才能被高品质地录制在记录介质上，或者送到扩音设备上。话放是一台单独的设备，价格从几百元、几千元到几万元不等，其内部基本上是专业的功率放大电路、芯片和电源供应模块。话放通常是全平衡式放大器。图 2-90 所示为 PreSonus 独立话放。

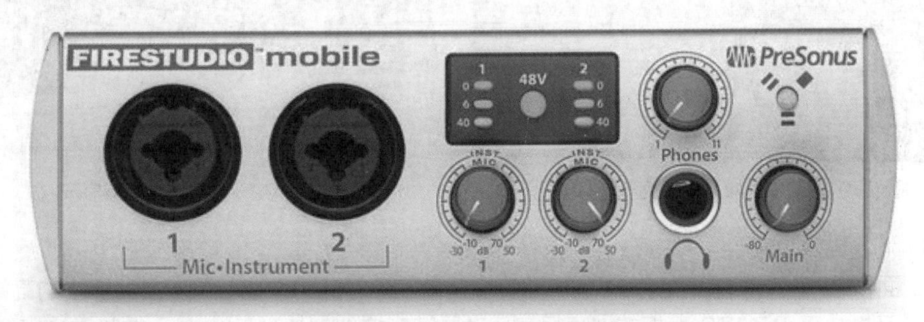

图 2-90　PreSonus 独立话放

3. 液晶显示器

当电子产品发展到一定阶段之后，同质化现象就会变得越来越严峻，无论是在外观还是在性能方面。显示器的各项参数是每个消费者选购时首先要考虑的，分辨率、刷新率、色彩精准度等参数会直接影响画面的显示效果和用户体验，但对于不甚了解显示器的用户来说，可能会陷入只看参数的“怪圈”。一味地追求参数的极致显然是很不明智的。

在一台液晶显示器中，面板的成本要占到整台显示器成本的 80%左右，可见面板在显示器中的重要性。那么面板的种类有哪些，每种面板又有哪些优缺点呢?

平面转换（In-Plane Switching，IPS）面板和广视角（Vertical Alignment，VA）面板同属于高端面板，但是前者是硬屏，后者是软屏。IPS 面板色彩准确，但是漏光严重，黑色纯度不够；VA 面板黑白对比度高、文本锐利，但是屏幕均匀度不够。扭曲向列型（Twisted Nematic，TN）面板属于软屏，因为输出灰阶少，所以色彩表现力不足，它的优点就是响应速度快，一般电竞专用显示器会用到它。

（1）TN 面板。

低廉的生产成本使得 TN 面板在入门级液晶显示器中被广泛使用。TN 面板有着响应速度快、价格低廉的优点，但缺点也十分明显——色域覆盖率低（即通常理解的色彩表现不好）、可视角度差。TN 面板能够做到极高的刷新率及约 1ms 的响应速度。目前，大多数 144Hz 刷新率的显示器，甚至 240Hz 刷新率的显示器采用的都是 TN 面板。IPS 面板与 TN 面板色彩对比如图 2-91 所示。

（2）VA 面板。

VA 面板属于广视角面板。和 TN 面板相比，8bit 的 VA 面板可以呈现约 1670 万种颜色和更大可视角度，但是价格也相对 TN 面板要昂贵一些。

VA 面板的特点在于正面（正视）对比度最高，但是屏幕的均匀度不够好，往往会发生颜色漂移。锐利的文本显示是它的特色，黑白对比度相当高。VA 面板属于软屏，用手指轻触面板时会显现梅花纹。三星 VA 面板显示器如图 2-92 所示。

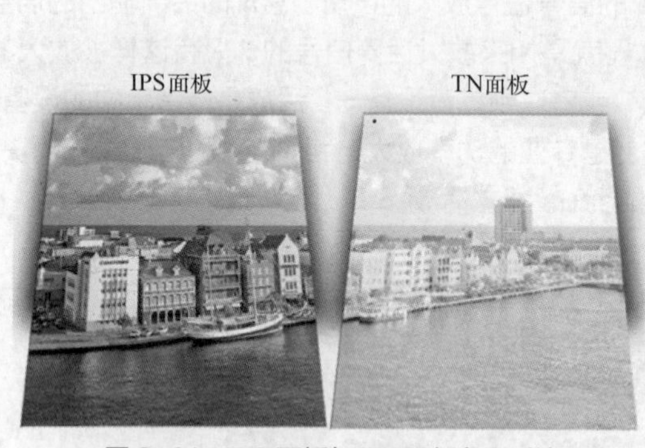

图 2-91　IPS 面板与 TN 面板色彩对比

图 2-92　三星 VA 面板显示器

（3）IPS 面板。

IPS 面板的优势是可视角度大、响应速度快，以及色彩还原准确，是液晶面板中的高端产品。相比 VA 面板，采用了 IPS 面板的液晶显示屏动态清晰度能够达到 780 线；在静态清晰度方面，按照 720 线的高清标准要求，其仍能达到高清。该面板技术增强了液晶显示屏的动态显示效果，在观看体育赛事、动作片等运动速度较快的节目时，能够获得更好的画质。和其他类型的面板相比，IPS 面板用手轻轻划一下不容易出现水纹样变形，因此又有硬屏之称。华硕 IPS 面板显示器如图 2-93 所示。

图 2-93 华硕 IPS 面板显示器

4. 液晶显示器参数

液晶显示器品牌、型号繁多，其参数让人眼花缭乱。从普通办公使用，仅要求基本功能；到游戏使用，要求高分辨率、大视角、高刷新率；再到设计使用，要求高分辨率、大屏幕、高色彩还原度。面对琳琅满目的市场，该如何选择呢？下面为读者一一解读液晶显示器的各项参数。

（1）响应时间。

响应时间指显示器接收到信号将其转换为画面的时间，响应时间越短越好。市面上低端显示器的响应时间一般为 4～5ms，游戏显示器和高端显示器可以做到 1～3ms。

（2）bit 值。

显示器面板的 bit 值越大，说明显示器色彩的层次性越好，更容易分辨出相近的颜色。目前流行的是 6bit，价格更高的是 8bit 和 10bit。

（3）色域。

色域代表了显示器的色彩表现能力，色域越广的显示器能够呈现的色彩越丰富，表现出来的色彩就越接近真实世界和人眼的极限值，给人更生动、更逼真的感觉。

显示器色域一般有 NTSC、AdobeRGB 和 sRGB 这 3 种标准，AdobeRGB 色域覆盖面要比 sRGB 更广。高端的显示器要求接近 99%的 AdobeRGB 色域，而目前主流的显示器基本上达到了 100% sRGB 色域覆盖。

（4）刷新率。

普通显示器一般可以实现 59～75Hz 的刷新率，游戏显示器甚至可以达到最高约 240Hz 的刷新率，当然，这需要合适的显卡才能实现。

（5）对比度。

对比度是屏幕上同一点最亮时（白色）与最暗时（黑色）的亮度的比值，高的对比度意味着相对较高的亮度和呈现颜色的艳丽程度。品质优异的液晶显示器面板和优秀的背光源亮度的合理配合就能获得色彩饱满、明亮清晰的画面。

（6）视频接口。

视频接口（Display Port）也是一种高清数字显示接口标准，有两种外接型接头：一种是标准型，类似于 USB、HDMI 等接头；另一种是低矮型，主要针对连接面积有限的应用，如超薄笔记本电脑。这两种接头的最长外接距离都可以达到 15m，并且接头和接线的相关规格已为日后升级做好了准备。HDMI 和 Display Port 如图 2-94 所示。

图 2-94　HDMI 和 Display Port

（7）显示色彩。

显示色彩就是屏幕上最多能显示多少种颜色。对屏幕上的每个像素来说，256 种颜色要用 8 位二进制数表示，即 2^8，因此人们也把 256 色图形叫作 8 位图；如果每个像素的颜色用 16 位二进制数表示，则称其为 16 位图，可以表达 2^{16}（即 65536）种颜色；还有 24 位真彩色图，可以表达 2^{24}（即 16777216）种颜色。液晶显示器一般支持 24 位真彩色。

（8）安规认证。

在电器产品领域，相关的电气安规认证标准有很多，如 UL、CE、FCC、TCO 等。而其中最为严格的认证即由瑞典专业雇员联盟制定的 TCO 系列认证标准。该系列标准主要着重于电器产品的低频辐射安全规范方面，其由最早的 TCO92 开始，逐渐发展到 TCO95，再到现在普遍使用的 TCO99。

为了防止冒充 TCO 认证的情况发生，瑞典专业雇员联盟在其官方网站上提供了一个可公开查询的数据库，在该数据库中可以查到某型号的产品是否真正通过了 TCO 认证。

5．液晶显示器选购

液晶显示器的选购是一件非常主观的事情，每个人的眼睛看东西的主观感受都不一样。例如，是否选择 27 in（1 in≈2.54 cm）全高清显示器，要不要曲面屏，什么材质的屏幕好等问题相关的关键点对于普通用户来说几天都学不完。下面介绍通过显示器用途进行分类选购。

（1）日常办公娱乐类。

日常使用，无论是玩游戏还是看电影，对于喜欢大屏显示器的用户来说，“1080P～2K+27 in”可以说是当前显示器领域中的黄金搭配了。对于普通的办公室白领来说，并不需要特别大的显示器，23.5 in 到 27 in 之间为宜，分辨率能够达到 1080P（1920px×1080px）就可以了。图 2-95 所示的戴尔 27 系列 SE2717H 显示器，摆在办公桌上既不会占用太大的空间，使用起来也很方便。

产品类型	广视角显示器
产品定位	设计制图
屏幕尺寸	27in
最佳分辨率	1920px×1080px
屏幕比例	16∶9（宽屏）
高清标准	1080P（全高清）
面板类型	IPS
背光类型	LED背光
动态对比度	8000000∶1
静态对比度	1000∶1
响应时间	6ms

图 2-95　戴尔 27 系列 SE2717H 显示器及其参数

需要注意的是，日常办公及普通作图与娱乐并不需要太高的分辨率，因为过高的分辨率将导致显卡的大部分显存被分给显示器。

（2）设计摄影视频类。

此类用户对显示器各方面的要求较高，重点集中在色彩、尺寸及分辨率这三点，因此广色域、大尺寸、高分辨率的显示器是其理想目标。同时需要注意的是，对于显示器的色准及所覆盖的色域标准，设计类显示器要求较高，因为设计师在选择显示器时，最重要的是看它的“色准”和“精细度”，也就是显示器的色彩和分辨率。设计师对色彩的要求很高，因为平时很多作品需要印刷出来，经常碰到设计成品和印刷出来的实物存在色差的情况，着实让人抓狂。为了避免色差，设计师常常需要拿着色卡比对，不停地进行调试，严重影响工作效率。图 2-96 所示的 LG 27UD68 显示器采用了 178° 广视角、10.7 亿色彩显示，具有色彩校准和多屏拆分功能。

产品类型	4K显示器、广视角显示器
产品定位	电子竞技，设计制图
屏幕尺寸	27in
最佳分辨率	3840px×2160px
屏幕比例	16∶9（宽屏）
高清标准	4K
面板类型	IPS
背光类型	LED背光
动态对比度	5000000∶1
静态对比度	1000∶1
响应时间	5ms

图 2-96　LG 27UD68 显示器及其参数

6. 鼠标

很多人认为鼠标和键盘没有什么好研究的，其实不然，好的鼠标、键盘能事半功倍，用着也特别舒服。下面介绍鼠标和键盘的性能指标及选购。

（1）接口类型。

键盘、鼠标的接口类型有两种：PS/2 和 USB。虽然 PS/2 接口（见图 2-97）依然“顽强地”跟随新设备走到了今天，但已极少用到，这种接口的键盘和鼠标用着和 USB 的一般无二，其最大的缺陷在于不支持热插拔，用户在更换 PS/2 接口的设备时需要重启操作系统才能生效。

（2）鼠标分辨率。

鼠标分辨率的单位是点/英寸，表示鼠标移动 1 in 所能确定的点数，分辨率越高，控制就越精准。图 2-98 所示为罗技 G402 鼠标，其分辨率可调、采用专属 Fusion 引擎、采用 32 位 ARM 处理器、按键可编程。

（3）鼠标大小与额外功能。

如今是网购时代，鼠标的大小在网上看可能不是很明显，往往买来就发现手感不好。所以用户在购买时一定要注意商品的尺寸和重量。现在很多产品有多个功能键，以实现前进、后退，甚至可以自定义，就笔者使用的经验来讲，这些功能键对一般用户来说基本没有价值。

（4）有线或无线鼠标。

无线键鼠普遍可以在 10m 以内（无障碍）正常使用。图 2-99 所示为微软 Designer 蓝牙鼠标，如果在家使用，冬天可以坐在床上或者沙发上使用；如果是在办公室坐在计算机前办公，则无线或有线鼠标通常并无区别。

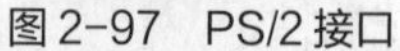

图 2-97　PS/2 接口

图 2-98　罗技 G402 鼠标

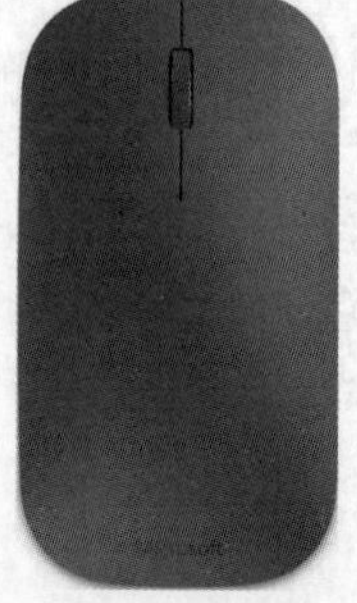

图 2-99　微软 Designer 蓝牙鼠标

（5）选购鼠标。

办公人群看到自己工位上一堆电线来回交错可能会烦躁，他们需要保持桌面的整洁，而且随时可能出差，需要鼠标方便携带。另外，在出差过程中，人们并不会准备一块鼠标垫，鼠标会工作在各种不同的环境中，有时还需要播放演示文稿等。这样，对于一款办公类鼠标的底部配备就要求更多。现在外设市场上有很多出色的无线鼠标，大部分是为商务用户打造的，这些无线鼠标产品多数采用 1～2 节电池并联供电，在体积、重量上的表现也令人满意，有专门为复杂表面材质打造的全新引擎及出色的软件支持，能让办公事半功倍。

大型网游因真实的游戏体验，以及人与人之间的沟通交流，而深受广大游戏用户的喜爱，但是其繁多的技能及技能组合给很多用户带来了不小的困难。而这一类用户在购买鼠标时，最需要注意的是鼠标的舒适度和实用的可自定义按键。一款拥有出色人体工学设计的鼠标是游戏用户值得拥有的。另外，更多的鼠标按键可以保证用户操作的游戏对象能更快地释放技能。

7. 机械键盘

机械键盘一般由轴体和键帽组成，如图 2-100 所示。选择一款机械键盘时先要看它的轴体，目前市面上有 6 类轴体：青轴、黑轴、白轴、黄轴、红轴和茶轴。还有一些公司自主研发的轴体，但它们仅用于自主品牌。机械键盘键帽可以自由更换，充满个性的键帽对外设发烧友和游戏用户有着极大的吸引力，如图 2-101 所示。部分高级键帽价格相对较高，部分限定版键帽价格甚至可以媲美高端机械键盘。常见机械键盘键帽主要有丙烯腈-丁二烯-苯乙烯（Acrylonitrile Butadiene Styrene，ABS）塑料、聚对苯二甲酸丁二醇酯（Polybutylene Terephthalate，PBT）塑料和聚甲醛（Polyformaldehyde，POM）塑料 3 种材质。用户要根据预算来购买键盘，不要太受别人的影响。

图 2-100　机械键盘

图 2-101　五颜六色的键帽

8. 电源

选择电源要先核算计算机的最高功率，计算机在不同工作状态下功耗不一样，如开机时功耗为 95W，待机时功耗为 35W，游戏满载时功耗可能高达 480W。建议在不包含独立显卡的情况下，选购的电源以 300W 起步，因为目前主流桌面级（不含工作站服务器）CPU 的 TDP 超过 120W 的很少，如锐龙 3 代，默认频率下最高为 105W，这样理论上还有近 200W 的负载能力。接下来要装水冷散热、RGB 风扇、主板、内存等各种 USB 设备，加起来的功耗都很难超过这个数字，尽管有商家虚标，但电源运行依旧非常轻松。正常情况下，电源还有 100W 左右的余量，正好用于显卡的 TDP。电源的品牌众多，要根据所配置机器负载能力购买，这里不再做具体推荐。

2.2.7 笔记本电脑的选购

信息时代，人们越来越离不开计算机，工作、生活、娱乐等都需要计算机。出差、旅游等也可能需要用到计算机，因此，购买一台笔记本电脑非常有必要。本小节从笔记本电脑的性能与用途入手，详细说明其选购方法，给不同用户提供选购参考方案。

V2-7　笔记本电脑的选购

1. 购买预期

在当前电子商务崛起的时代，消费者购买笔记本电脑的选择依据大多是网络上的产品评测及购买评价。由于产品和用户之间“永远都隔着一层纱”，看了再多评测自己也没有亲身用过，而且很多消费者盲目追求硬件配置而忽视配置以外的东西，最终获得的实际体验无法达到自己的心理预期。其实，对于消费者来讲，买东西之前先想清楚自己买笔记本电脑要做什么才是关键，而“要做什么”，其实就是希望这款产品能达到的上限。图 2-102 所示为华硕 ROG GX800VH，它采用了水冷式底座、英伟达 GeForce GTX 1080 SLI、英特尔“K”系列处理器，这款产品性能强大但价格昂贵。

2. 散热设计

散热设计主要是针对主流及高端游戏本来讲的，对于喜欢玩游戏、剪辑、做 3D 特效的笔记本电脑用户而言，影响笔记本电脑运行速度的因素，除了硬件配置之外就是散热。很多品牌的笔记本电脑都搭载了 i7 四核处理器和高性能独显，单从配置来说用于高性能图形类工作完全足够。可一旦笔记本电脑运行起来就不一样了，可能前 10min 还是好好的，越用越卡，甚至卡一会儿流畅一会儿。出现这种问题，除了源于软件之外，就是源于散热设计。散热不够好是笔记本电脑的通病，几乎所有笔记本电脑都面临这个问题。

散热模块是考验设计实力的，神舟战神系列的高端游戏本如图 2-103 所示，它采用了蓝天公模散热与优秀的内部设计。

图 2-102　华硕 ROG GX800VH

图 2-103　神州战神系列的高端游戏本

3. 显示屏与尺寸

笔记本电脑显示屏从 768P 到 1080P 的进步，不仅仅表现在分辨率上，在屏幕本身的“素质”上也有了脱胎换骨的进化。以往 768P 屏幕大都使用 TN 面板，可视角度、色彩准确度、色域、色深、亮度均匀性等各项参数都不太理想。如今，笔记本电脑厂商已经将竞争焦点从计算机配置转移到了产品设计上面，各种精美设计层出不穷，从超窄边框到超薄机身，从全金属外壳到全彩背光键盘，产品附加值的提升已经全面显现出来。作为影响产品观感重中之重的屏幕，自然也被“不遗余力”地提出来“改革”了。当前 1080P 屏幕虽然仍有很多使用 TN 面板的产品，但其品质比较优良，其中也不乏 72%NTSC 色域的产品，而更强一些的 IPS 面板也越来越多地在消费级笔记本电脑上出现。除了 1080P 之外，“2K”甚至“4K”屏幕也被装到了笔记本电脑上。

笔记本电脑的尺寸决定了使用舒适感，从 13 in 到 17 in 产品应有尽有，用户可根据自身喜好决定购买的款式。如果是图形设计类用户使用，则可以选购大尺寸屏幕笔记本电脑，如图 2-104 所示。如果只是日常使用，则 15 in 左右的屏幕就足够。

4. 硬盘

笔记本电脑的硬盘分为两类：SSD 和 HDD。HDD 是主流笔记本电脑常见的硬盘种类，因为它容量很大且价格很低，而且其性能足够满足用户日常的使用需求。而 SSD 相比 HDD，同价格的情况下容量很小，但其性能远远超过 HDD，无论是顺序读/写还是小文件读/写的速度，都让 HDD 望尘莫及，而且其尺寸极为小巧，机身空间更小。推荐“128GB SSD+1TB HDD”的混合搭配，这样既可以满足高速度需求，又可以有较大的空间存放资料。图 2-105 所示的戴尔 XPS 15.6 in 轻薄本采用了“128GB M.2 2280 SATA SSD+1TB 5400RPM 2.5 in SATA HDD”。

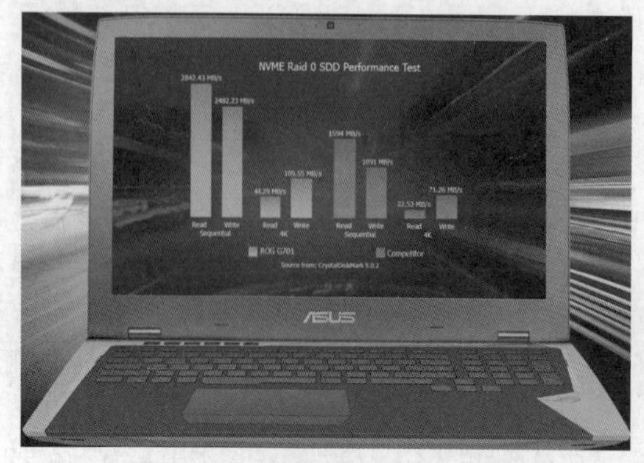

图 2-104　大尺寸屏幕笔记本电脑

图 2-105　戴尔 XPS 15 in 轻薄本

2.3 项目实施

虽然人们在各地“装机城”购买计算机配件时，厂商通常会提供免费的装机服务，但是自己具备硬件知识和计算机组装经验是非常有趣的一件事情，我们只需要跟着装机教程一步一步学习并实践，很快就可以将这些计算机配件组装成一台完整的计算机主机，下面详细演示组装过程。

1. CPU 与主板的安装

（1）将 CPU 插槽旁边的拉杆（见图 2-106）向外拉开，注意向下按住时要向外侧用力。

（2）将 CPU 插槽旁边的拉杆拉到垂直之后，找到主板 CPU 插槽上的三角符号（见图 2-107），它需要对应 CPU 上标注的三角符号进行安装。

图 2-106　CPU 拉杆

图 2-107　三角符号

（3）CPU 上标注的三角符号的位置如图 2-108 所示。

（4）放置 CPU，将 CPU 针脚对应主板 CPU 插槽插入，将 CPU 所有的针脚完整插到插槽中，如图 2-109 所示。从侧面观察一下是否所有的针脚都插入了对应插槽。

图 2-108　三角符号的位置

图 2-109　放置 CPU

（5）确定 CPU 针脚完全插入插槽中，将拉杆复位到之前的扣具上，如图 2-110 所示，完成 CPU 安装。

2. 内存与主板的安装

（1）找到主板上的内存插槽，打开内存卡扣（将卡扣向外打开），如图 2-111 所示。

图 2-110　拉杆复位

图 2-111　打开内存卡扣

（2）内存金手指防呆缺口与主板的“凸起横杠”防呆处对应，插入内存即可，如图 2-112 所示。

（3）用力压下内存，如图 2-113 所示，将内存完全插入到主板内存插槽中。

图 2-112　插入内存

图 2-113　用力压下内存

3. 安装 M.2 SSD

（1）一般的主板有两个 M.2 插槽，在靠近 CPU 的 M.2 插槽插上了 M.2 硬盘之后，因为需要给 CPU 安装散热器可能会导致硬盘的散热扣具难以安装，所以需将其安装在另一个 M.2 插槽中。使用螺钉旋具先将 M.2 散热片的螺钉拧下来（见图 2-114），取下散热片就可以看到 M.2 插槽。如果主板没有 M.2 插槽，而只有 SATA 接口，则可跳过此步骤。

（2）将 M.2 SSD 的固定螺柱拧到相应孔位，也就是主板上标注的“2280”规格的位置上，如图 2-115 所示。目前，大多数 M.2 SSD 是 2280 规格。

图 2-114　拧下螺钉

图 2-115　拧好固定螺柱

（3）将 M.2 SSD 金手指部分插入主板上 M.2 插槽，如图 2-116 所示，并将 M.2 SSD 按下。

（4）拧好 M.2 SSD 的固定螺钉（见图 2-117）。螺钉固定之后，M.2 SSD 安装完毕。

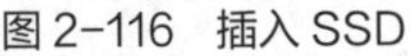

图 2-116　插入 SSD

图 2-117　拧好固定螺钉

（5）某些 M.2 SSD 在购买时会自带散热片，所以请根据需要自行决定是安装主板自带的散热片还是硬盘自带的散热片。散热片的安装十分简单，M.2 SSD 安装完成之后，将卸下来的散热片装回原来的位置即可。

4．安装 CPU 散热器

（1）CPU 散热器品牌、型号不同，其安装方法也是不同的，这里以常规的散热器作为演示。首先需要将 CPU 散热器以及配件、硅脂等从散热器包装盒中取出来，如图 2-118 所示。

图 2-118　取出 CPU 散热器以及配件、硅脂等

（2）将主板翻过来，从主板的背面将 CPU 散热器的背板扣具（见图 2-119）4 颗螺钉对准主板的 4 个孔穿过去，4 个孔均可以向外或者向内自由调节角度。

图 2-119　背板扣具

（3）让 CPU 散热器的背板扣具完全贴合主板，如图 2-120 所示。

（4）从主板的正面可以看到 CPU 散热器背板扣具的 4 颗螺钉（见图 2-121）“冒”出来了。

图 2-120　背板扣具完全贴合主板

图 2-121　扣具的 4 颗螺钉

（5）拧上固定背板使用的 4 颗六边形螺钉。先用手拧，再使用 CPU 散热器内附送的套筒拧紧，固定底座，如图 2-122 所示。

（6）将硅脂涂抹在 CPU 盖上（见图 2-123），硅脂不要涂抹过多，CPU 散热器压下来时硅脂会被压向四周，涂抹过多可能会溢出。硅脂的作用就是填充 CPU 散热器底座与 CPU 之间的空隙。

图 2-122　固定底座

图 2-123　涂抹硅脂

（7）将 CPU 散热器主体拿起来，将 4 颗弹簧螺钉对准之前固定的 4 颗六边形螺钉，安装散热器，如图 2-124 所示。

（8）使用螺钉旋具拧紧弹簧螺钉。不要将一处弹簧螺钉拧得太紧，先拧一半，再拧对角的弹簧螺钉，也先拧一半。再拧第三颗弹簧螺钉，拧一半，再拧第四颗弹簧螺钉。所有的弹簧螺钉都拧到一半，最后将所有弹簧螺钉完全拧紧，如图 2-125 所示。

图 2-124　安装散热器

图 2-125　拧紧螺钉

（9）准备插 CPU 散热器风扇供电线，散热器风扇供电线有点长，为了整洁，插之前应将供电线缠绕起来（见图 2-126），这是为了使机箱内布线美观。

（10）在 CPU 散热器附近找到主板上标注“CPU_FAN”的英文，这个 CPU_FAN 接口就是风冷散热器风扇的供电接口，用于插入电源（见图 2-127）。其旁边还有一个 CPU_OPT 接口，这是水冷散热风扇供电接口。

图 2-126　将供电线缠绕起来

图 2-127　插入电源

5．将主板安装到机箱中

（1）在主板包装盒子中找到 I/O 挡板，如图 2-128 所示。

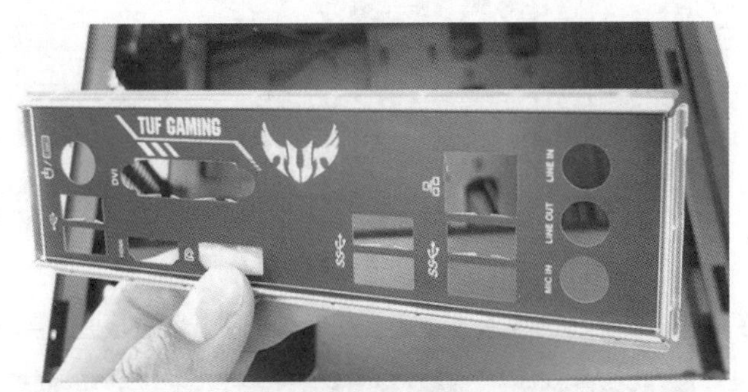

图 2-128　I/O 挡板

（2）用手将 I/O 挡板推进机箱内部，需要用一点力气，如图 2-129 所示。切记，I/O 挡板一定要完全推进机箱内部。

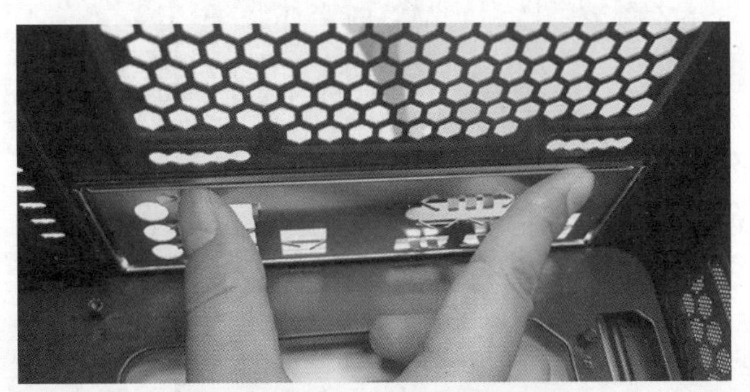

图 2-129　将 I/O 挡板推进机箱内部

（3）可以从外面看到 I/O 挡板上有很多小圆点卡扣，如图 2-130 所示，说明 I/O 挡板已经安装完毕。

（4）根据主板上的固定孔位，安装螺柱，如图 2-131 所示。螺柱是对应主板固定的螺钉位安装的。有些机箱默认安装了螺柱，如果螺柱所在位置与主板孔位不同，则可以将螺柱拧下来，重新进行安装。

图 2-130　小圆点卡扣

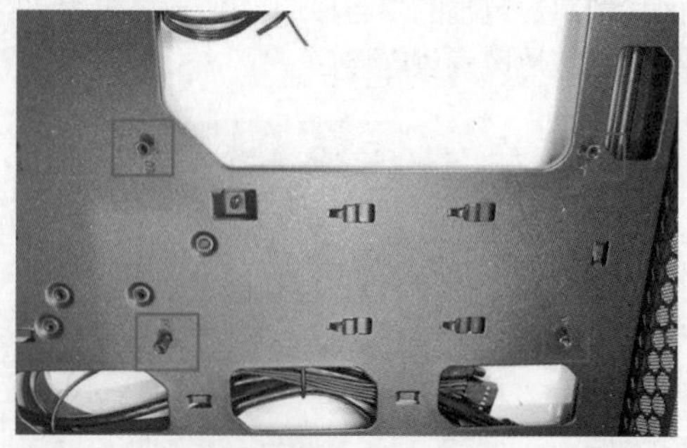

图 2-131　安装螺柱

（5）将主板多个孔位对准螺柱位置，拧上螺钉，如图 2-132 所示。

图 2-132　拧上螺钉

（6）所有的螺钉都拧紧之后，主板就被固定在机箱内部了，即主板固定完毕，如图 2-133 所示。

图 2-133　主板固定完毕

6. 安装电源

（1）将电源放入机箱的电源仓。因为这款机箱是下置电源设计（见图 2-134），所以需要将电源安装在机箱下方的电源仓中。切记，此时电源的风扇是向下的。如果机箱是上置电源设计，那么电源仓在机箱内部的上方。

（2）将机箱的 4 颗螺钉全部拧紧（见图 2-135），这样电源就安装成功了。

图 2-134　下置电源

图 2-135　拧紧螺钉

7．安装 HDD

（1）这款机箱硬盘支架采用了抽拉式设计，将支架两边卡扣向内一摁就可以把硬盘支架取出来了，如图 2-136 所示。每款机箱的 HDD 位置和 SATA 接口的 SSD 位置是不一样的。

（2）硬盘支架一般是无螺钉的，安装起来十分方便，如图 2-137 所示。有些机箱设计不同，需要拧螺钉固定。HDD 是 SATA 3 接口的，而 SATA SSD 也是 SATA 3 接口的，所以安装方法一样。

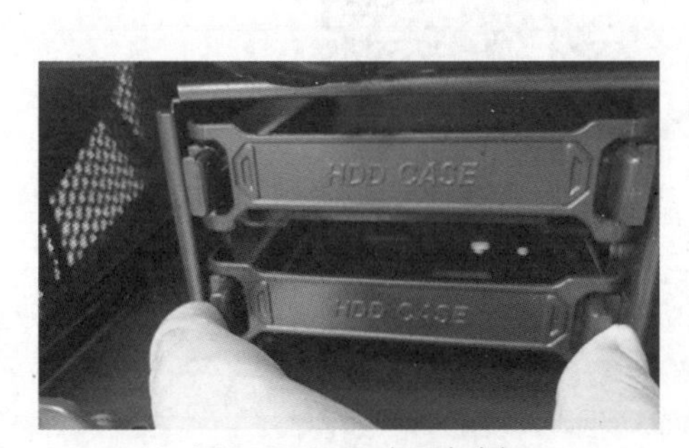

图 2-136　取出硬盘支架

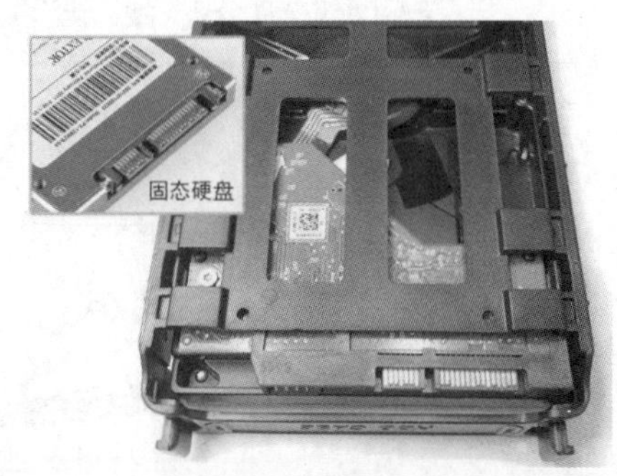

图 2-137　无螺钉硬盘支架

（3）将 SATA 数据线和电源线分别连接到 HDD 对应的接口上，如图 2-138 所示。接口有防呆设计，不用担心连错。

（4）将已经安装了 HDD 的支架推回至硬盘仓（见图 2-139）中。

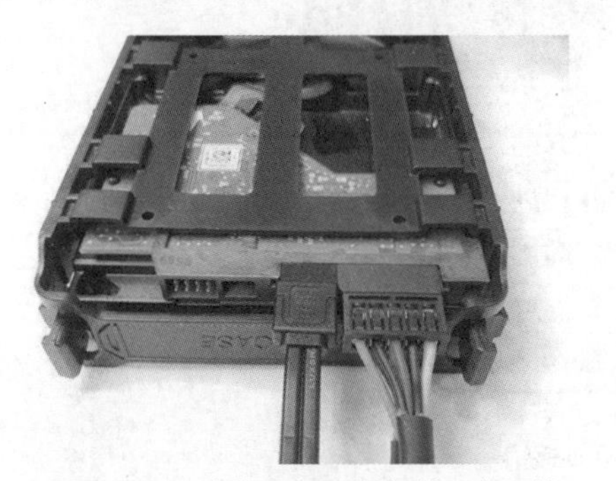
图 2-138　连接 SATA 数据线和电源线

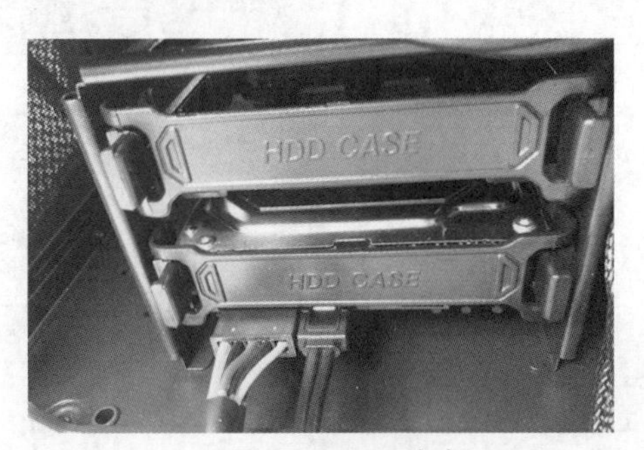

图 2-139　硬盘仓

（5）将 HDD 连接的 SATA 数据线另一头插到主板上的 SATA 插座（见图 2-140）上。SATA

插座都是按序号排列的，如 SATA6G_1、SATA6G_2、SATA6G_3、SATA6G_4 等。理论上，数据线安装到任何一个 SATA 插座上都可以，但是 SATA 插座位置不同优先级也不同，数字越小，优先级越高。

8．安装机箱跳线

（1）如果机箱前置 USB3.0，那么需要找到机箱上的 USB3.0 线（见图 2-141）。

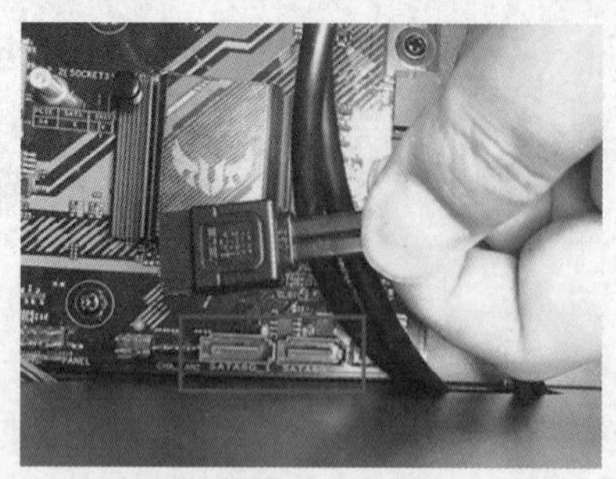

图 2-140　SATA 插座

图 2-141　USB3.0 线

（2）找到主板上的 USB3.0 接口（见图 2-142），直接插上就可以了。USB3.0 接口也是有防呆设计的，若 USB3.0 线反了，则其将无法插入。

图 2-142　主板上的 USB3.0 接口

（3）找到前置 USB2.0 接口（见图 2-143）。它也有防呆设计，在主板上标注“USB”的接口上插入即可。

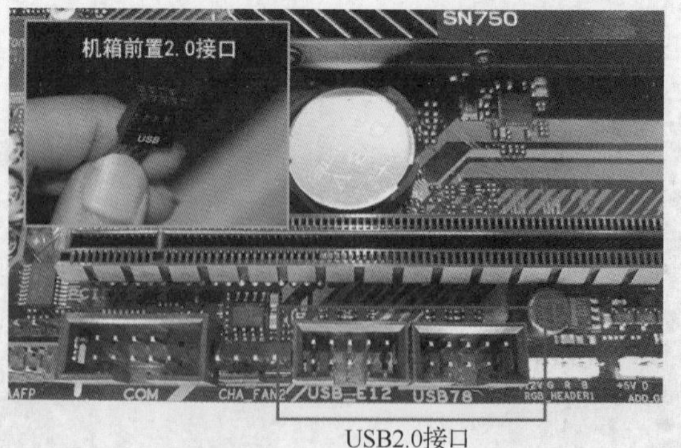

图 2-143　USB2.0 接口

（4）标注“HD AUDIO”的接口就是机箱前置音频接口（见图 2-144），它与 USB2.0 接口看起来有一些类似，也有防呆设计。

（5）找到主板上标注“AAFP”或“AUDIO”的插座——音频插座（见图 2-145），连接好音频插座之后，机箱前面板的音频接口才可以使用。

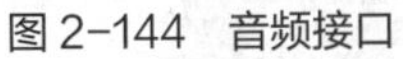
图 2-144　音频接口

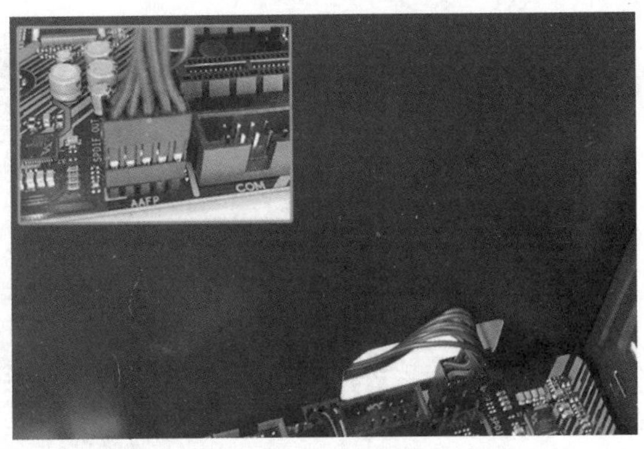

图 2-145　音频插座

（6）最难的是跳线部分，分别是 POWER SW、RESET SW、POWER LED、HDD LED 的主板跳线（见图 2-146），它们的意义分别如下。

① POWER SW：机箱电源开关。

② RESET SW：机箱重启开关。

③ POWER LED：电源指示灯。

④ HDD LED：硬盘指示灯。

图 2-146　主板跳线

（7）每个主板上已经标注了这些跳线的接法，按照主板上的提示逐个安装即可，如图 2-147 所示。切记，电源指示灯 POWER LED 和硬盘指示灯 HDD LED 必须区分正负极，机箱电源开关 POWER SW 和机箱重启开关 RESET SW 可以不区分正负极。

图 2-147　安装跳线

9. 主板和 CPU 电源供电线

（1）找到主板上的 24 针供电插座（见图 2-148），插入电源上的 24 针供电接口。

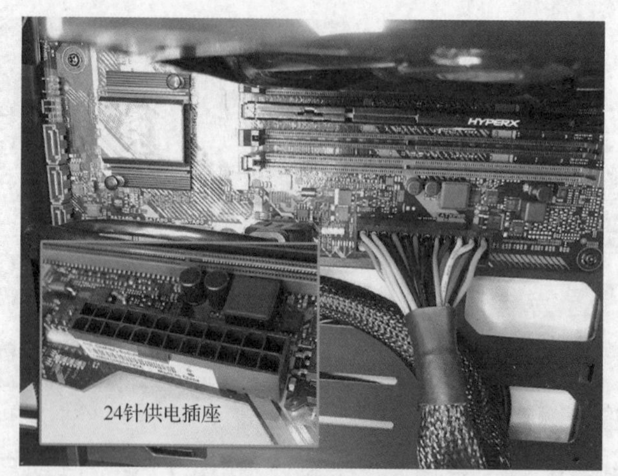

图 2-148 主板供电插座

（2）找到电源上的 CPU 供电接口（见图 2-149），电源提供了 8 针的 CPU 供电接口。

（3）这款主板上是 8 针的 CPU 供电插座（见图 2-150），直接插上即可。如果主板是入门级，则 CPU 供电插座一般只有 4 针，插上 4 针的 CPU 供电接口，多余的 4 针闲置即可。

图 2-149 CPU 供电接口

图 2-150 CPU 供电插座

10. 安装独立显卡

（1）卸下独立显卡的扣具和挡片（见图 2-151），根据所购买显卡的大小确定插槽的位置，用螺钉旋具拧下螺钉。有些机箱的挡片需要用手扳下来，这一点需要注意，需要结合机箱实际情况来做相应处理。

图 2-151 卸下独立显卡的扣具和挡片

（2）找到主板的 PCI-E X16 显卡插槽，摁其尾部卡扣（见图 2-152）即可打开。不同主板的卡扣可能会有细微不同，但打开方法大同小异。

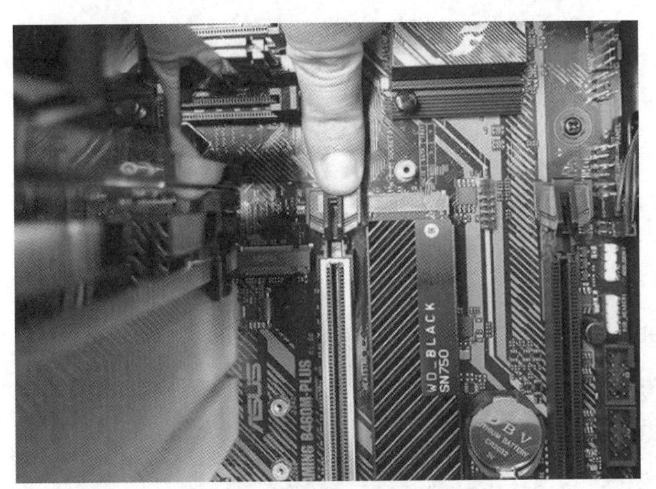

图 2-152　摁显卡插槽尾部卡扣

（3）对准独立显卡的金手指（见图 2-153），将它从机箱内部插到 PCI-E X16 显卡插槽中。

图 2-153　对准独立显卡的金手指

（4）拧紧螺钉，如图 2-154 所示，将独立显卡固定好。

图 2-154　拧紧螺钉

（5）独立显卡需要外接供电，找到电源上连接的 PCI-E 显卡供电接口，如图 2-155 所示。此外接电源线支持双 8 针显卡供电接口，但可以按照所购买独立显卡所需供电的实际情况进行拆分，如 6 针、8 针、6 针+8 针等。这里选用的显卡采用了 8 针接口，插上 8 针接口即可，另外 8 针闲置。

图 2-155　显卡供电接口

11. 机箱理线

（1）按照之前步骤安装好后，机箱内部走线（见图 2-156）需干净整洁。

图 2-156　机箱内部走线

（2）因为 24 针线有一点长，所以“走”顶端孔位，背部走线如图 2-157 所示。用户可根据自己机箱和电源线材长短调整走线，让其更美观。

（3）盖上机箱前后盖板，如图 2-158 所示。拧好螺钉即可完工。

图 2-157　背部走线

图 2-158　盖上机箱前后盖板

2.4 项目小结

（1）计算机的硬件组成：详细梳理了每个硬件的属性、用途。

① CPU 类似于人的大脑，用来解释和处理计算机指令。

② 内存类似于人们处理事务的办公桌，CPU 平时会将数据从硬盘中取到内存中进行处理，内存的特点是存取速度极快，但并不存储数据，每次用完之后“办公桌”是清空状态，等待下一次 CPU 的使用。

③ 主板类似于人的躯干，将计算机配件串联在一起。

④ SSD 类似于放在身旁的书架，存储平时经常会用到的东西，其特点是读/写速度快。

⑤ HDD 则类似于储物间，毕竟家里东西多，都放书架上不现实，其特点是空间大，读/写速度不及 SSD。

⑥ 独立显卡相比集成显卡并不占用系统内存，效率更高，要玩画质好一些的游戏，集成显卡会有些“带不动”。

⑦ 选购机箱时，首先要看机箱尺寸是否合适，主板是否匹配，散热器的高度，以及电源线的长度；其次要看是否能够背部走线以及侧板的厚度和硬度是否足够，背部走线会让机箱内留有空间，增强散热效果，机箱硬度则会使机箱发生意外碰撞时内部配件不受损。

⑧ 显示器的大小，声卡的添加及键盘、鼠标要选择合适的型号。

（2）组装计算机实践：在实践中学生可以积累自己对于计算机行业和各类软硬件结合的知识。在装机的过程中，一定要慢、轻、稳，千万不要“大力出奇迹”，毕竟硬件在装机的过程中发生人为损坏是无法返回质保的。其实组装一台计算机并不困难，最难的地方可能是跳线部分，跟着详细的装机图解教程一步一步操作，完成计算机的组装是没有问题的。

课后习题

简答题

（1）简述 CPU 发展历史。

（2）CPU 主要性能指标有哪些？什么是高速缓存？

（3）主板主要包括哪些物理部件？

（4）简述主板芯片组的功能。

（5）简述内存发展历史。

（6）内存主要功能有哪些？

（7）选购内存应注意哪些问题？

（8）常见的硬盘接口有哪些？

（9）分别阐述 SSD 与 HDD 的优缺点。

（10）选购硬盘时要考虑哪些因素？

（11）独立显卡的主要性能指标有哪些？如何根据配置选购合适的独立显卡？

（12）公版显卡与非公版显卡的区别有哪些？

（13）什么是液晶显示器分辨率？简述液晶显示器的各项参数。

（14）选购鼠标和机械键盘时应注意哪些问题？

（15）选购笔记本电脑时应注意哪些问题？

项目3 操作系统安装

03

【学习目标】

- 理解主分区与扩展分区的概念。
- 理解文件系统的格式。
- 掌握如何下载Windows镜像文件。
- 掌握BIOS的设置。
- 学会制作U盘启动盘。
- 学会利用装机大师安装Windows 10操作系统。
- 掌握操作系统驱动程序的安装。
- 掌握各类外设驱动的安装。
- 掌握运行库组件的安装。

3.1 项目描述

计算机软件系统的核心是操作系统，它是计算机正常运行的基础，没有操作系统，计算机就无法完成任何工作。当计算机操作系统出现问题，或者要在新购买的计算机中安装操作系统时，需重装或新装操作系统。但有时误操作反而会让原操作系统的数据丢失，造成不必要的损失，或安装错误导致操作系统崩溃。本项目系统、全面地介绍了操作系统安装工作，给计算机定制了“完美”的操作系统解决方案。目前，主流的操作系统是 Windows 10。通过对本项目的学习，读者可以掌握操作系统和驱动程序的安装及相关操作。

3.2 必备知识

3.2.1 主分区与扩展分区简介

硬盘分区实际上是对硬盘的一种格式化，硬盘分区后才能使用硬盘保存各种信息。硬盘分区之后，会形成两种形式的分区状态，即主分区和扩展分区。分区过程的详细内容请参考 3.3.3 小节使用 U 盘启动盘进行分区。

主分区也被称为主磁盘分区，是磁盘分区的一种类型，用于安装操作系统。一个硬盘最多可创建 4 个主分区。活动分区是基于主分区的，磁盘分区中的任意主分区都可以设置为活动分区。如果计算机上的 4 个主分区都安装了操作系统，则被标记为活动分区的主分区将用于初始引导，即启动活动分区内安装的操作系统。可使用分区助手查看主分区个数，如图 3-1 所示。

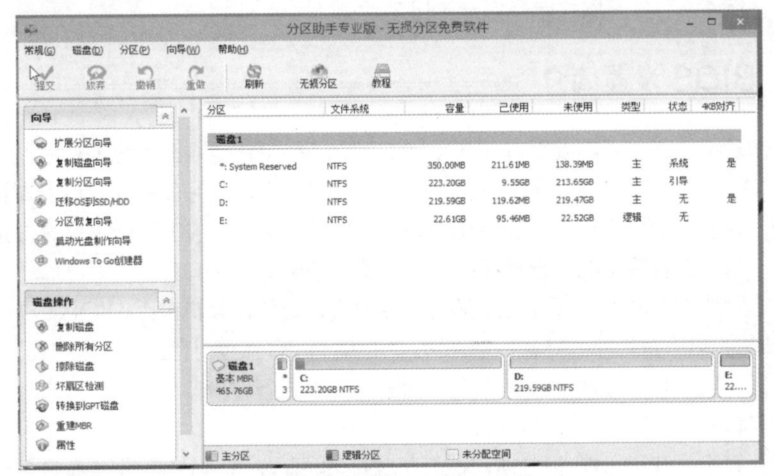

图 3-1　查看主分区个数

3.2.2　文件系统格式简介

V3-1　文件系统的格式简介

文件系统格式是操作系统用于明确存储设备或分区上的文件的方法和数据结构。它是对文件存储设备的空间进行组织和分配，负责文件存储并对存入的文件进行保护和检索的系统。所以了解文件系统的格式就显得尤为重要。

1. FAT32 格式

文件分配表（File Allocation Table，FAT）32 是分区格式的一种。这种格式采用 32bit 的文件分配表，使其对硬盘的管理能力大大增强了，突破了 FAT16 对每个分区的容量只有 2GB 的限制。由于现在的硬盘生产成本下降，其容量越来越大，运用 FAT32 的分区格式后，人们可以将一个大硬盘定义成一个分区，而不必分为几个分区使用，大大方便了对硬盘的管理。但 FAT32 分区内无法存放大于 4GB 的单个文件，且易产生硬盘碎片。

2. NTFS 格式

新技术文件系统（New Technology File System，NTFS）是 Windows NT/2000/XP/Vista/7/8/10 的专用格式，它能更有效地利用硬盘空间，支持文件级压缩，具备更好的文件安全性，支持最大分区为 2TB、单个最大文件为 2TB，支持元数据，并且使用了高级数据结构，以便于提升硬盘可靠性和硬盘空间利用率。

3. MBR 格式

在传统硬盘分区模式中，引导扇区是每个分区的第一扇区，而主引导扇区是硬盘的第一扇区。主引导扇区由 3 部分组成：主引导记录（Master Boot Record，MBR）、硬盘分区表（Disk Partition Table，DPT）和硬盘有效标识。采用 MBR 分区格式，最多只能识别 4 个主要分区，而且只能识别最大为 2TB 的分区，对于超过 2TB 的分区，只能用划分多个分区的方法充分利用硬盘空间。

4. GPT 格式

全局唯一标识分区表（Globally Unique Identifier Partition Table，GPT）格式也叫作 GUID

分区表格式，它是统一可扩展固件接口（Unified Extensible Firmware Interface，UEFI）所使用的磁盘分区格式。随着科技的不断发展，一部分用户因为工作等需要经常用到大容量的硬盘，而 GPT 支持的最大分区为 18EB（1EB=1024PB=1048576TB），而且每个磁盘的分区数没有上限。这样，大容量的硬盘选择 GPT 分区格式就再适合不过了。

3.2.3 BIOS 设置简介

在安装操作系统之前，还需要掌握 BIOS 的知识。基本输入/输出系统（Basic Input Output System，BIOS）是一组固化到计算机主板 ROM 上的程序，它保存着计算机最重要的基本输入/输出程序、开机后的自检程序和系统自启动程序，它可从 CMOS 中读取系统设置的具体信息，其主要功能是为计算机提供底层的、最直接的硬件设置和控制。

目前计算机品牌种类繁多，每种品牌又有各种型号，每款计算机进入 BIOS 的方式略有不同，但功能都是一样的。不同品牌计算机进入 BIOS 的按键有【Delete】【Esc】【F1】【F2】【F8】【F9】【F10】【F11】【F12】等。本小节以联想启天台式机为例进行讲解。

1. 设置语言

（1）启动计算机，在进入图 3-2 所示的开机读取界面时，按【F1】键进入 BIOS 界面。

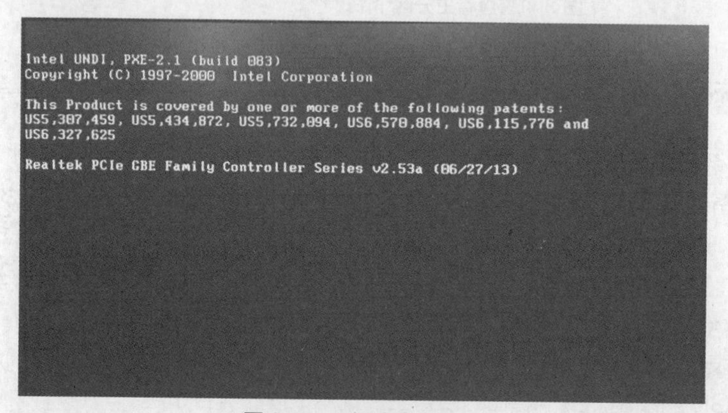

图 3-2 开机读取界面

V3-2 BIOS 设置简介

（2）图 3-3 所示为该机型的 BIOS 界面，在“Main”选项卡的最下面一行“Language”中可以选择不同语言，这里选择中文。

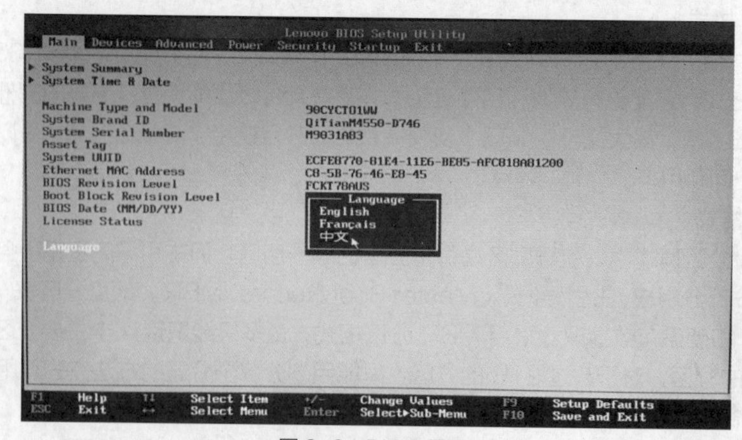

图 3-3 BIOS 界面

2. 查看硬件属性

在“主菜单”选项卡的“系统概述”中可以看到 CPU 相关数据、内存相关数据、硬盘相关数据等，如图 3-4 所示。

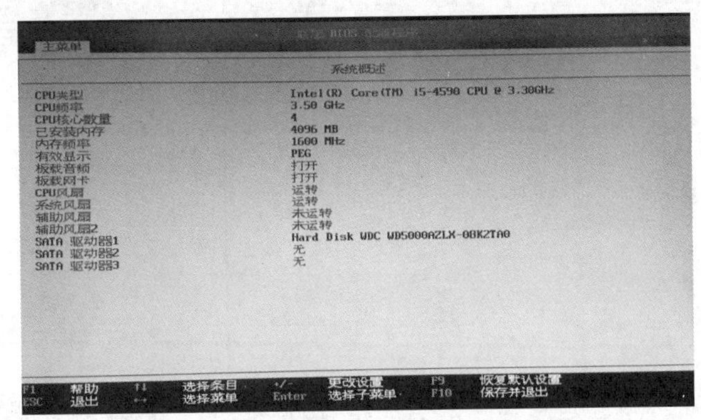

图 3-4 “主菜单”选项卡的“系统概述”

3. 设置开机密码

在“安全”选项卡中可以设定管理员密码和开机密码，如图 3-5 所示。设定开机密码后，再次进入 BIOS 界面前会要求输入密码。

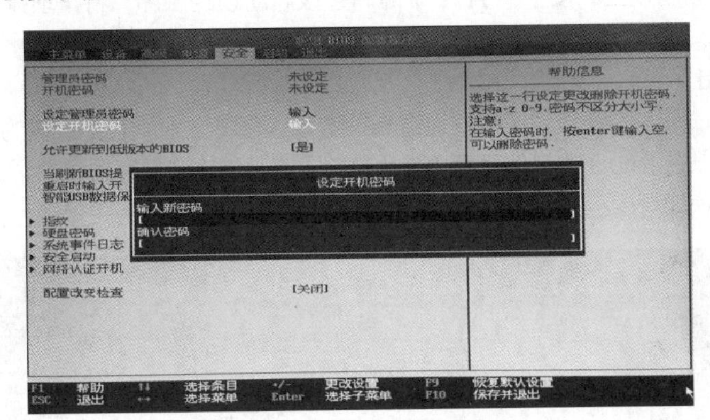

图 3-5 “安全”选项卡

4. 设置启动项

在“启动”选项卡中设置主要启动顺序，如图 3-6 所示。

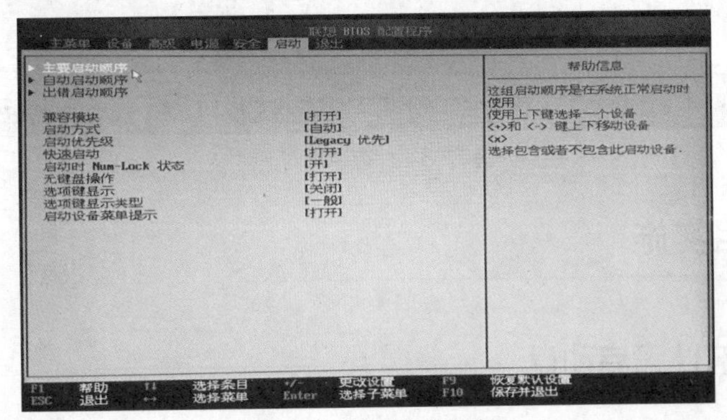

图 3-6 “启动”选项卡

如图 3-7 所示，在“主要启动顺序”下，第一启动项是 USB 光驱，第二启动项是 U 盘，第三启动项是 SATA 硬盘，第四启动项是网络启动。

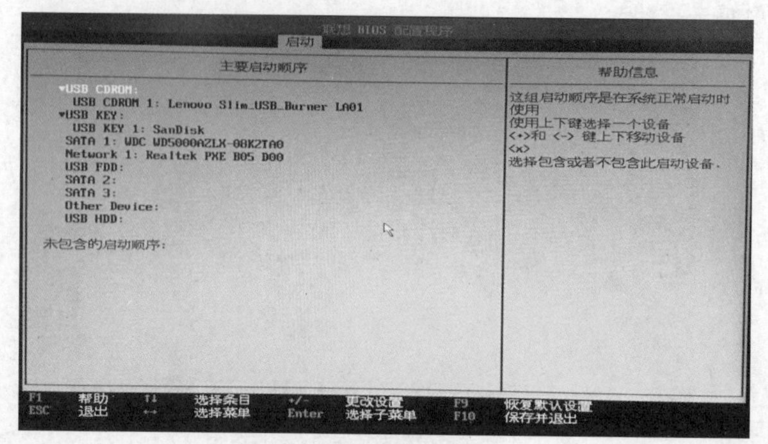

图 3-7 “主要启动顺序”

如要利用光盘安装操作系统，则需要将光驱设为第一启动项；如要利用 U 盘安装操作系统，则需要将 U 盘设为第一启动项。操作时根据 BIDS 界面底部提示菜单，通过按键进行设置即可。将鼠标指针定位在启动项上，按【↑】【↓】键调整该启动项的顺序，将某项排在第一行即可将其设置为第一启动项。

5. 保存与退出

在“退出”选项卡中，选择“保存并且退出”选项，可将之前所有更改过的设置保存并重启计算机以生效。也可以在 BIOS 的其他界面中按【F10】键，弹出“保存退出”对话框，如图 3-8 所示，选择“是”选项即可保存并且退出 BIOS，重启计算机即可使设置生效。

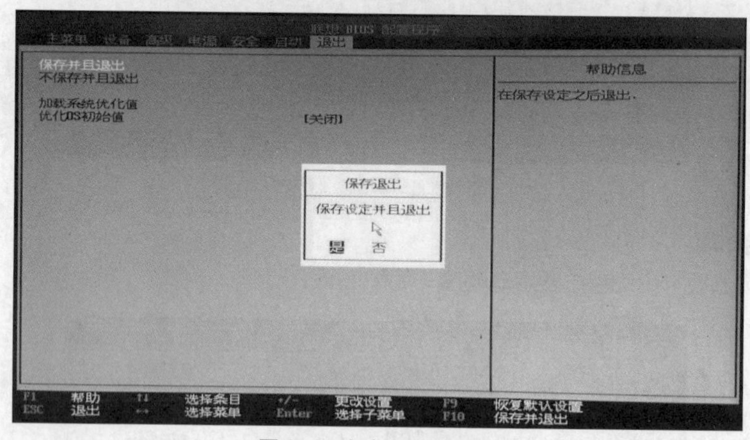

图 3-8 保存退出对话框

3.3 项目实施

3.3.1 制作 U 盘启动盘

U 盘启动盘是用来安装操作系统的一种工具，使用起来非常方便，其使用镜像文件安装系统，比使用光盘安装系统速度快。制作时，需要准备一个没有任何资料的 U 盘，利用启动盘制作软件将其制作成 U 盘启动盘后才能使用。目前，制作 U 盘启动盘的软件有很多，如大白菜、U 启动、U 深度、U 大师等。本小节利用黑鲨装机大师讲解制作 U 盘启动盘的详细步骤。

V3-3　制作 U 盘启动盘

1. 下载启动盘制作软件

在网络上搜索黑鲨装机大师官方网站，在其中下载并安装软件，进入 U 盘启动界面，如图 3-9 所示。每个启动盘制作软件基本都有两个版本，即装机版和 UEFI 版。黑鲨装机大师的 U 盘启动是装机版与 UEFI 版的混合版。

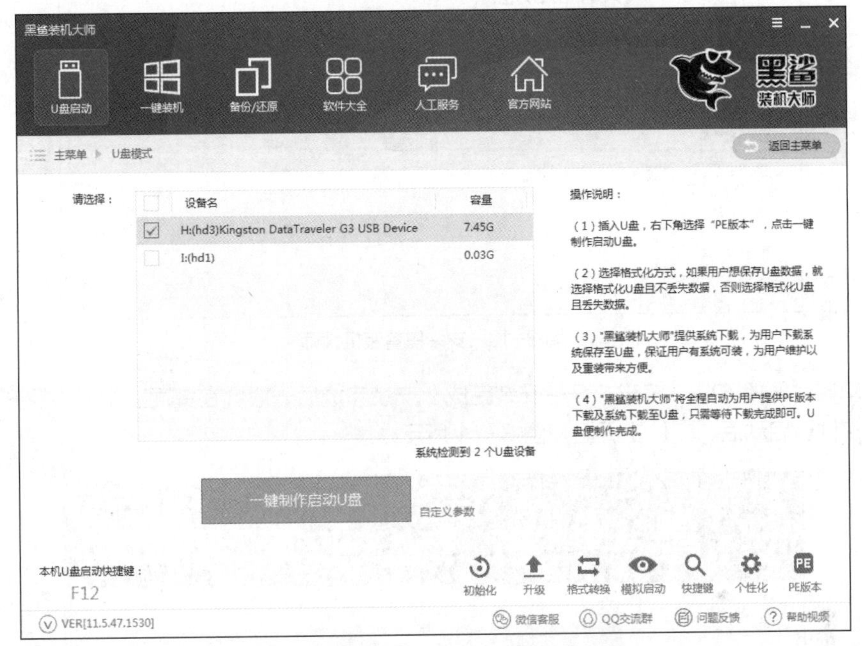

图 3-9　黑鲨装机大师“U 盘启动”界面

U 盘启动盘装机版与 UEFI 版的区别如下。

装机版的优点如下。

① 启动稳定。对经常需要重装系统的装机人员来说，稳定性远远比效率更加重要。

② 占用空间小。装机版比 UEFI 版更省空间。

③ 功能强大可靠，支持的主板比较多。装机人员会频繁接触各类计算机，装机版能够兼容多种类型的主板，且功能强大可靠。

UEFI 版的优点如下。

① 免除了 U 盘启动设置。对于很多装机新手来说，设置 BIOS 启动项无疑是非常苦恼的一件事，他们担心一不小心将 BIOS 设置错误导致系统无法正常启动。2012 年下半年及以后出厂的主板才支持 UEFI 启动。

② 可直接进入菜单启动界面。这可以算是 UEFI 版与装机版形成鲜明对比的地方。一般情况下，装机版将 BIOS 启动项设置为 U 盘启动后，若要将 U 盘拔出，则需要将 BIOS 启动项调回硬盘或光驱启动；而 UEFI 版则不同，将 U 盘设置为第一启动项后，在没有插入 U 盘的情况下，UEFI 会获取下一个启动项并进入系统，免除了更改启动项的步骤。

③ 进入 PE 界面更加快捷。PE 是临时虚拟出来的简易系统，使得用户可以进行桌面式操作，

但在进入时是需要读取时间的。UEFI 版的初始化模块和驱动执行环境通常被集成在一个只读存储器中，即使新设备再多，UEFI 版也能轻松解决，这就大大地加快了新设备预装能力，使得进入 PE 的速度更快。

2．安装黑鲨 U 盘启动盘制作软件

（1）双击已下载的安装文件，可以选择安装路径，将软件安装在想要存放的位置，如图 3-10 所示。

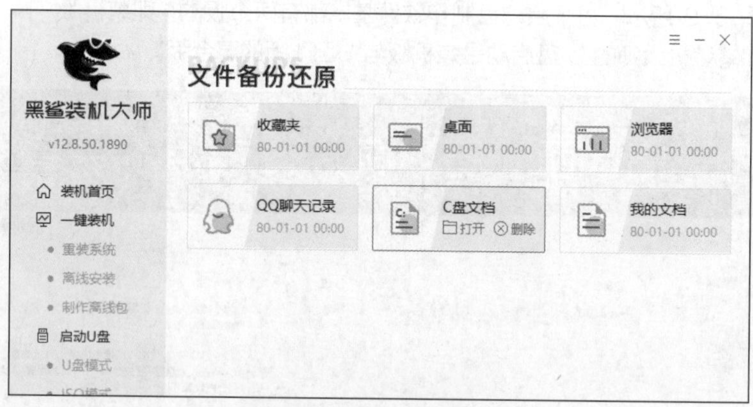

图 3-10　安装黑鲨装机大师

（2）单击“开始安装”按钮并等待安装完成。安装完成后一般会在桌面上生成快捷方式，可用它来启动软件。启动后，软件主界面如图 3-11 所示。

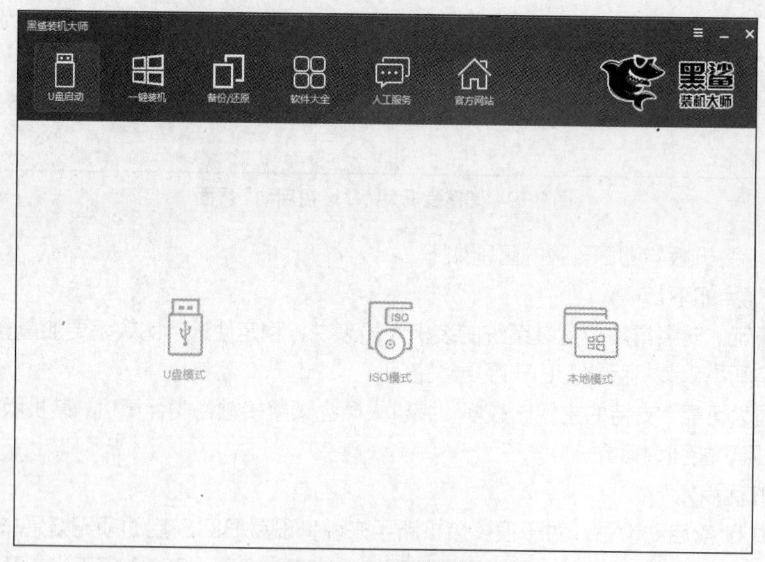

图 3-11　软件主界面

（3）单击“U 盘模式”按钮，会提示插入 U 盘。当有多个 U 盘连接计算机时，可以选择某个 U 盘，如图 3-12 所示。需要注意的是，最好使用 USB3.0 接口的 U 盘，并连接计算机的 USB3.0 接口，这样可以提升制作和安装的速度，并且在制作完成后要复制通用硬件导向系统转移（General Hardware Oriented System Transfer，GHOST）镜像文件。插入 U 盘后，写入模式、U 盘分区及自定义设置均使用默认设置。

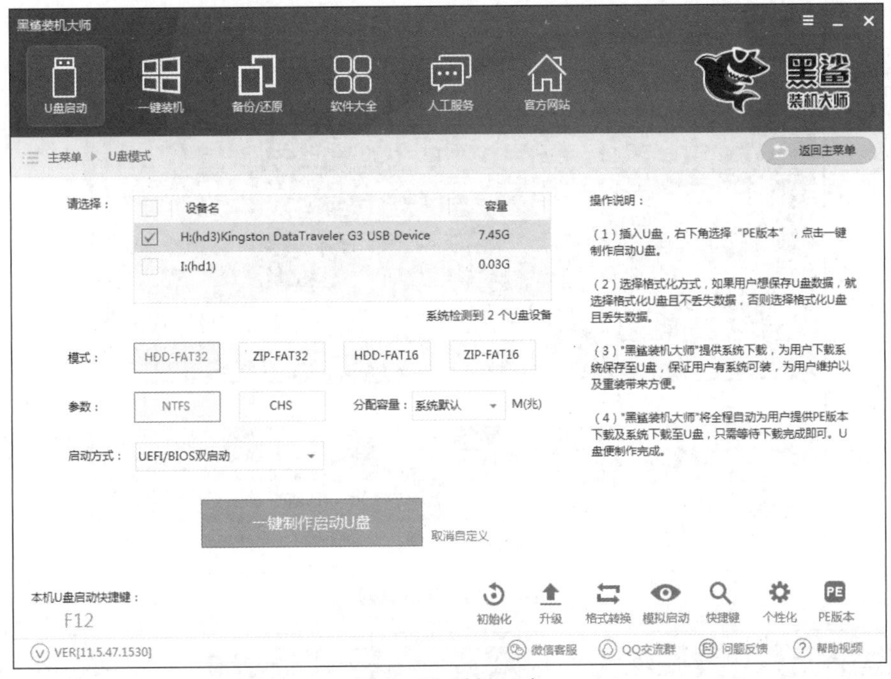

图 3-12　选择 U 盘

（4）单击“一键制作启动 U 盘”按钮，开始制作启动 U 盘，会弹出提示，警告该 U 盘中的所有数据会被删除且不可恢复。单击“确定”按钮后，会提示在线下载镜像文件，可以根据需要下载，也可以只制作空白 U 盘启动盘。选择制作空白 U 盘启动盘后，只要耐心等待 2~3 min 即可完成制作，如图 3-13 所示。

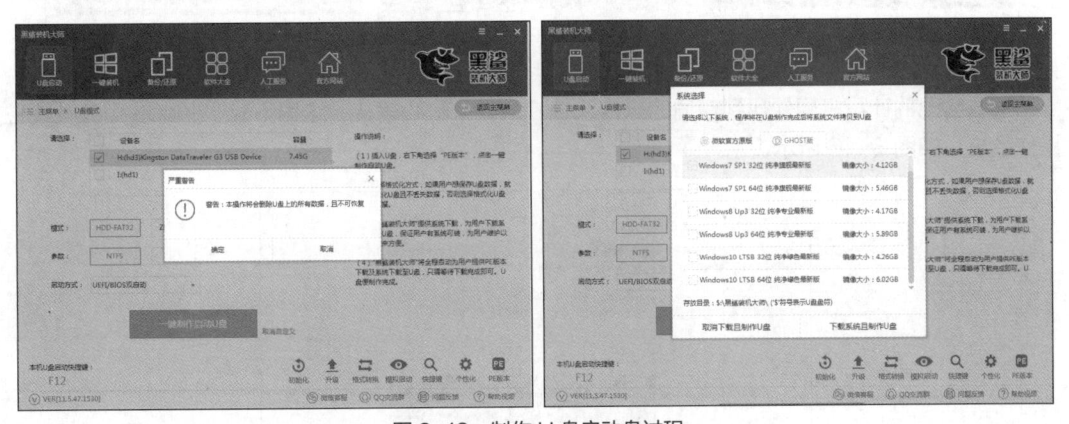

图 3-13　制作 U 盘启动盘过程

3. 下载 Windows 操作系统镜像文件

接下来要将 Windows 操作系统镜像文件复制到 U 盘启动盘中。镜像文件是一种压缩包，它将特定的一系列文件按照一定的格式制作成单一的文件，以方便用户下载和使用。它可以是操作系统，也可以是任意的应用软件或游戏等。图 3-14 所示为微软官网。图 3-15 所示的界面中显示了各版本的 Windows 操作系统，可以查看更详细的系统属性、版本特性、安装的补丁和更新的漏洞情况、下载链接等。

V3-4　下载 Windows 操作系统镜像文件

图 3-14　微软官网

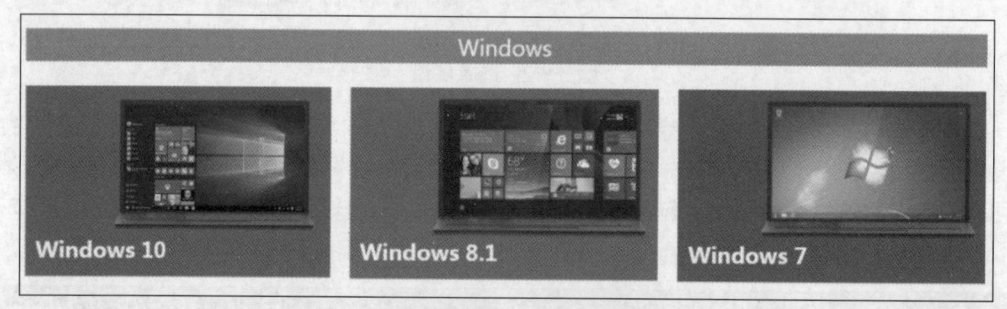

图 3-15　各版本的 Windows 操作系统

根据自己的计算机硬件找到合适的操作系统并下载，耐心等待，这里下载 Windows 10 64 位操作系统，如图 3-16 所示。

图 3-16　下载 Windows 10 64 位操作系统

制作镜像文件的过程非常简单，它的目的是备份系统、软件以及重要资料，以便于在计算机崩溃或因为其他原因需要重新安装系统时，不用再下载全新的操作系统，而是再次安装适合自己计算机的系统，达到省时、省力的目的。

准备一个 U 盘启动盘，插入计算机，重启系统并设置第一启动项为 U 盘启动盘，进入 U 盘启动盘的装机界面，选择“手动 GHOST”选项，依次选择“Local”→“Parfifion”→“To Image”选项，选择需要备份的系统镜像，将其命名后，存放至非系统盘即可。备份过程中会出现进度条，备份速度由计算机性能及备份容量来决定。备份完毕以后，重启系统，在选择备份的盘符中会找到一个“.GHO”文件，妥善保存这个文件。在需要重新安装系统时，将该“.GHO”文件还原至系统盘即可。

3.3.2 安装操作系统

1. 系统检测

下载橙子装机大师软件并安装后将其打开（重装系统），程序会默认检测当前系统环境，进入装机启动界面，如图 3-17 所示。

图 3-17　装机启动界面

V3-5　利用装机软件自动安装操作系统

2. 选择系统

橙子装机大师会为用户推荐适合计算机配置的操作系统版本，用户可选择 Windows XP、Windows 7 或 Windows 10 等，在选择系统界面中可单击“安装系统”按钮，如图 3-18 所示。

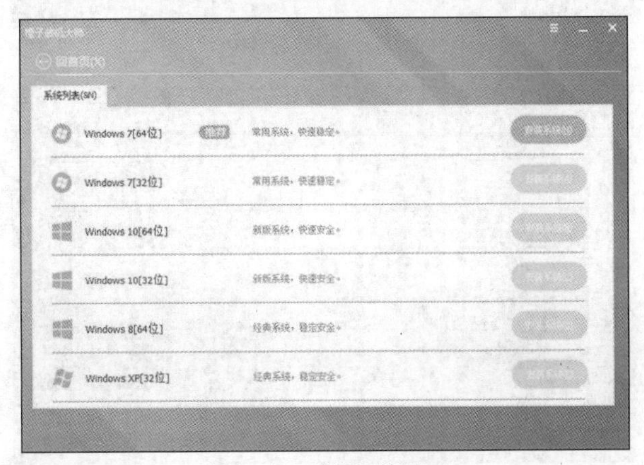

图 3-18　选择系统界面

3. 下载系统

安装系统时用户无须守着计算机，程序会自动下载系统，如图 3-19 所示。为防止安装失败，用户也可以选择“制作启动 U 盘”选项进行装机。

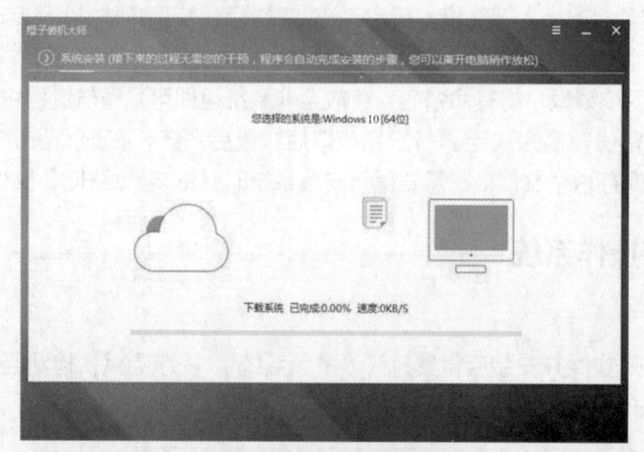

图 3-19　自动下载系统

4. 自动重启安装

接下来会自动重启安装，安装时间会根据计算机的配置和性能的不同而有所不同，如图 3-20～图 3-22 所示。

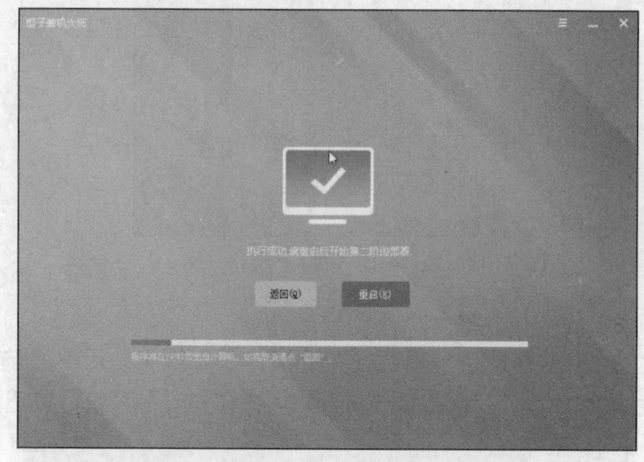

图 3-20　安装系统

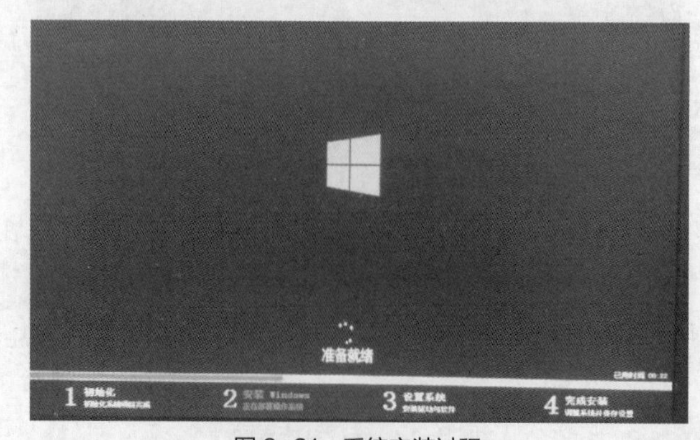

图 3-21　系统安装过程

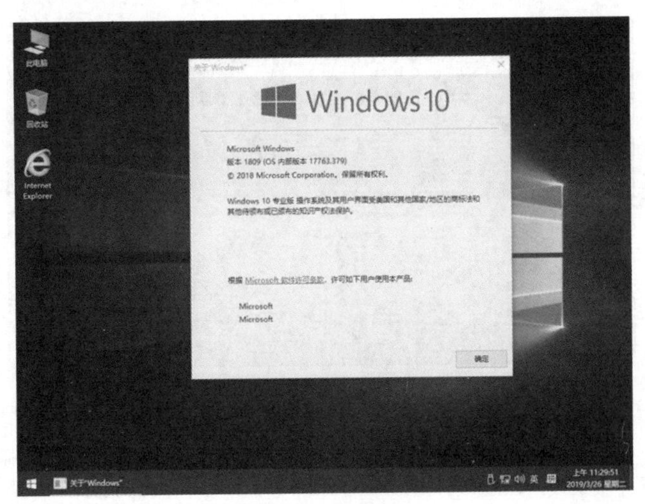

图 3-22 安装完毕

3.3.3 磁盘分区

相对用光盘安装系统来讲，用 U 盘启动盘安装系统有以下几点好处。

（1）U 盘传输速度快，且容量更大，用途更广。相对于固定容量的光盘，U 盘容量更大，不但可以保存更多类型的操作系统和应用程序，而且携带方便。

（2）与光盘相比，U 盘更便于存放，可读/写次数更多，存放数据更安全可靠。

（3）无须专用读取设备。光盘安装局限于有光驱的计算机，或者要外接移动光驱；而 USB 接口是绝大部分计算机的通用接口，U 盘启动也为绝大多数计算机所支持。

V3-6 使用 U 盘启动盘分区

1. 设置启动顺序

（1）进入 BIOS 的启动顺序设置界面，设置第一启动项为 U 盘启动盘，如图 3-23 所示，保存设置并退出 BIOS，重启计算机。

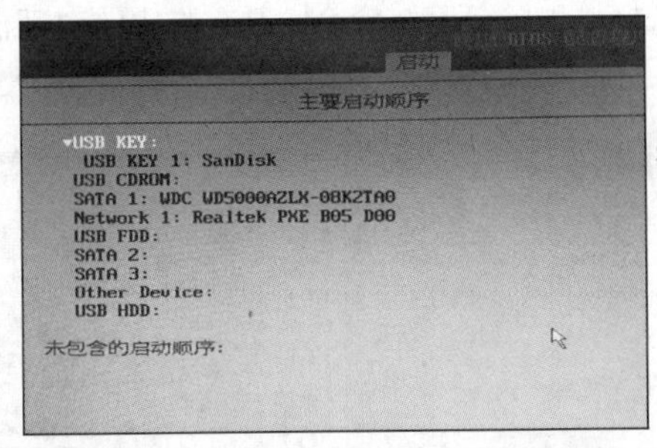

图 3-23 设置第一启动项为 U 盘启动盘

（2）系统会自动识别 U 盘启动盘，该 U 盘启动盘可以实现诸多功能，这里选择“大白菜 WIN8 PE 标准版（新机器）”选项，如图 3-24 所示。PE 是一种释放文件虚拟镜像，其中，WIN8 PE 代表新界面，WIN2003 PE 代表旧界面，不同的界面容量也不同，PE 并不是真实的 Windows 10 或 Windows 7 操作系统。它的功能仅限于分区以及 GHOST 镜像等，即使下载 2020 版本的 U 盘启动盘制作程序，其依然会显示“WIN8 PE”。

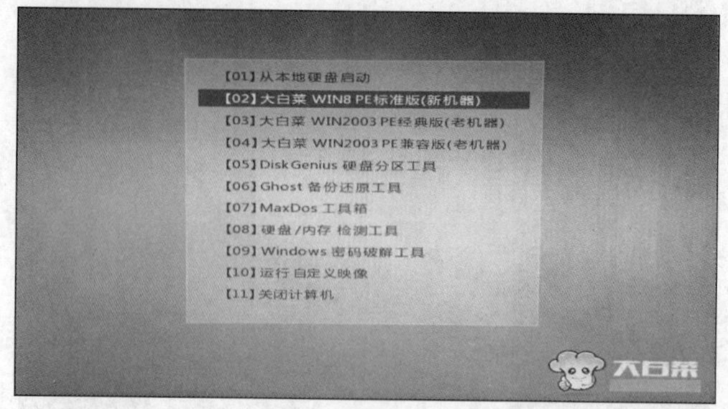

图 3-24　选择“大白菜 WIN8 PE 标准版（新机器）”选项

2. PE 界面

（1）在模拟 Windows 8 的 PE 界面中选择“傲梅分区助手”选项，双击进入软件工作界面，在其中可以清楚地看到本机有几块磁盘，每块磁盘分了多少个分区，是否格式化等，如图 3-25 所示。

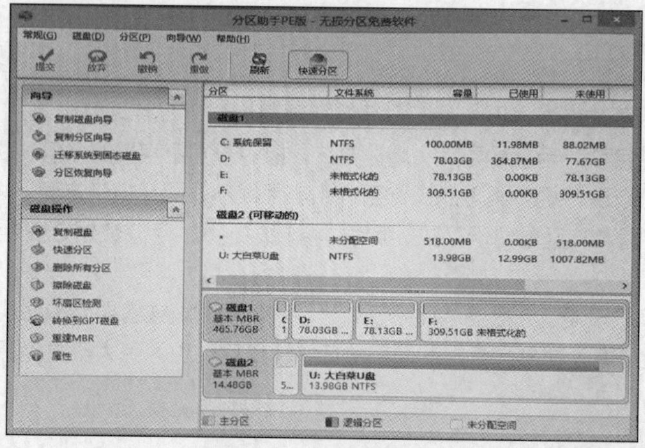

图 3-25　傲梅分区助手

（2）可以看到磁盘 1 是本机硬盘，磁盘 2 是 U 盘启动盘。单击鼠标右键，选中磁盘 1 的 4 块分区，在弹出的快捷菜单中选择“删除分区”命令，并在弹出的对话框中选中“快速删除分区（推荐的操作）”单选按钮，单击“确定”按钮，将 4 块分区全部删除，如图 3-26 所示。

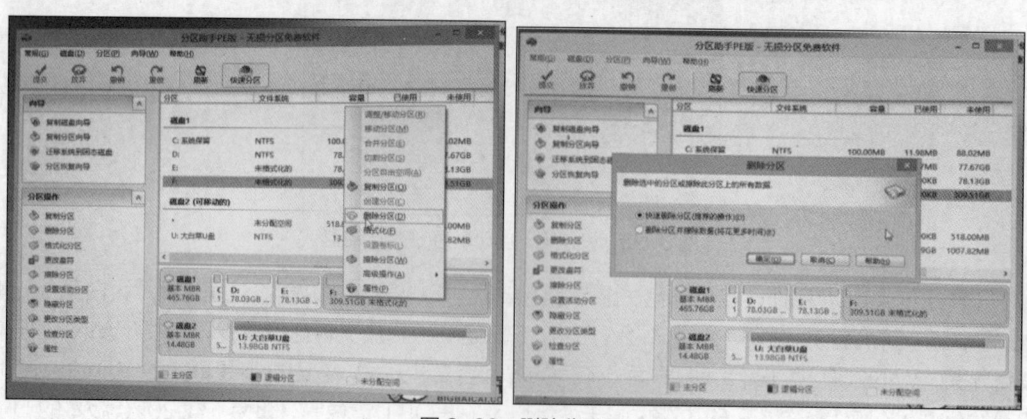

图 3-26　删除分区

（3）删除分区后，需要单击软件工作界面左上角的“提交”按钮，在弹出的“等待执行的操作”对话框中单击“执行”按钮，如图 3-27 所示。删除分区任务结束后，所有分区都变为未分配空间状态。

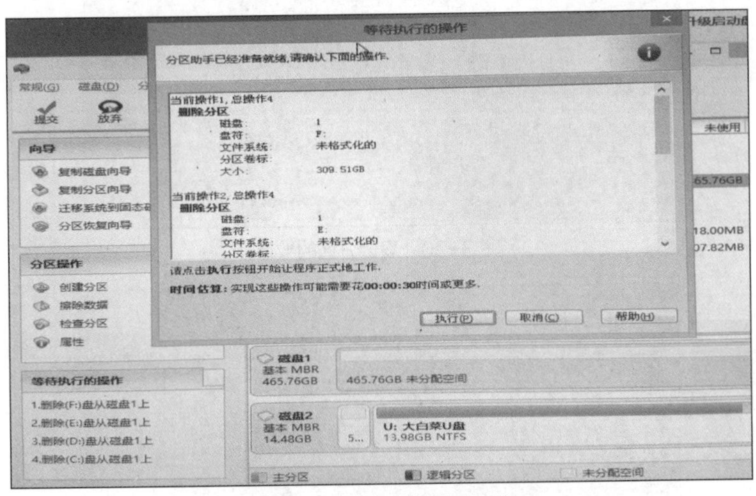

图 3-27　执行删除分区操作

（4）单击软件工作界面右上角的“快速分区”按钮，在弹出的对话框中选择需要分区的磁盘，进行快速分区，如图 3-28 所示。无论是 SSD 还是 HDD 都会在此显示，务必不能疏忽大意，不要将有重要数据的硬盘格式化了。

（5）在“磁盘的类型”选项组中有两个选项，分别是“MBR”和“GPT”，如图 3-29 所示。MBR 类型兼容性较好，Windows XP、Windows 7、Windows 8 操作系统均支持 MBR 类型，Windows 10 操作系统支持 GPT 类型。如果安装 Windows 7 操作系统，则应选择 MBR 类型；如果安装 Windows 10 操作系统，则应选择 GPT 类型。

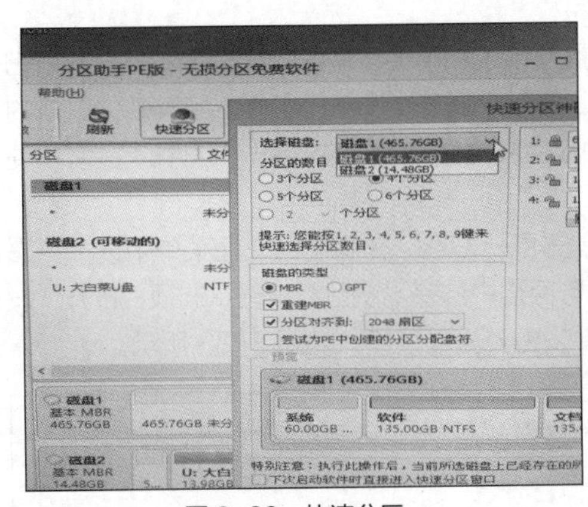

图 3-28　快速分区

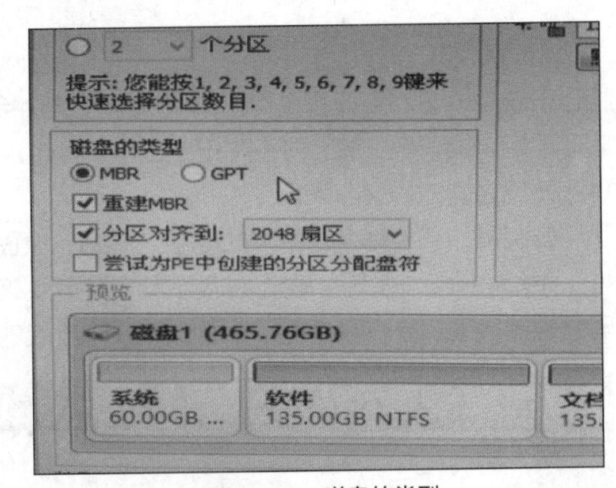

图 3-29　磁盘的类型

（6）在“分区的数目”选项组中，根据磁盘大小和个人情况进行设置即可，如图 3-30 所示，在其右侧可以设置每个分区的大小、分区格式（NTFS 或 FAT32）、卷标名称和是否为主分区。主分区就是即将安装操作系统的分区（默认为 C 盘），应设置得尽可能大一些，因为系统在使用过程中会产生垃圾文件，如果此分区太小，则会造成系统卡顿。

（7）确定分区个数及大小后，单击“开始执行”按钮，系统将执行分区操作，如图 3-31 所示。等待数秒后完成分区，且已经格式化分区。

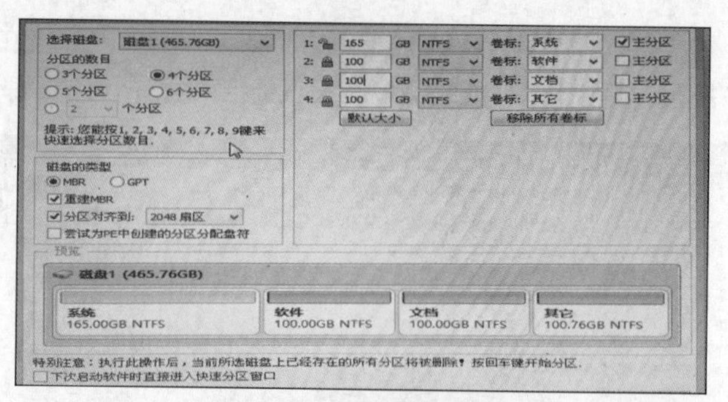

图 3-30　设置分区的数目

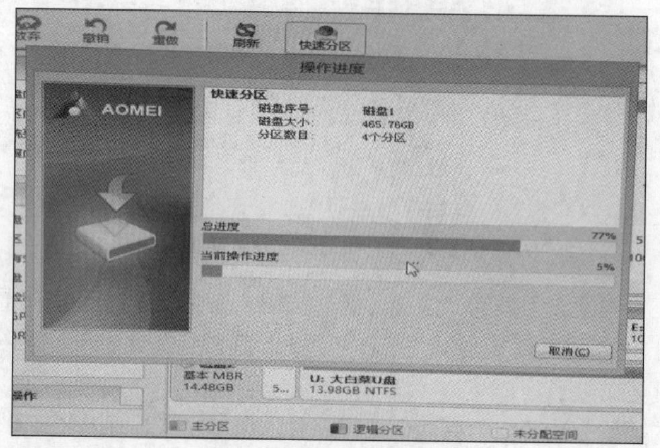

图 3-31　执行分区操作

3.3.4　驱动程序安装

驱动程序（Device Driver）是一种可以使计算机操作系统和硬件设备进行通信的特殊程序。它相当于硬件设备的接口，操作系统只有通过这个接口，才能控制硬件设备的工作。若某硬件设备的驱动程序未能正确安装，则不能正常工作，因此，驱动程序被比作“硬件的灵魂”“硬件的主宰”“硬件和系统之间的桥梁”等。

安装操作系统后，选中“此电脑”图标，桌面上单击鼠标右键，在弹出的快捷菜单中选择“属性”命令，打开“系统”窗口，如图 3-32 所示。在任务窗格中选择“设备管理器”选项，打开“设备管理器”窗口，在其中可以查看安装或未安装的硬件设备及驱动程序，如图 3-33 所示。

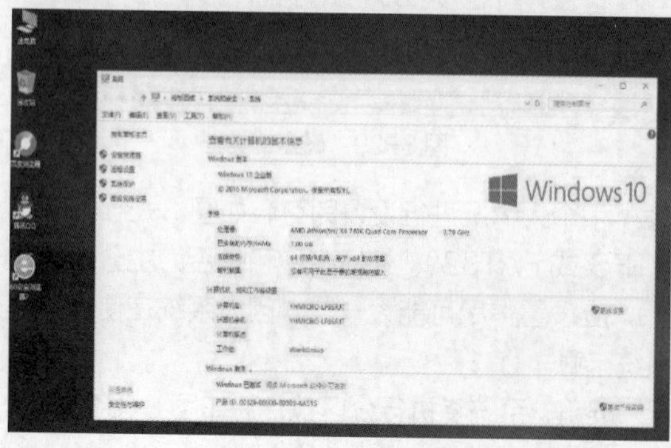

图 3-32　“系统”窗口

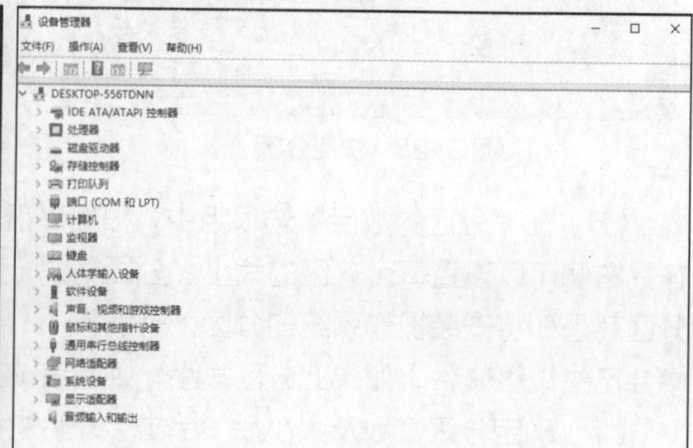

图 3-33　“设备管理器”窗口

1. 驱动程序安装光盘

在购买硬件设备时，包装盒通常附带有该硬件设备的说明书及驱动程序安装光盘，装好硬件设备与操作系统后，通过光盘可进行设备驱动程序的安装。常见驱动程序安装光盘如图 3-34 所示。

图 3-34　常见驱动程序安装光盘

2. 网络下载驱动程序

在网络上可以通过以下两种方式获得驱动程序。

（1）访问硬件设备厂商的官方网站，找到对应型号的硬件设备专属驱动。

（2）访问专业驱动程序网站，如驱动人生、驱动精灵等。这些网站不仅提供各种型号的硬件设备驱动程序，还可以自动检测计算机中需要安装驱动程序的硬件设备。可自行选择是否安装，并且网站能提供一键安装，省时省力。

3. 安装网上下载的驱动程序

用光盘安装驱动程序非常简单，只要将安装光盘置入光驱并运行安装程序即可。下面以更新显卡驱动程序为例，详细说明网上下载的驱动程序如何安装。

（1）以英伟达 GeForce GTX 1050 显卡的计算机为例，在网络上搜索英伟达官方网站，如图 3-35 所示。

图 3-35　英伟达官方网站

选择首页上方的“驱动程序”选项，进入驱动程序下载界面，如图 3-36 所示。英伟达官方网站也给出了自动更新和手动搜索两种方式，通过自动检测就可以获悉本机已安装的显卡型号。无论采用哪种方式，找到对应型号再单击“下载”按钮，在弹出的“新建任务”对话框中单击“立即下载”按钮，将驱动程序下载至硬盘目录下即可，如图 3-37 所示。

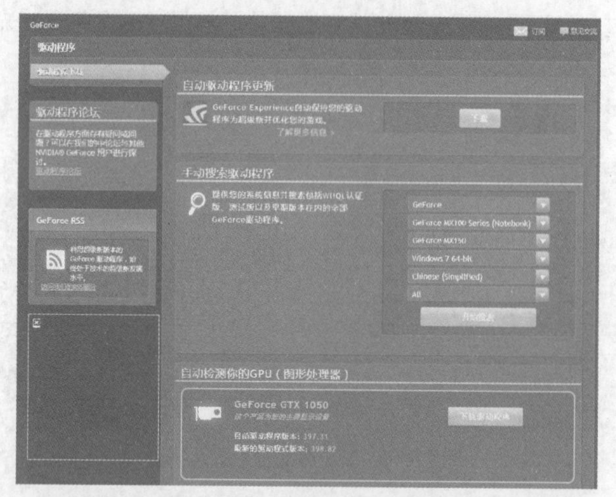

图 3-36　驱动程序下载界面

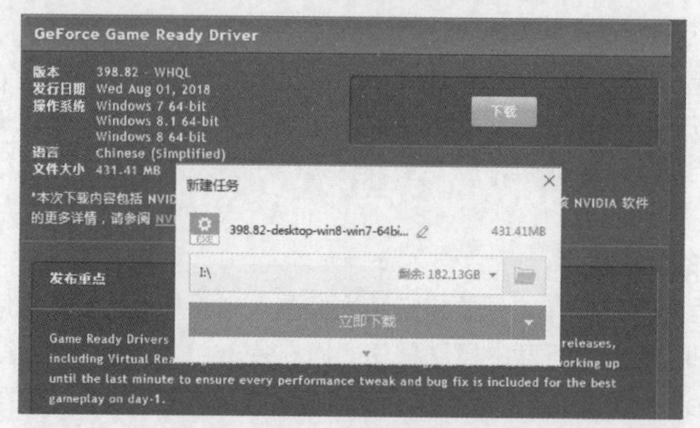

图 3-37　下载驱动程序

（2）驱动程序下载完毕后，找到驱动程序所在路径。驱动程序有两种，一种是双击安装文件可以直接打开并安装的，这种驱动程序的安装较为简单，安装完毕以后重启系统即可使其生效，如图 3-38 所示。

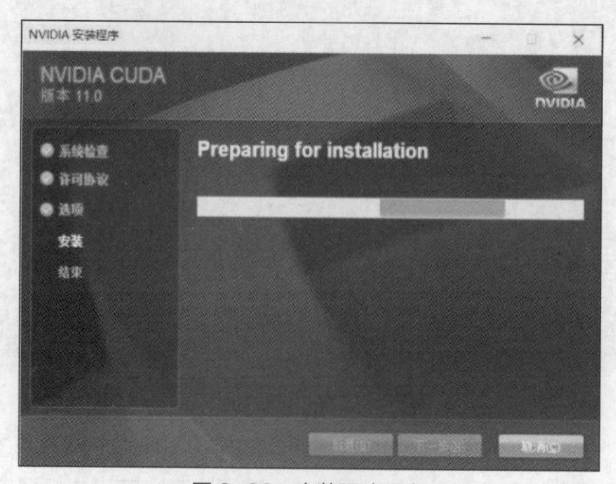

图 3-38　安装驱动程序

另外一种驱动程序不可以直接打开安装，需要打开“设备管理器”窗口，找到“显示适配器”选项并双击，可显示显卡型号，如图 3-39 所示。单击鼠标右键显卡具体型号，在弹出的快捷菜单中选择“属性”命令，如图 3-40 所示。

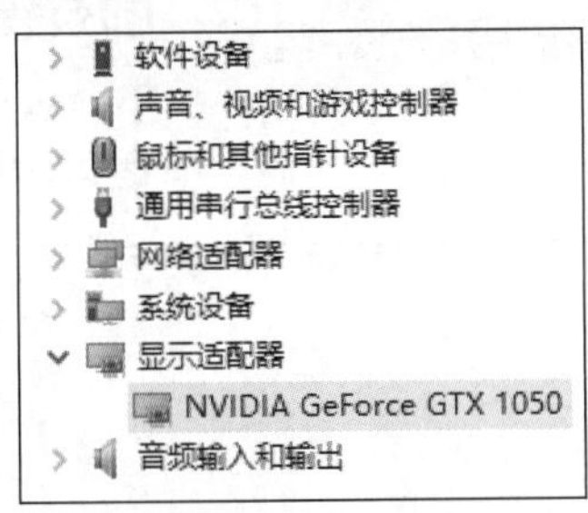

图 3-39　显卡型号

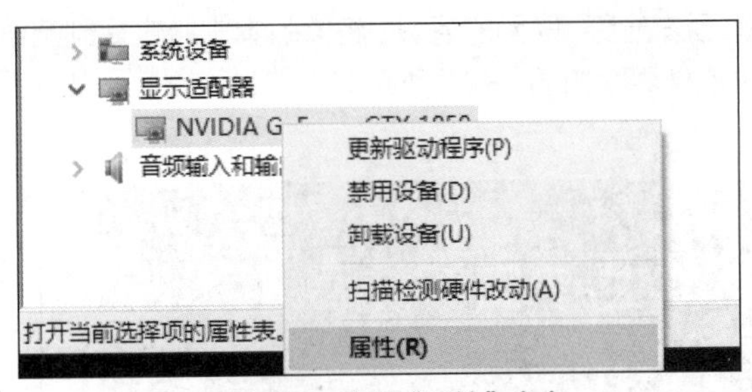

图 3-40　选择“属性”命令

（3）在弹出的属性对话框中选择“驱动程序”选项卡，如图 3-41 所示。单击“驱动程序详细信息”按钮，可以查看已安装的驱动程序的位置，如图 3-42 所示。

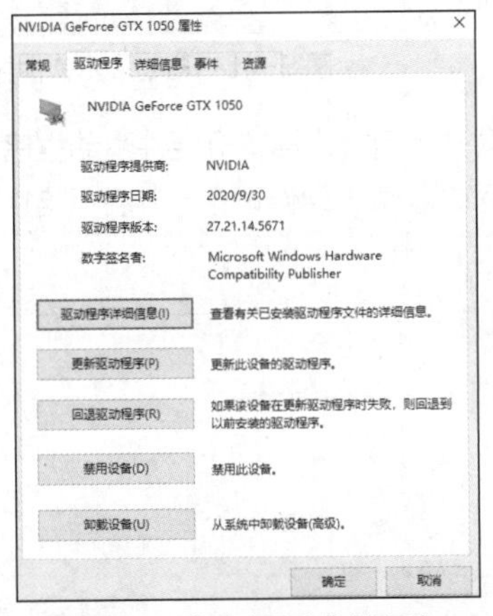

图 3-41　“驱动程序”选项卡

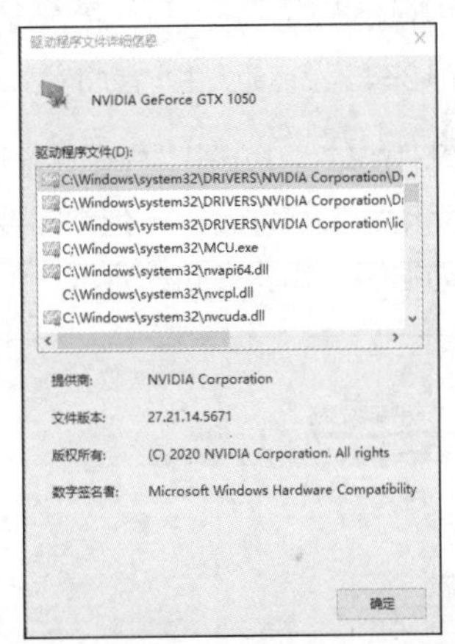

图 3-42　查看已安装的驱动程序的位置

（4）单击“更新驱动程序”按钮可以进入搜索驱动程序界面，在界面中选择添加驱动程序的方法，如图 3-43 所示。选择“浏览我的计算机以查找驱动程序软件”选项，在浏览选项中找到已经下载完成的软件包并选中，单击“安装”按钮开始安装，安装过程如图 3-44 所示。

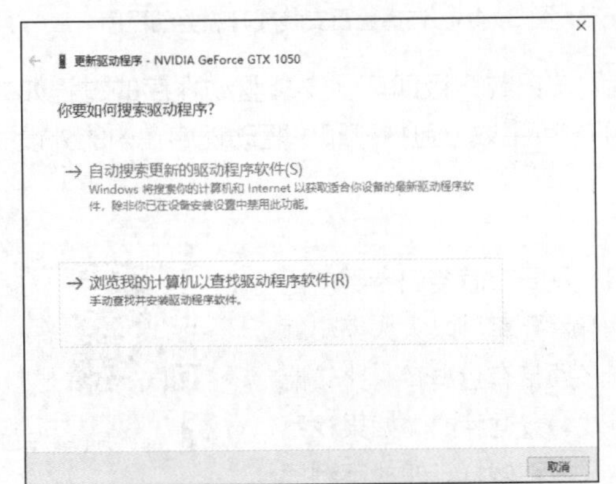

图 3-43　选择添加驱动程序的方法

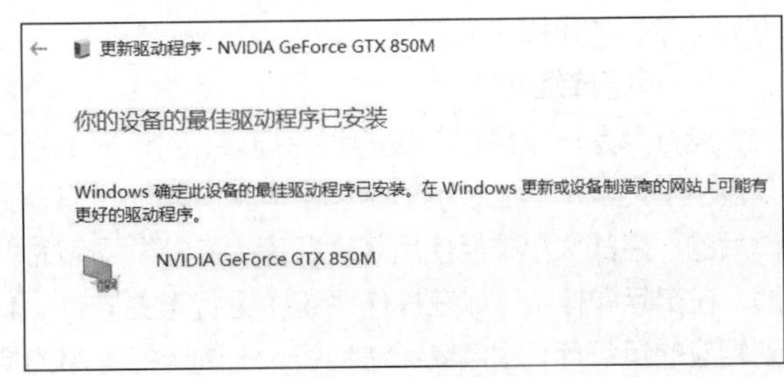

图 3-44　安装过程

4. 使用第三方软件安装驱动程序

V3-7 使用第三方软件安装驱动程序

（1）在能联网的计算机中，上网搜索“驱动人生”官方网站，并在该网站下载“网卡版”，如图 3-45 所示。该版本适用于刚刚装好操作系统、网络驱动未安装无法连接互联网的情况。将该版本安装包复制至新操作系统中并安装，驱动人生软件界面如图 3-46 所示。

图 3-45 “驱动人生”官方网站

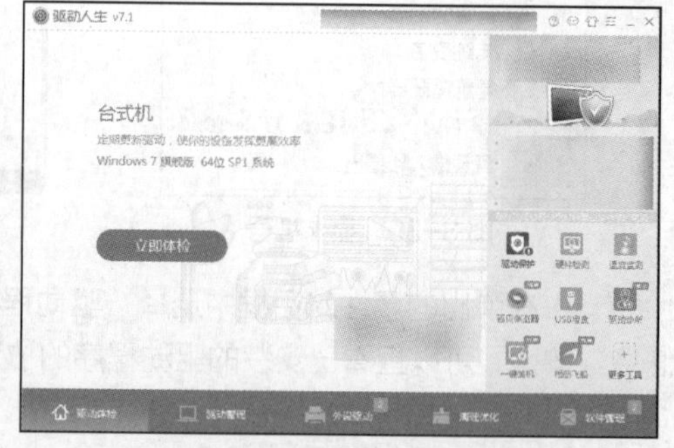

图 3-46 驱动人生软件界面

（2）在打开的软件中单击“立刻体检”按钮，软件会开始自行扫描本机硬件驱动程序，如图 3-47 所示。检测完毕后，软件会一一列举需要安装及升级驱动程序的硬件设备，用户可自行选择是否安装或升级驱动程序，如图 3-48 所示。

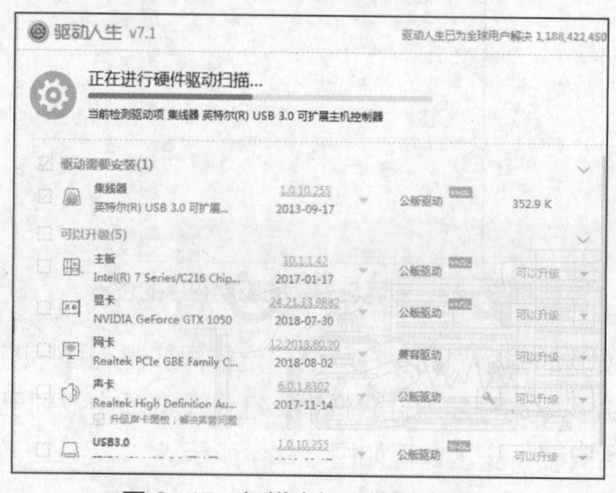

图 3-47 扫描本机硬件驱动程序

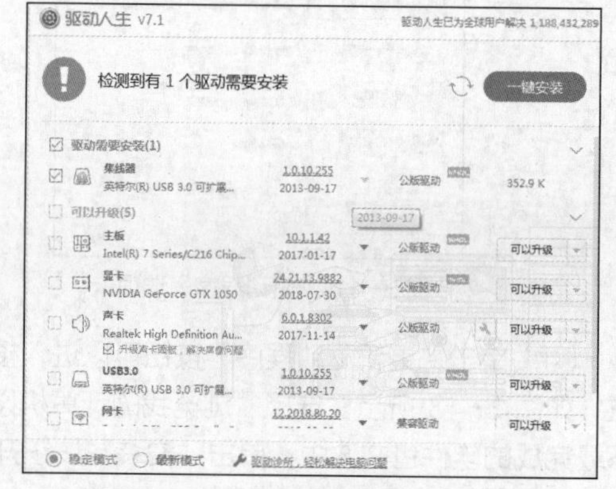

图 3-48 选择是否安装或升级驱动程序

（3）如需安装某个驱动程序，则单击“一键安装”按钮或升级即可。安装驱动程序的过程如图 3-49 所示。有些驱动程序在安装后需要重启计算机方可生效。包括打印机驱动程序在内的外设驱动程序，均可以用此方式安装。

5. 运行库组件

V3-8 运行库组件

运行库是一个经过封装的程序模块，对外提供接口，只要知道接口参数就可以自由使用。每个程序中都会包含很多重复的代码，使用运行库可以大大缩小编译后的程序的大小。但使用了运行库，在分发程序时就必须带有这些库，比较麻烦。在实际操作中，如在操作系统中运行某些软件、游戏、数据库时，如果找不到相应的运行库，程序就无法运行。无法运行程序的情况多种多样，如找不到插件等，均为微软运行库缺失导致，如图 3-50 所示。

图 3-49　安装驱动程序的过程

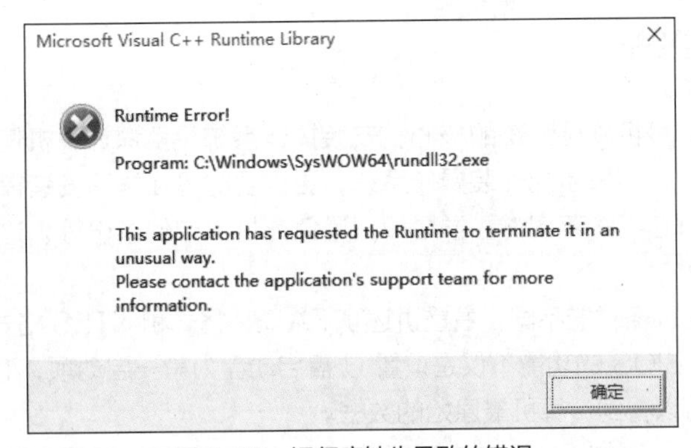

图 3-50　运行库缺失导致的错误

遇到这种情况就需要通过在计算机中安装运行库来解决。在网络上直接搜索微软运行库，在相应网站下载最新的运行库合集，如图 3-51 所示。

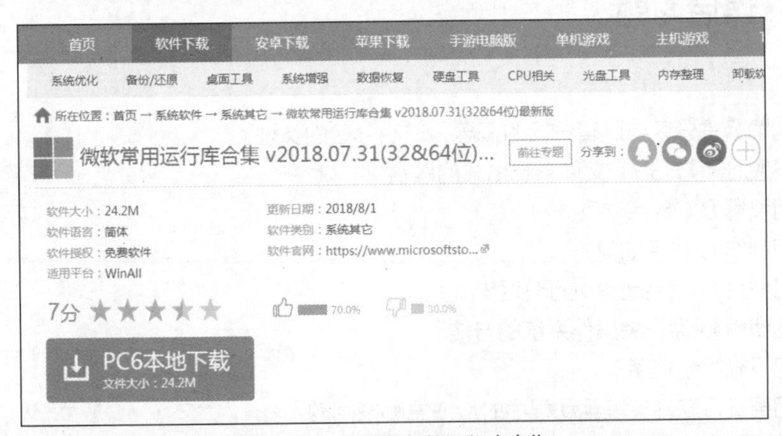

图 3-51　下载最新的运行库合集

下载完成之后，双击打开该运行库合集。该运行库合集中几乎涵盖了所有支持的程序，也可以手动选择安装某一部分，如图 3-52 所示。安装完毕，即可解决很多软件因缺失运行库而无法运行的问题。

图 3-52　选择安装运行库组件

3.4　项目小结

（1）操作系统是计算机软件系统的核心：安装操作系统是资深计算机使用者必备的技能。因为学会安装操作系统，并不只是能安装操作系统，更重要的是在学习安装操作系统的过程中懂得各类软件的配置，了解它们的兼容性，学会如何避免死机、如何备份等。这是在付费装机中学不到的知识。

（2）硬盘分区及分区格式的不同：着重讲述了 FAT32 格式和 NTFS 格式的区别和重要性。

（3）BIOS 设置：BIOS 的功能不仅是设置 U 盘启动盘为第一启动项，而且它有很多重要的监测功能，通过 BIOS 可以看到计算机最原始的数据。

（4）用两种方法安装操作系统后，安装驱动程序的方法：可以根据实际需要下载相应的驱动程序。

课后习题

简答题

（1）分别解释主分区与逻辑分区的概念，说明分区的类型。

（2）简述 MBR 与 GPT 文件系统格式的区别。

（3）如何设置 BIOS 启动项?

（4）如何制作 U 盘启动盘?

（5）如何使用 U 盘启动盘进行分区?

（6）简述使用 U 盘安装操作系统的方法。

（7）如何下载驱动程序?

（8）使用第三方软件安装驱动程序时应注意哪些问题?

（9）简述运行库的重要性。

项目4 操作系统还原与备份

04

【学习目标】

- 了解Windows 10操作系统还原工具。
- 学会创建还原点。
- 掌握用GHOST软件备份还原系统。
- 掌握制作镜像文件。
- 了解用保护卡软件备份还原系统。

4.1 项目描述

在计算机机房或网吧等场所，因为用户的不固定，加之各类用户有各自的操作习惯，会更改一些计算机设置、下载程序或安装插件等，导致病毒侵袭、木马横行，无法正常关机的情况时有发生，轻则造成计算机蓝屏和应用软件故障，重则导致系统瘫痪及数据被非法利用或破坏。备份与恢复系统功能为硬盘数据提供了保护，扩展了许多便捷的应用，如数据的统一复制、互联网协议（Internet Protocol，IP）地址和计算机名的统一分配、机器的远端管理、机器的远端维护等。

4.2 必备知识

4.2.1 GHOST 软件简介

在计算机的日常使用中，某些软件错误很容易引发计算机蓝屏或无法启动，此时需要利用Windows10 操作系统自带的还原功能来设定还原点，目的是经常备份，以确保数据完整性。

GHOST 软件可以把系统备份成一个文件，当系统出现问题时，可以用该备份文件将系统恢复，省去了重装系统的麻烦。

1. GHOST 软件的特点

与一般的备份和恢复工具不同，GHOST 软件备份和恢复是按照硬盘上的簇进行的，这意味着恢复时原来的数据会被完全覆盖，已恢复的文件与原硬盘上的文件地址不变。而有些备份和恢复工具只起到备份文件内容的作用，不涉及物理地址，很有可能导致系统文件的不完整，使得受破坏系统无法还原到系统原有状况。

2. GHOST 软件的优点

相对于一般的备份和恢复工具来说，GHOST 软件有着绝对的优势，能使受到破坏的系统完全恢复，并能一步到位。GHOST 软件的其他优势在于备份和恢复时无须值守，操作者可离开计算机等待一段时间，系统会自行完成所有的备份或恢复操作。这对于“小白”操作者来说十分方便，对于计算机维修人员来说节省了很多时间。

4.2.2 保护卡软件简介

保护卡软件最主要的功能是让大批量机器管理摆脱日常琐碎而重复的工作，降低计算机管理的成本，提高运行的稳定性，让批量管理效率得到有效的提升。

1. 硬件环境

保护卡软件备份与还原系统支持的硬盘类型包括 HDD、SSD 和固态混合硬盘，支持双硬盘，但只能保护第一块主硬盘；支持的硬盘最低总容量为 20GB，最大容量为 2000GB（约为 2TB）；支持内存 256MB 及以上，CPU 最低支持 Pentium Ⅲ 800 及以上，暂不支持无线网卡。

保护卡软件支持的操作系统有：Windows 平台，包括 Windows XP、Windows 7、Windows 8、Windows 10；Linux 平台。

2. 安装前的准备

建议使用原版的操作系统，按完整步骤进行安装，不推荐使用简化版或 GHOST 版 Windows 操作系统。噢易 OSS 保护卡系统软件还原系统最多可支持 15 个操作系统和 30 个分区（包括共享分区）。

如果一定要使用 GHOST 版本进行安装，则可能会出现以下问题。

（1）传输简化版或 GHOST 系统可能会导致该系统内的软件注册失效。

（2）安装后开机能登录系统界面，但可能无法正常运行程序；屏幕显示预设桌面背景图案，无图标与任务栏；网络无法识别；资源管理器加载失败。

（3）网页远程访问服务器可能失效，并导致系统瘫痪。即使当前调试好系统，24 小时后依然可能导致大批量系统失效。

3. 噢易 OSS 系统底层初始化安装

噢易 OSS 系统系列产品分为客户端、管理端与中心服务器的安装。客户端的安装又分为样机安装与网络批量部署。客户端样机安装时包括客户端底层初始化、驱动及相关应用程序、噢易计算机教学实验支撑组件客户端程序等。安装时，需先对客户端底层进行初始化，完成硬盘分区的划分后，安装所需的操作系统和应用类软件，然后在操作系统内进行驱动及相关应用程序的安装。由于篇幅限制，关于保护卡软件备份与还原操作系统的具体实施过程，读者可参阅本书的拓展电子资源。

4.3 项目实施

4.3.1 Windows 10 还原

Windows 10 还原功能使用如下。

（1）按照如下路径进入系统备份功能界面：“开始”→“设置”→“更新和安全”→“备份”→“正在查找较旧的备份”→“转到‘备份和还原’（Windows 10）”→“创建系统映像”。选择系统备份文件的存储位置，可以选择另一块硬盘的任意分区（系统推荐），也可以选择同一块硬盘的另外一个分区（如 D 盘），如图 4-1 所示。

V4-1　设置 Windows10 还原

（2）选择要备份的分区，默认包含引导分区（默认 500MB）和系统分区（默认 C 盘），如图 4-2 所示。

（3）确认要备份的分区信息和备份文件的大小及位置等，如图 4-3 所示。

（4）单击“开始备份”按钮后即可启动备份程序，如图 4-4 所示。

（5）备份完成后，会提示“是否要创建系统修复光盘”，如图 4-5 所示。该功能可将系统备份刻录到一张光盘中，如因某种突发情况导致系统彻底崩溃，则可以使用这张光盘进行恢复。

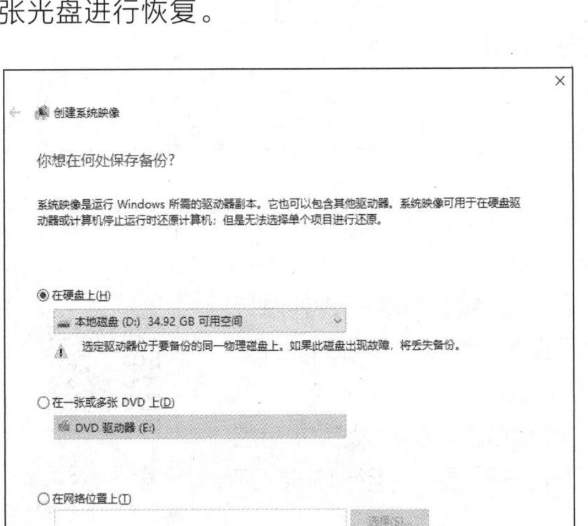

图 4-1　选择系统备份文件的存储位置

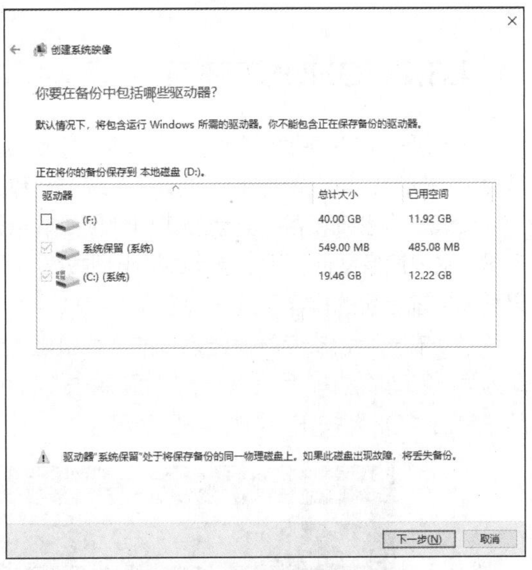

图 4-2　选择要备份的分区

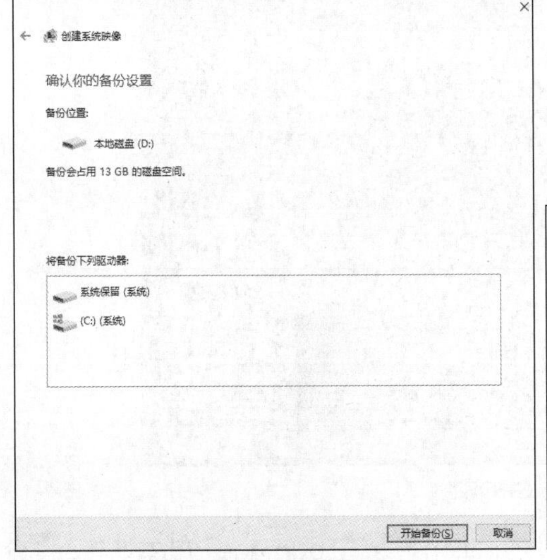

图 4-3　确认备份设置

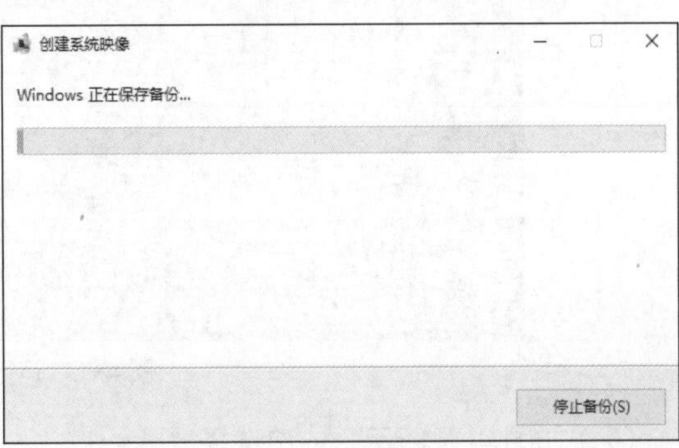

图 4-4　启动备份程序

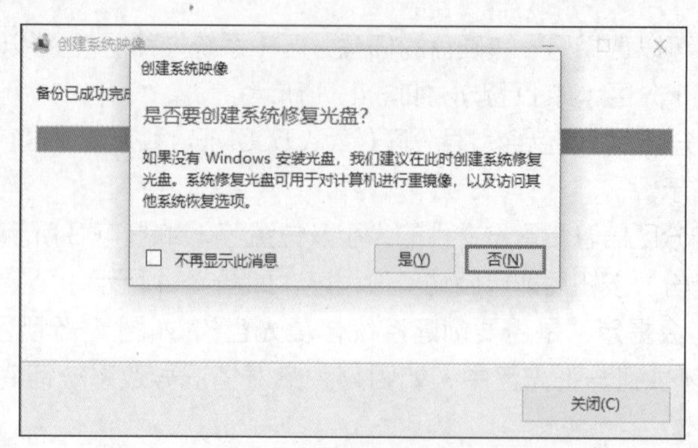

图 4-5　提示“是否要创建系统修复光盘”

4.3.2　GHOST 还原

GHOST（General Hardware Oriented System Transfer，通用硬件导向系统转移）是赛门铁克公司推出的可以备份和还原操作系统或者数据的软件。

安装操作系统和各种驱动及应用软件是非常耗时、耗力的。如果将操作系统备份，生成镜像文件，那么当计算机出现故障不得不重新安装操作系统时，就可以利用之前备份的操作系统一键还原。

V4-2　设置 GHOST 还原

（1）在一台已安装好操作系统的计算机上，进入 BIOS 界面，设置 U 盘启动为第一启动项，重启后进入 PE 界面。单击“手动 GHOST”图标，运行 GHOST 后，单击“OK”按钮，如图 4-6 所示。

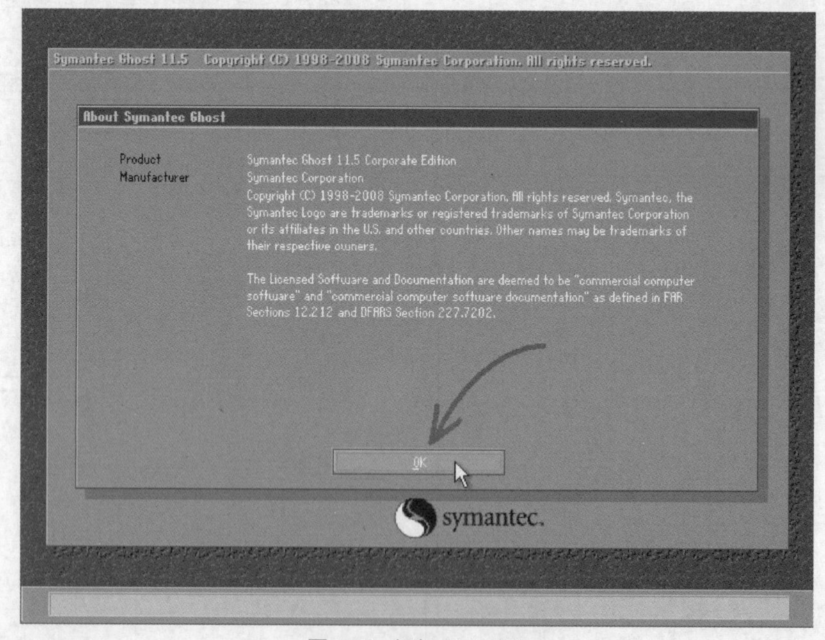

图 4-6　运行 GHOST

（2）如图 4-7 所示，依次选择“Local”→“Partition”→“To Image”（“本地”→“分区”→“到镜像文件”）命令。

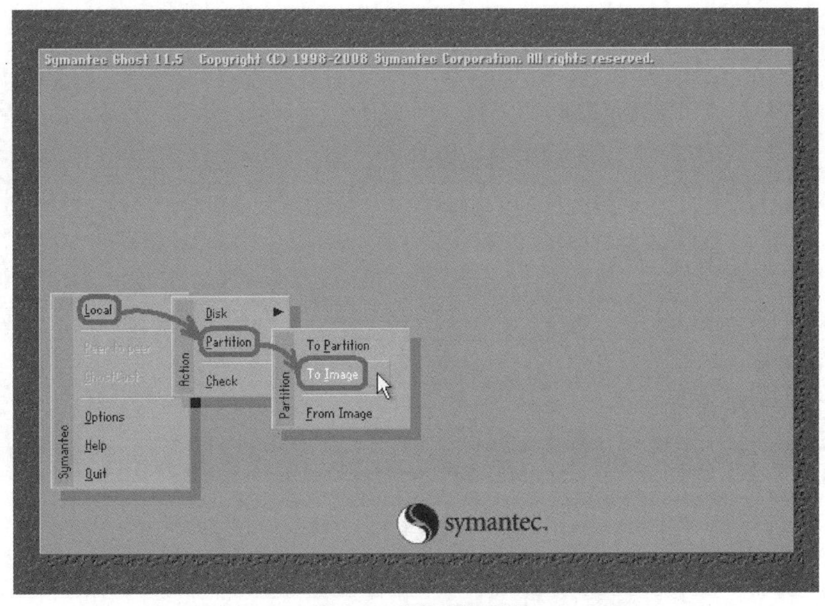

图 4-7　操作步骤提示

（3）如图 4-8 所示，打开选择本地硬盘窗口，单击要备份的分区所在硬盘，再单击“OK”按钮。

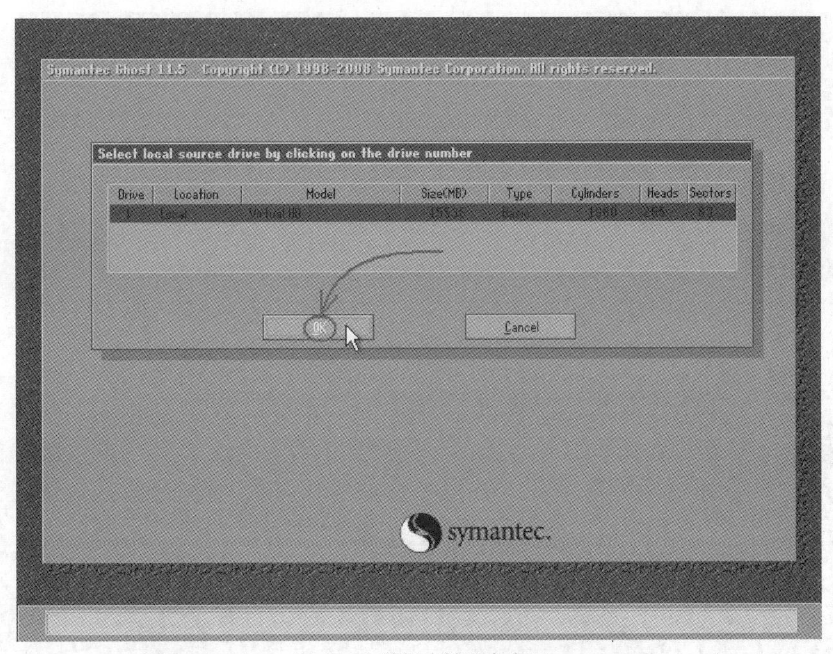

图 4-8　选择本地硬盘窗口

（4）此时弹出存储位置对话框，如图 4-9 所示。单击存储位置下拉按钮，在弹出的下拉列表中选择要存储镜像文件的分区（要确保该分区有足够的存储空间），进入相应的文件夹（要记准存放镜像文件的文件夹，否则恢复系统时将难以找到它），在“File name”文本框中输入镜像文件的文件名，单击“Save”按钮继续操作。

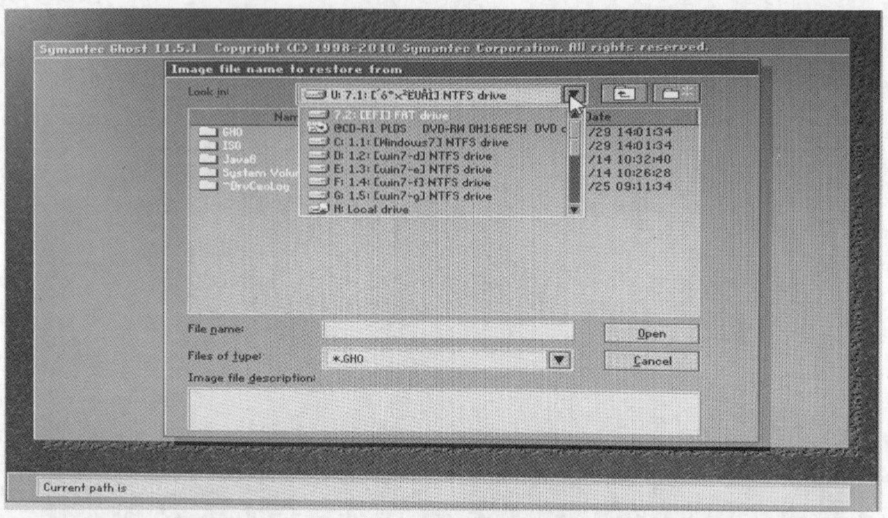

图 4-9　存储位置对话框

（5）此时弹出“Compress image file? ”（是否压缩镜像文件）提示，如图 4-10 所示，有“No”（不压缩）、“Fast”（快速压缩）、“High”（高压缩比压缩）3 个按钮。压缩比越小，备份速度越快，但占用磁盘空间越大；压缩比越大，备份速度越慢，但占用磁盘空间越小。一般应单击“No”按钮防止备份文件出错，如果磁盘空间小，则可单击“High”按钮。

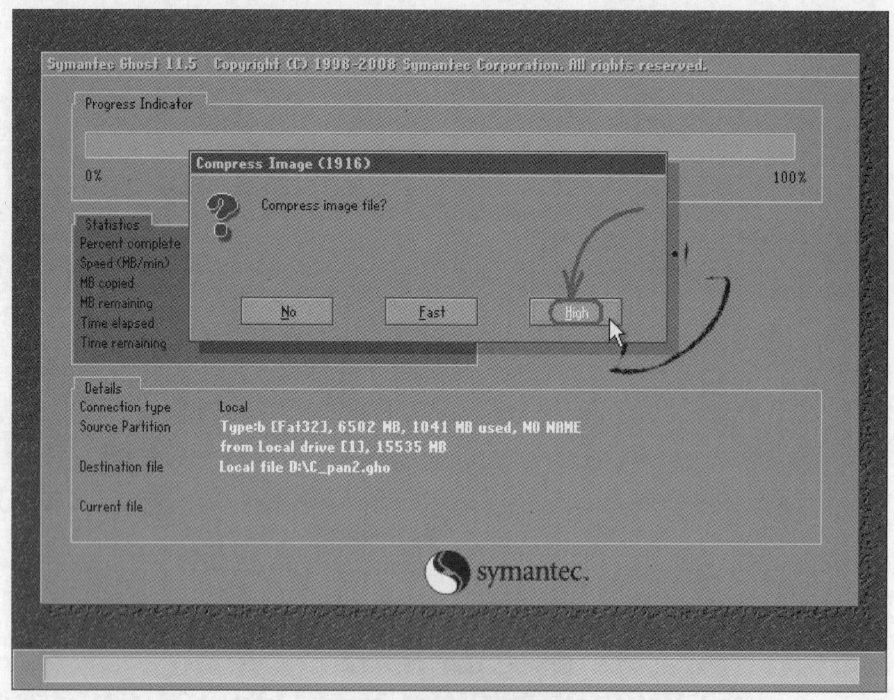

图 4-10　是否压缩镜像文件

（6）此时弹出“Proceed with partition image creation? ”（确认建立镜像文件？）提示，单击“Yes”按钮开始备份（若发觉上述某步骤有误，则可单击“No”按钮，并重新进行设置），如图 4-11 所示。

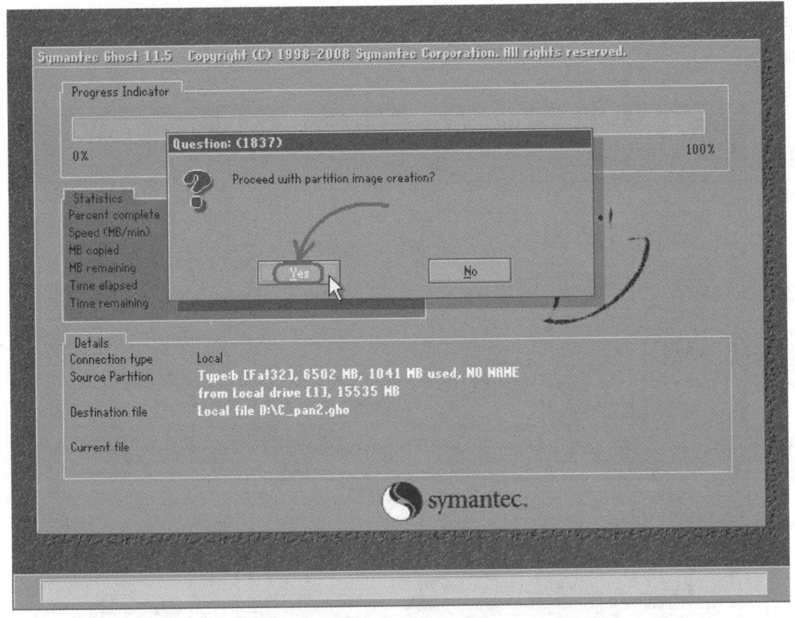

图 4-11 开始备份

（7）备份的过程与恢复操作系统时类似，蓝色进度条“走”到 100%（此过程中鼠标指针被隐藏，时间长短由机器配置及数据量大小等因素决定，一般需要 2～20 min）即备份成功。若此过程中弹出确认对话框，则一般是因为所备份分区较大，需要建立分卷镜像文件，单击“OK”按钮确认操作即可。如弹出其他错误提示，在确认硬盘可用空间足够的情况下，可能是硬件系统存在故障，请排除硬件故障后再备份。图 4-12 所示的中部蓝色区域中有 6 项动态数值，从上到下依次为完成“Percent complete”进度百分比、“Speed”速度（MB/min）、“HB copled”已经复制数据量、“HB remaining”剩余数据量、“Time elapsed”已用时间、“Time remaining”剩余时间。

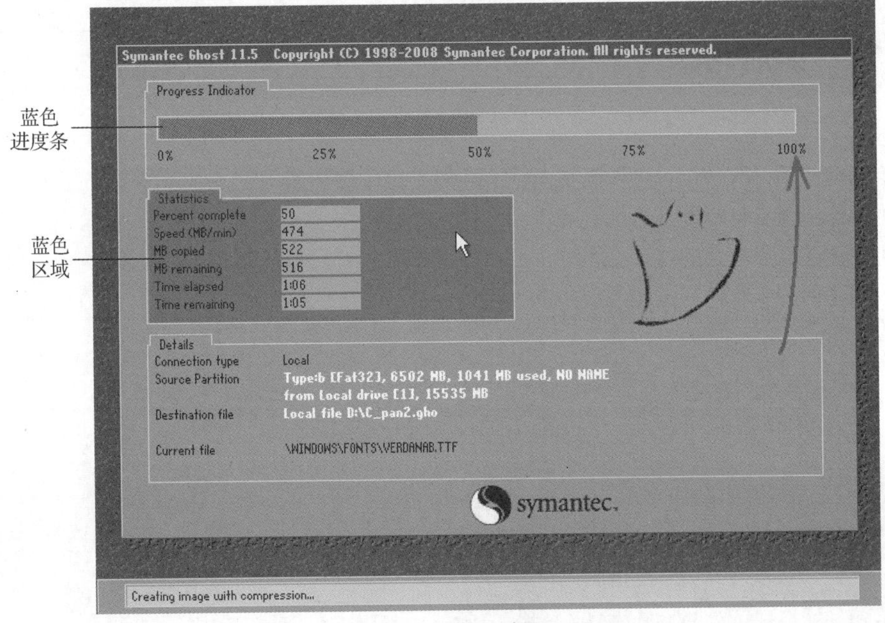

图 4-12 备份过程

（8）如图 4-13 所示，打开创建成功窗口，单击“Continue”按钮即可回到 GHOST 初始界面，备份完成。

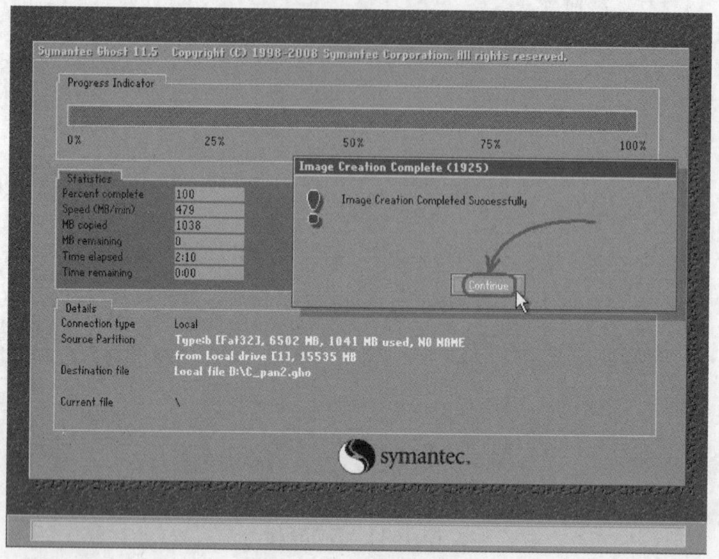

图 4-13　创建成功窗口

4.4 项目小结

（1）当前网络环境对计算机造成了不确定性：如今社会已经步入了深层网络时代，出门只带一部手机，网上购物和娱乐只用一台计算机已经是常态，所以避免计算机系统被破坏显得尤为重要。

（2）GHOST 还原软件的原理和使用：在计算机突然死机的情况下，可以利用还原软件对机器进行复原，在一定程度上能确保恢复自己未备份的数据。

课后习题

简答题

（1）如何使用 Windows 操作系统自带的还原工具创建还原点?

（2）制作镜像文件需要注意哪几点?

（3）创建还原点的目的是什么?

（4）简述保护卡软件在操作系统中的作用。

项目5 常用工具软件的安装与使用

【学习目标】

- 掌握VMware虚拟机软件的安装与使用。
- 掌握屏幕录像软件的安装与使用。
- 掌握鲁大师软件的安装与使用。
- 掌握扫描工具软件的安装与使用。
- 掌握EasyRecovery数据恢复软件的安装与使用。

5.1 项目描述

搭建计算机硬件平台以后，计算机的正常运行还需要软件系统的支持，在计算机中通常需要安装操作系统、硬件驱动程序及常用的应用软件等。本项目主要介绍常用工具软件的安装与使用，对于常见的问题进行了分析与总结，提出了解决方案。

5.2 必备知识

5.2.1 虚拟机软件简介

在计算机科学中，虚拟机是指可以像真实机器一样运行程序的计算机的软件。VMware 虚拟机是一款通过软件模拟的具有完整硬件系统功能的、运行在一个完全隔离环境中的完整计算机系统。通过 VMware 虚拟机，可以在一台物理计算机上模拟出一台或多台虚拟的计算机，这些虚拟机完全像真正的计算机那样进行工作，可以在其中安装操作系统、安装应用程序、访问网络资源等。对于用户而言，VMware 虚拟机只是运行在物理计算机上的一个应用程序，但是对于在 VMware 虚拟机中运行的应用程序而言，它就是一台真正的计算机。

V5-1 虚拟机软件简介

VMware 虚拟机软件可以在计算机平台和终端用户之间建立一种环境，而终端用户则是基于这个软件所建立的环境来操作软件的。因此，当在虚拟机中进行软件评测时，系统可能一样会“崩溃”，但是崩溃的只是虚拟机上的操作系统，而不是物理计算机上的操作系统，且使用虚拟机的“Undo”（复原）功能，可以马上恢复虚拟机到安装软件之前的状态。

VMware 虚拟机不需要重开机就能在同一台计算机中使用多个虚拟机操作系统，其主要功能如下。

（1）不需要分区或重开机就能在同一台计算机中使用两种以上的操作系统。

（2）完全隔离并且保护不同操作系统的操作环境及所有安装在操作系统下的应用软件和资料。

（3）不同的操作系统之间能互动操作，包括网络通信、周边设备和文件分享等。

（4）有复原功能，可以进行克隆、快照操作等。

（5）能够设定并且随时修改操作系统的操作环境，如内存、磁盘空间、周边设备等。

5.2.2 屏幕录像专家软件简介

屏幕录像专家是一款专业的屏幕录像制作工具。这款软件的界面显示的是中文，简单地按设置的快捷键，单击录制按钮，或者单击三角按钮，就可以录制视频了。

V5-2 屏幕录像专家软件简介

屏幕录像专家可以轻松地将屏幕上的软件操作过程、网络教学课件、网络电视、网络电影、聊天视频等录制成 Flash 动画、WMV 动画、AVI 动画或者可自动播放的 EXE 动画。该软件使用简单，功能强大，是制作各种屏幕录像和软件教学动画的首选软件。

屏幕录像专家软件有以下功能。

（1）支持长时间录像并且保证声音同步（该软件 V6 以前的版本的声音同步有问题，请使用最新版）。在硬盘空间足够的情况下，可以进行不限时间录像（只有最新版的软件有此功能）。支持 Windows 操作系统声音内录功能（录制计算机播放的声音）。

（2）支持摄像头录像，支持定时录像，支持同时录制摄像头和屏幕，支持双屏幕录像。

（3）可以录制生成 EXE 文件，其可以在其他计算机中播放，不需附属文件；提供高度压缩功能，生成文件小。

（4）可以录制生成 AVI 动画，支持各种压缩方式。

（5）可以生成 Flash 动画（SWF 或 FLV 格式），生成文件小，可以方便在网络上使用，同时支持附带声音并且保持声音同步。最新版本的软件支持生成 MP4 和 GIF 格式的文件。

（6）可以录制生成流媒体格式 WMV、ASF 动画，可以在网络上在线播放。

（7）支持后期配音和声音文件导入，录制过程可以和配音分离。

（8）录制目标可以自由选取，可以是全屏、选定窗口或者选定范围。

（9）录制时可以设置是否同时录制声音，是否同时录制鼠标。

（10）可以自动设置最佳帧数。

（11）可以设置录音质量。

（12）支持 EXE 录像播放自动扩帧，效果更加平滑，即使录制速度是 1 帧/秒也有平滑的效果。

（13）支持 AVI 扩帧，可以制作 25 帧/秒的 AVI 动画。

（14）支持单击自动提示。

（15）可以自由设置 EXE 录制播放时的各种参数，如位置、大小、背景色、控制窗体、时间等。

（16）支持合成多节 EXE 录像。录像分段录制好后再合成 EXE 文件，播放时可以按顺序播放，也可以自主播放某一节。

（17）可以后期编辑，支持 EXE 截取与合成、EXE 转成 LX、LX 截取与合成、AVI 截取与合成、AVI 转换压缩格式、EXE 转成 AVI 等。

（18）支持 EXE 录像播放加密和编辑加密。播放加密后只有验证密码才能播放；编辑加密后不能再进行任何编辑，可以有效保证录制者的权益。

（19）可以用于录制软件操作教程、长时间录制网络课件、录制 QQ 等聊天视频、录制网络电视节目、录制电影片段等。

（20）可以用于制作软件教学光盘或上传到视频网站的软件教程（可以获得超高清视频）。

5.2.3 鲁大师软件简介

V5-3 鲁大师软件简介

鲁大师是一款系统工具，支持 Windows 2000 以上的所有 Windows 操作系统。鲁大师是一款免费软件，并且不带任何广告及插件。

鲁大师适用于各种品牌的台式机、笔记本电脑、兼容机，提供实时的关键性部件的监控预警、全面的计算机硬件信息，可有效预防硬件故障。鲁大师拥有专业而易用的硬件检测功能，提供厂商中文信息，让计算机配置一目了然。

鲁大师是一款检查并尝试修复硬件的软件，能够轻松辨别计算机硬件真伪、测试计算机配置、测试计算机温度以保护计算机稳定运行、清查计算机病毒隐患、优化清理系统，从而提升计算机运行速度。鲁大师高级优化提供全智能的一键优化和一键恢复功能，包括对系统响应速度、用户界面速度、文件系统、网络等的优化。鲁大师可快速升级补丁、修复漏洞，使用户远离黑屏困扰，该软件还有硬件温度监测等功能。

5.2.4 扫描工具软件简介

V5-4 扫描工具软件简介

X-Scan 扫描器采用多线程方式对指定 IP 地址段（或单机）进行安全漏洞检测，支持插件功能，提供了图形界面和命令行两种操作方式。

X-Scan 扫描器的下载、使用完全免费，是不需要安装的绿色软件，支持中文和英文两种文字。对于多数已知漏洞，X-Scan 扫描器给出了相应的漏洞描述、解决方案及详细描述链接，其他漏洞资料正在进一步整理完善中，也可以通过官方网站的“安全文摘”“安全漏洞”栏目查阅相关说明。

X-Scan 扫描器的扫描内容包括远程服务类型、操作系统类型及版本、各种弱口令漏洞、后门、应用服务漏洞、网络设备漏洞、拒绝服务漏洞、公共网关接口（Common Gateway Interface，CGI）漏洞、因特网信息服务器（Internet Information Sever，IIS）漏洞、远程程序调用（Remote Process Call，RPC）漏洞等二十几个大类。

5.2.5 数据恢复软件 EasyRecovery 简介

V5-5 数据恢复软件 EasyRecovery 简介

EasyRecovery 是由互盾数据恢复中心出品的一款专业数据恢复软件，支持恢复不同存储介质中的数据，如硬盘、光盘、U 盘、移动硬盘、数码相机、手机等，能恢复文档、表格、图片、音视频等各种数据文件，操作简单方便。

EasyRecovery 可以对扫描结果进行分类，恢复之前预览的文件，从意外删除的卷中恢复数据，从格式化卷中恢复数据，恢复已删除的文件和文件夹，从硬盘和可移动存储介质中恢复数据，支持 300 种或更多文件类型、扫描树的选项卡式视图、文件类型、树视图、删除列表等。

5.3 项目实施

5.3.1 VMware 软件的安装与使用

VMware 软件的安装与使用如下。

1. VMware 软件的安装

VMware 软件的安装方法如下。

（1）下载 VMware-workstation-full-16.1.2-17966106.exe 软件安装包，双击该安装包，如图 5-1 所示。

（2）进入安装主界面，如图 5-2 所示。

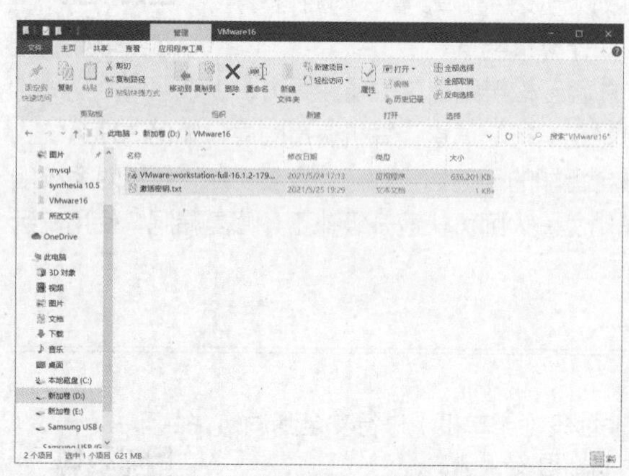

图 5-1 双击 VMware 软件安装包

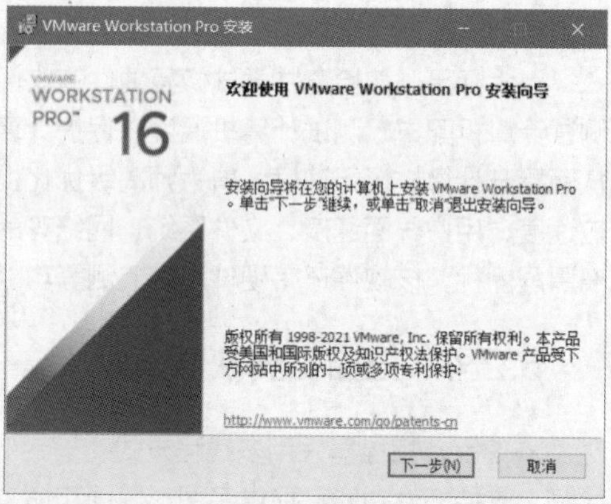

图 5-2 安装主界面

（3）单击“下一步”按钮，进入“最终用户许可协议”界面，如图 5-3 所示，选中“我接受许可协议中的条款”复选框，如图 5-4 所示。

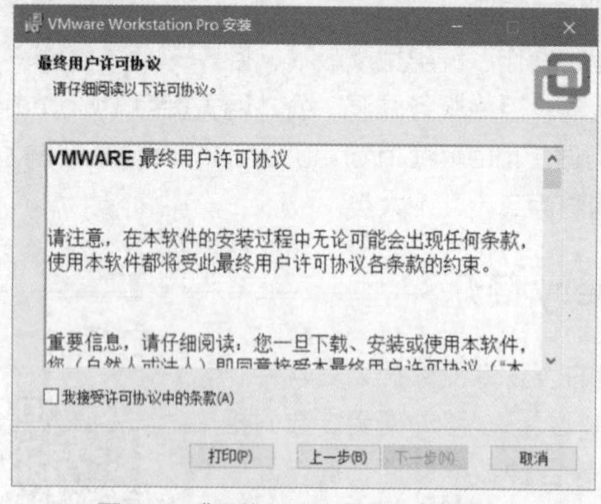

图 5-3 “最终用户许可协议”界面

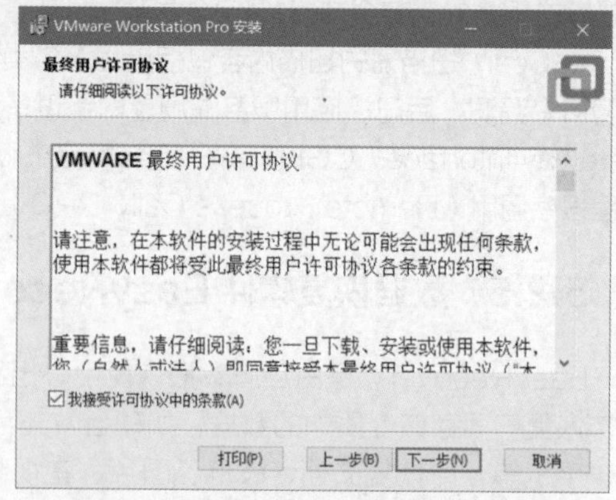

图 5-4 接受 VMware 许可协议中的条款

（4）单击“下一步”按钮，进入“自定义安装”界面，如图 5-5 所示。

（5）取消选中图 5-5 所示界面中的复选框，单击“下一步”按钮，进入“用户体验设置”界面，如图 5-6 所示。

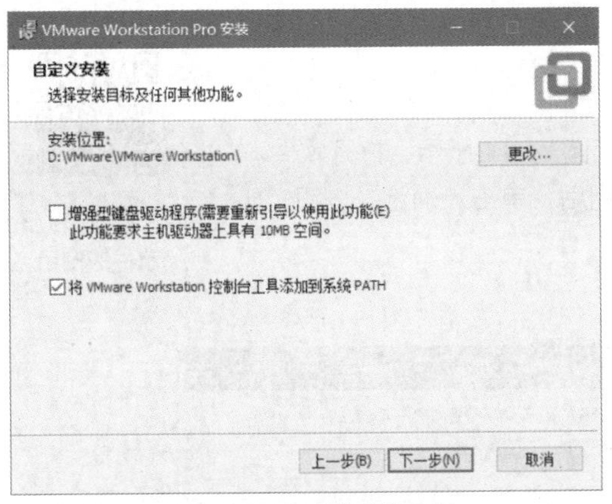

图 5-5 “自定义安装”界面

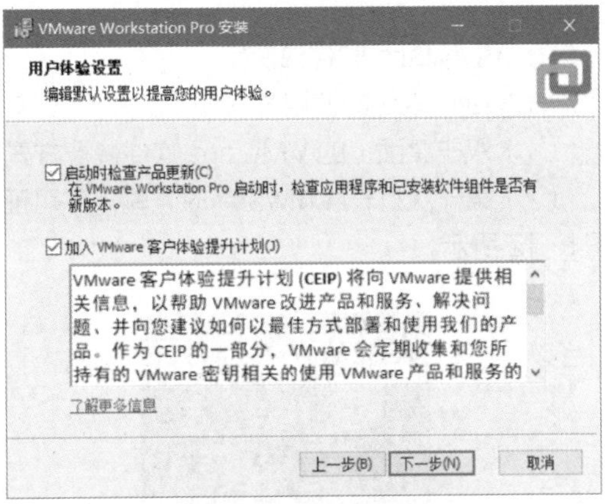

图 5-6 “用户体验设置”界面

（6）保持默认设置，单击“下一步”按钮，进入“快捷方式”界面，如图 5-7 所示。

（7）保持默认设置，单击“下一步”按钮，进入准备安装界面，如图 5-8 所示。

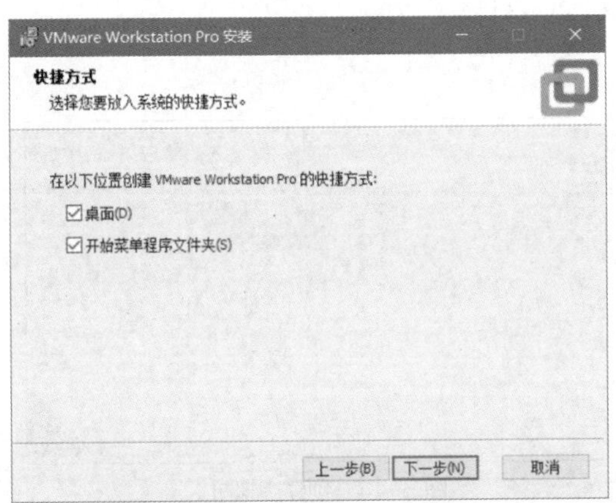

图 5-7 “快捷方式”界面

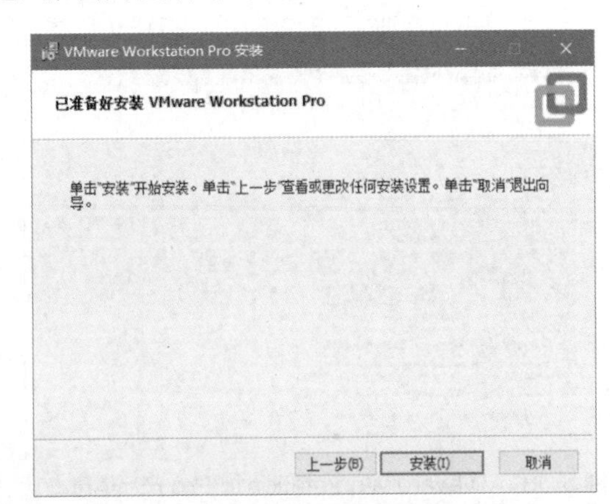

图 5-8 准备安装界面

（8）单击“安装”按钮，开始安装，如图 5-9 所示。

（9）单击“完成”按钮，完成安装，如图 5-10 所示。

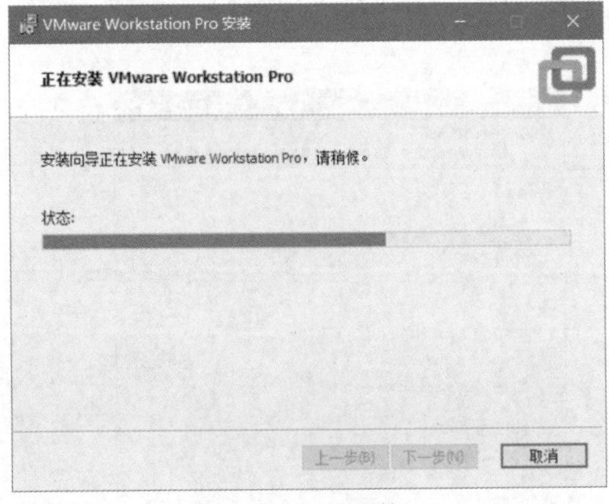

图 5-9 开始安装

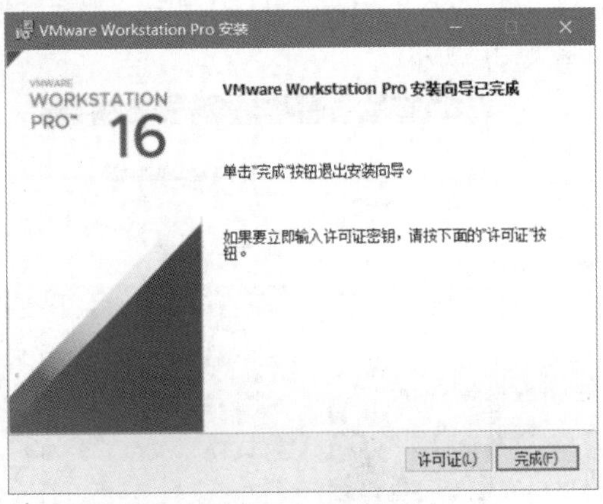

图 5-10 完成安装

V5-6　VMware 软件的使用

2. VMware 软件的使用

VMware 软件的使用方法如下。

（1）双击桌面上的 VMware 软件快捷方式，如图 5-11 所示，打开软件。

（2）第一次打开 VMware 时，输入许可证密钥后，单击“确定”按钮，如图 5-12 所示。

图 5-11　双击 VMware 软件快捷方式

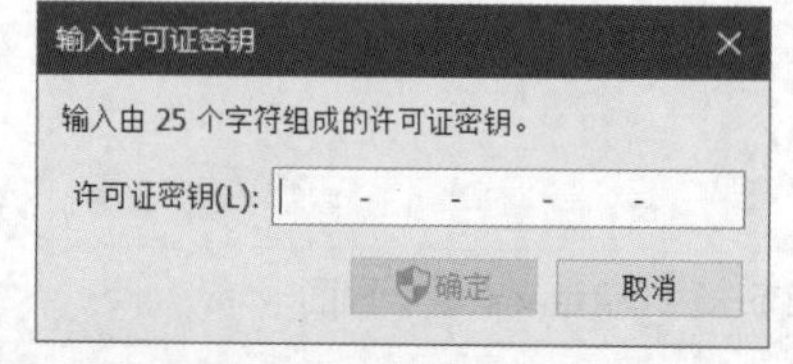

图 5-12　输入许可证密钥

（3）查看 VMware Workstation16 Pro 产品信息，如图 5-13 所示。

（4）单击“创建新的虚拟机”按钮，创建虚拟机，如图 5-14 所示。

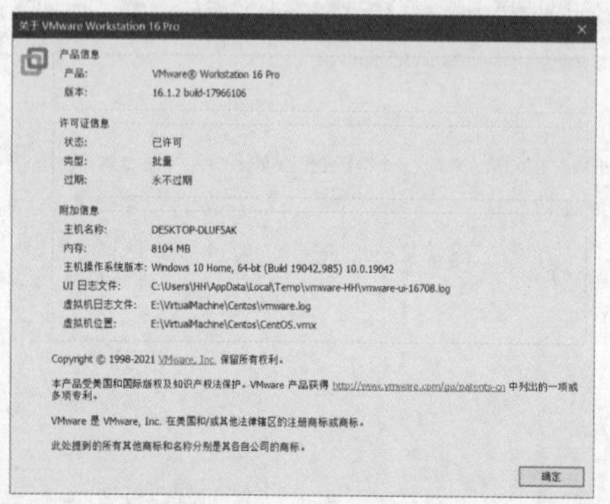

图 5-13　VMware Workstation16 Pro 产品信息

图 5-14　创建虚拟机

（5）使用新建虚拟机向导进行虚拟机安装，默认选中“典型（推荐）”单选按钮，单击“下一步”按钮，如图 5-15 所示。

（6）安装客户机操作系统，可以选中“安装程序光盘”单选按钮，也可以选中“安装程序光盘映像文件（iso）”单选按钮，并单击“浏览”按钮，选择相应的 ISO 文件，单击“下一步”按钮，如图 5-16 所示。

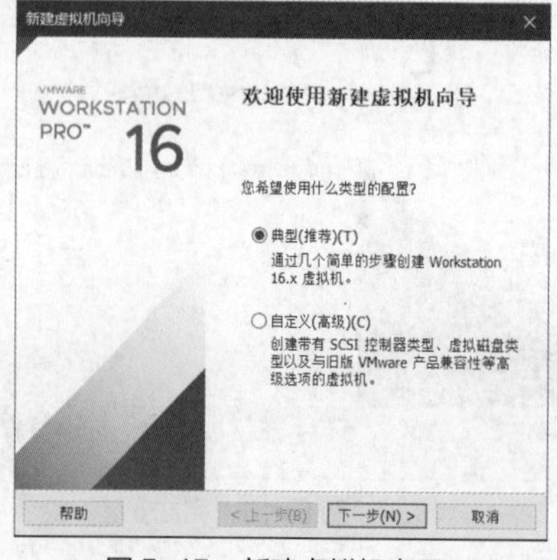

图 5-15　新建虚拟机向导

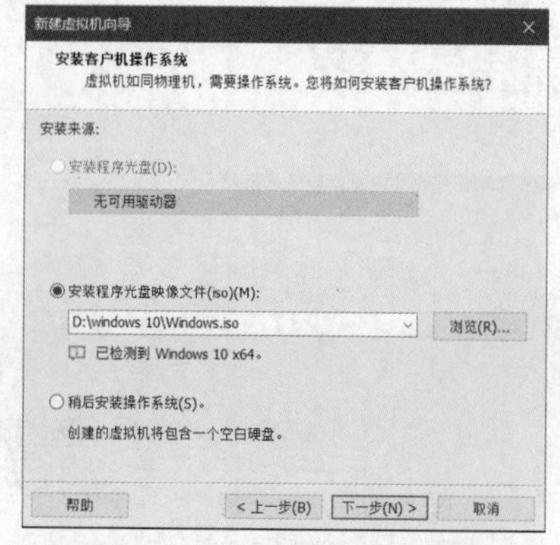

图 5-16　选择相应的 ISO 文件

（7）选择客户机操作系统及版本，单击“下一步”按钮，如图 5-17 所示。

（8）设置虚拟机名称并选择虚拟机安装路径，单击“下一步”按钮，如图 5-18 所示。

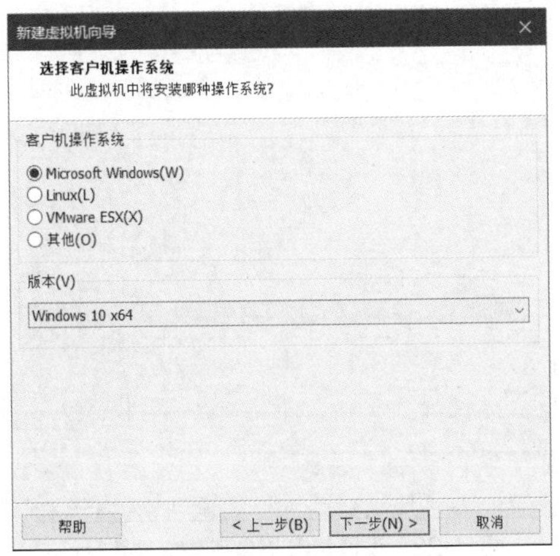

图 5-17　选择客户机操作系统及版本

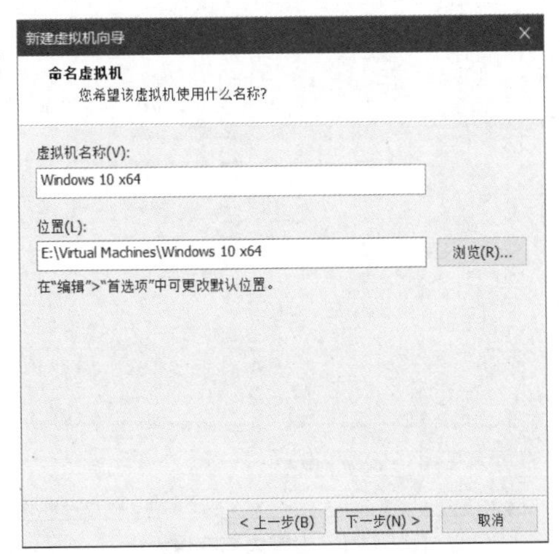

图 5-18　设置虚拟机名称并选择虚拟机安装路径

（9）指定磁盘容量，可以选中“将虚拟磁盘存储为单个文件”单选按钮，也可以选中“将虚拟磁盘拆分成多个文件”单选按钮，单击“下一步”按钮，如图 5-19 所示。

（10）已准备好创建虚拟机，单击“完成”按钮，如图 5-20 所示。

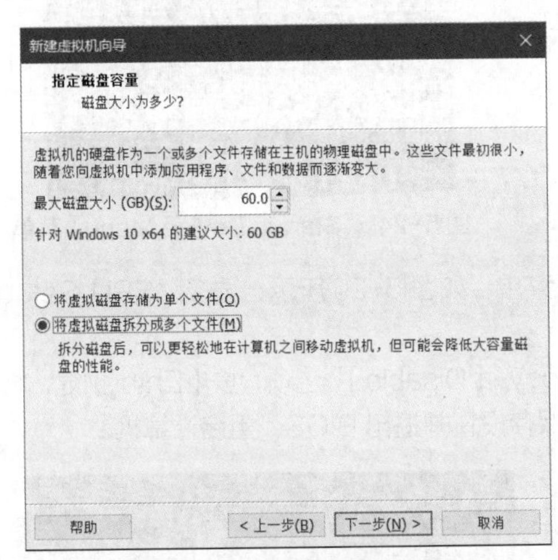

图 5-19　指定磁盘容量

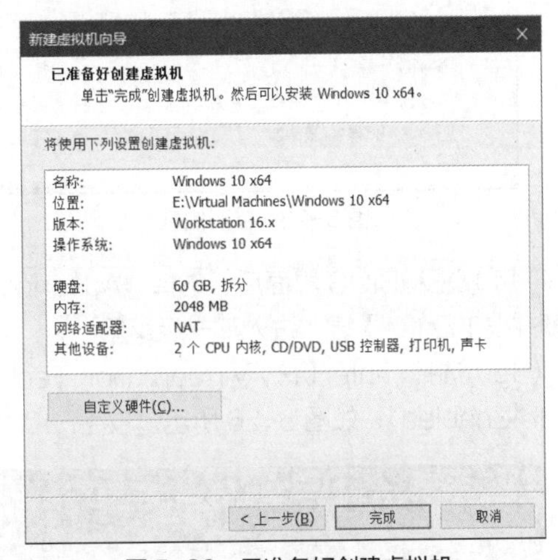

图 5-20　已准备好创建虚拟机

（11）设置虚拟机相关参数，自定义硬件信息，设置内存容量大小，如图 5-21 所示。设置使用 ISO 映像文件的路径，如图 5-22 所示，单击“关闭”按钮，返回上一级界面，单击“完成”按钮，可以安装 Windows 10 64 位操作系统。

（12）若虚拟机安装完成，双击却无法打开，提示错误信息，如图 5-23 所示，则可单击“确定”按钮，关闭虚拟机。可能是因为这台计算机不支持虚拟化系统，或者是 BIOS 设置不正确，需要重新设置。

（13）重启计算机，进入 BIOS 界面。以联想计算机为例，启动计算机时不间断地按【F12】键，弹出“Startup Device Menu”菜单，如图 5-24 所示，选择“Enter Setup”选项，进入 BIOS 界面。

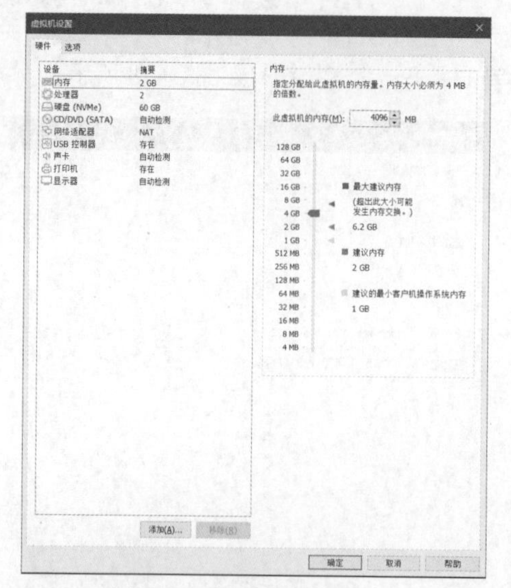

图 5-21　设置内存容量大小

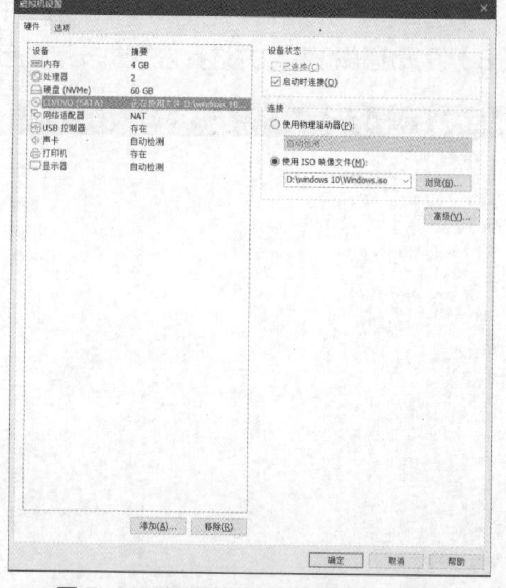

图 5-22　设置使用 ISO 映像文件路径

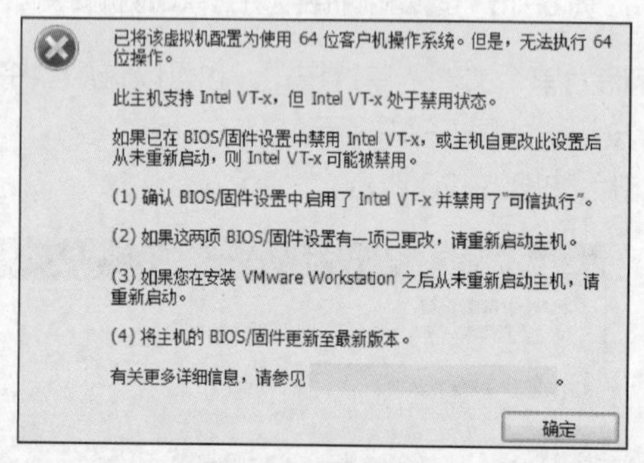

图 5-23　错误信息

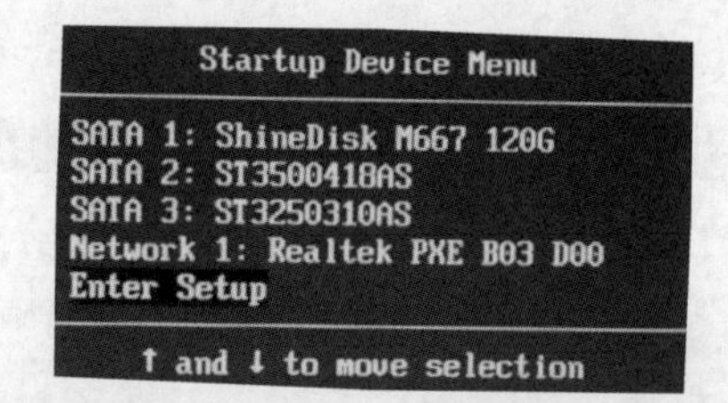

图 5-24　“Startup Device Menu”菜单

（14）进入 BIOS 界面后，选择“Advanced”菜单，如图 5-25 所示，选择“CPU Setup”选项并按【Enter】键，进入下一级菜单。

（15）选择“Intel（R）Virtualization Technology 【Disable】”选项，按【Enter】键，将之改为“Enabled”，如图 5-26 所示。按【F10】键保存设置并退出 BIOS，重启计算机。

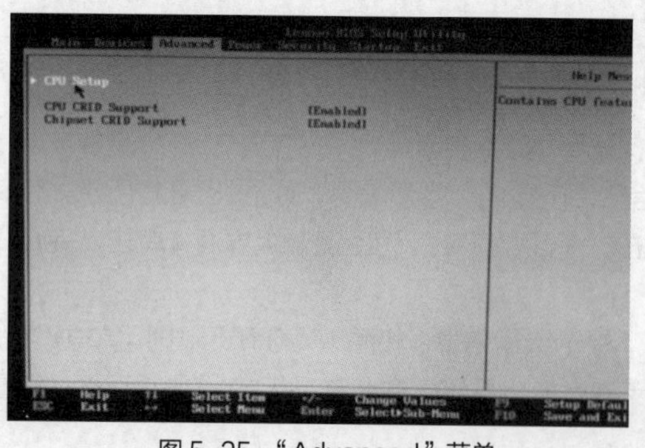

图 5-25　“Advanced”菜单

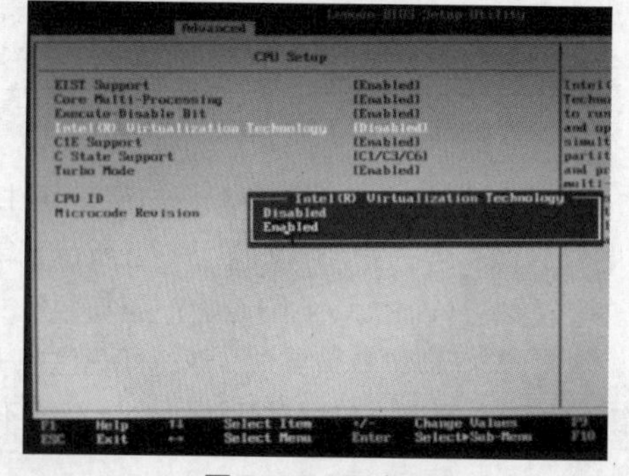

图 5-26　更改设置

（16）重新开机后，运行虚拟机，单击虚拟机的开机按钮，如图 5-27 所示。

（17）虚拟机正在启动，如图 5-28 所示。

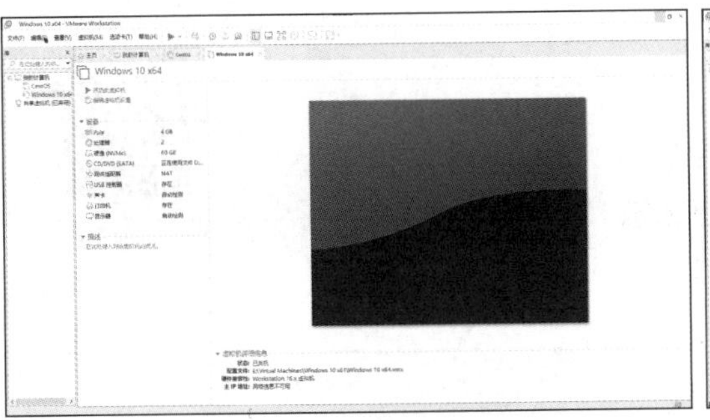
图 5-27　运行虚拟机

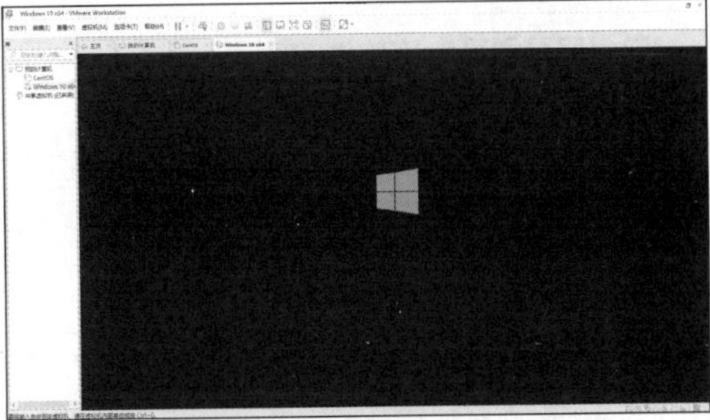
图 5-28　虚拟机正在启动

5.3.2　屏幕录像专家软件的安装与使用

屏幕录像专家软件的安装与使用如下。

1. 屏幕录像专家软件的安装

屏幕录像专家软件的安装方法如下。

（1）下载并安装“屏录专家.exe”软件，如图 5-29 所示。

（2）生成“屏录专家.exe”软件桌面快捷方式，如图 5-30 所示。

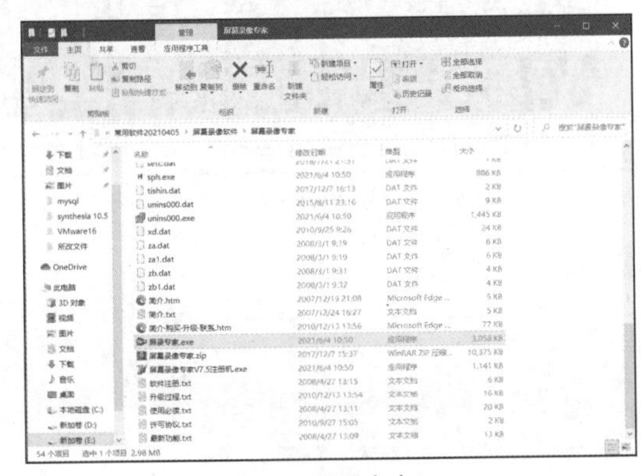
图 5-29　屏录专家.exe

图 5-30 “屏录专家.exe”软件桌面快捷方式

（3）双击桌面上的“屏录专家.exe”快捷方式，打开软件，其主界面如图 5-31 所示。

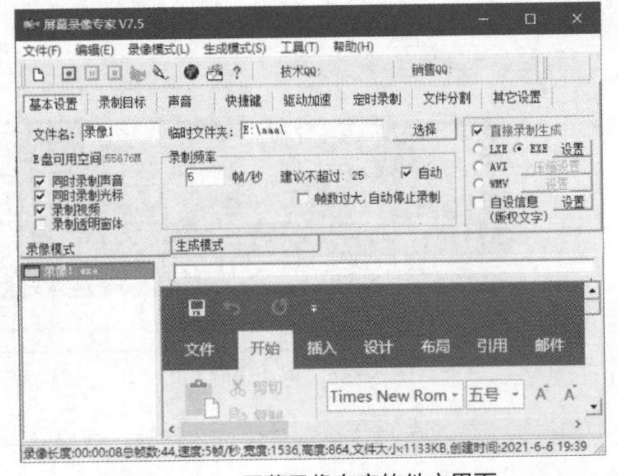

图 5-31　屏幕录像专家软件主界面

2. 屏幕录像专家软件的使用

V5-7　屏幕录像专家软件的使用

屏幕录像专家软件的使用方法如下。

（1）在屏幕录像专家软件主界面中，设置文件名为“录像 1”，单击“选择”按钮，设置临时文件夹为“E:\aaa\”，如图 5-32 所示。

（2）单击“开始录制”按钮，开始录制，如图 5-33 所示。

图 5-32　设置临时文件夹

图 5-33　开始录制

（3）单击“停止录制”按钮，停止录制，如图 5-34 所示。

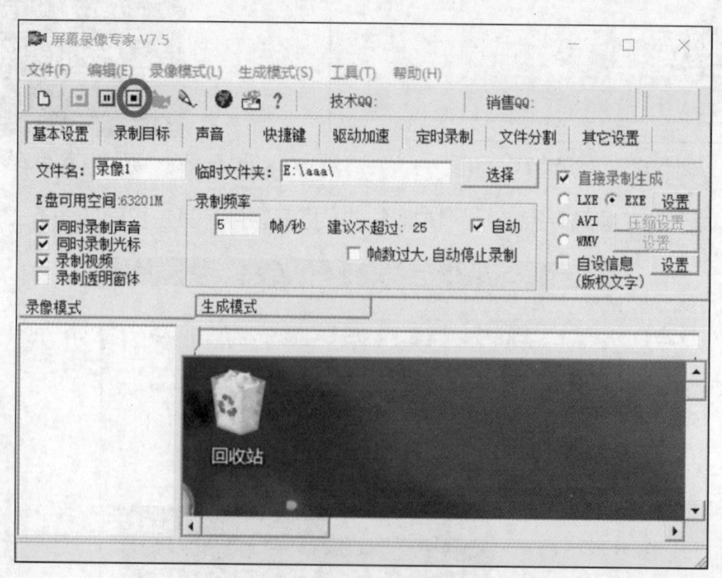

图 5-34　停止录制

（4）停止录制后，在“录像模式”列表框中会自动生成名称为“录像 1.exe”的文件，如图 5-35 所示。

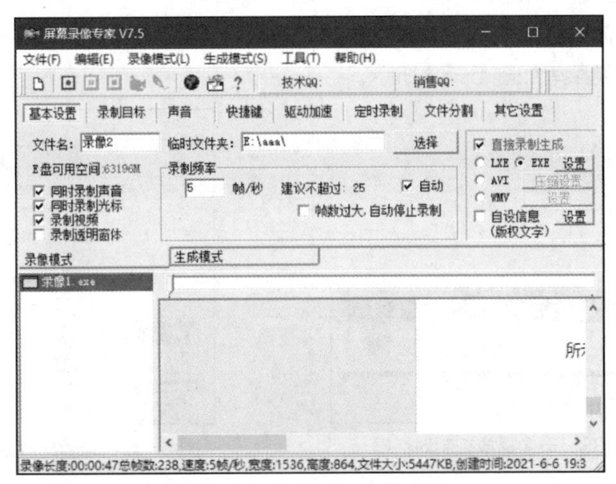

图 5-35 “录像 1.exe”文件

（5）录制完成后，在指定的临时文件夹中生成“录像 1.exe”文件，如图 5-36 所示。

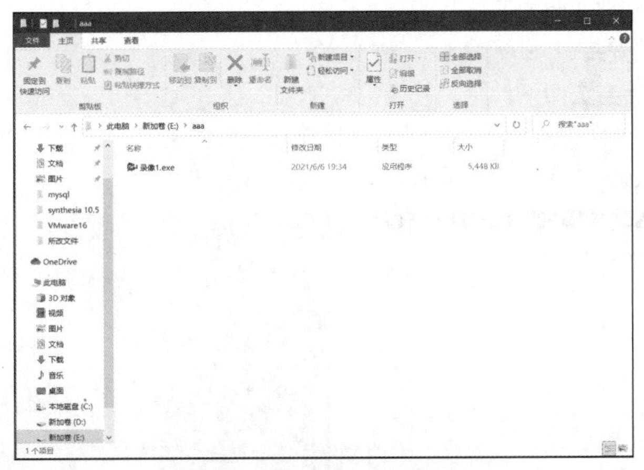

图 5-36 临时文件夹中的录像文件

（6）双击打开该文件，播放录像，如图 5-37 所示。

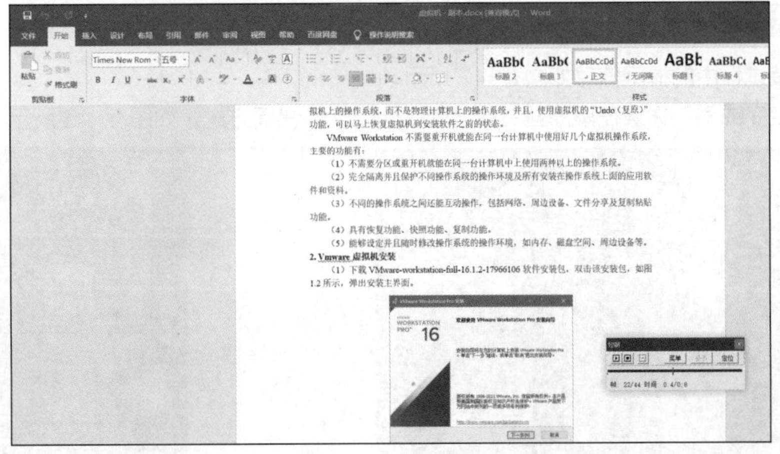

图 5-37 播放录像

（7）录像播放控制对话框如图 5-38 所示。

（8）录像播放控制菜单如图 5-39 所示。

图 5-38　录像播放控制对话框

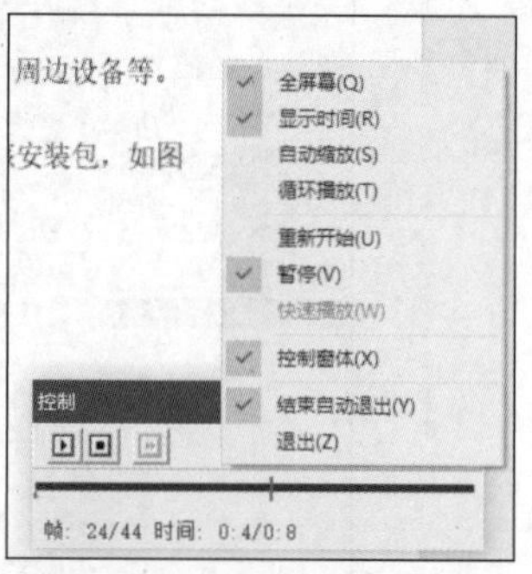

图 5-39　录像播放控制菜单

5.3.3　鲁大师软件的安装与使用

鲁大师软件的安装与使用如下。

1. 鲁大师软件的安装

鲁大师软件的安装方法如下。

（1）下载 ludashisetup.exe 安装包文件，双击该软件安装包，如图 5-40 所示。

（2）选择安装路径，如图 5-41 所示。

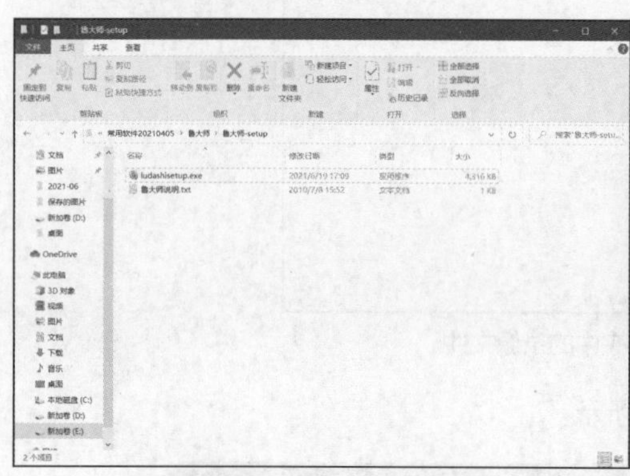

图 5-40　双击软件安装包

图 5-41　选择安装路径

（3）安装过程中的提示信息如图 5-42 所示。

（4）安装完成后，默认在桌面上生成“鲁大师”软件快捷方式，如图 5-43 所示。

图 5-42　提示信息

图 5-43　“鲁大师”软件快捷方式

（5）双击“鲁大师”软件快捷方式，打开鲁大师软件，其主界面如图 5-44 所示。

图 5-44　鲁大师软件主界面

2. 鲁大师软件的使用

V5-8　鲁大师软件的使用

鲁大师软件的使用方法如下。

（1）打开鲁大师软件，单击“硬件体检”按钮，可以进行硬件体检，如图 5-45 所示。

（2）在软件主界面中，单击“硬件检测”按钮，在“硬件检测”选项卡中选择“电脑概览”选项，可以看到计算机总体情况，如图 5-46 所示。

图 5-45　进行硬件体检

图 5-46　计算机总体情况

（3）在“硬件检测”选项卡中选择“硬件健康”选项，可以看到硬件健康信息，以根据显示信息判断计算机的新旧情况，如图 5-47 所示。

（4）在“硬件检测”选项卡中选择“处理器信息”选项，可以看到处理器信息，如图 5-48 所示。

（5）在“硬件检测”选项卡中选择“主板信息”选项，可以看到主板信息，如图 5-49 所示。

（6）在“硬件检测”选项卡中选择“内存信息”选项，可以看到内存信息，如图 5-50 所示。

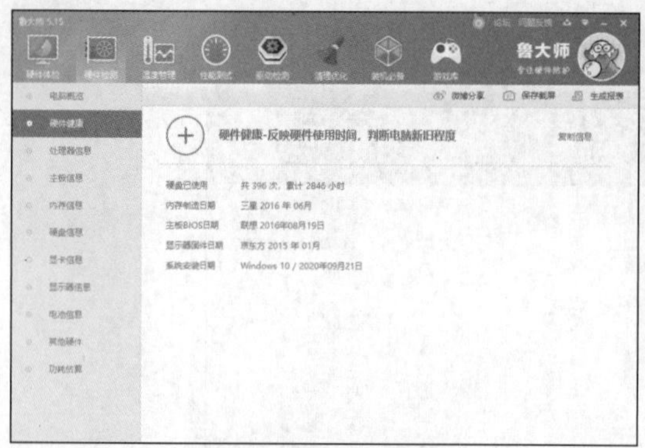

图 5-47　硬件健康信息

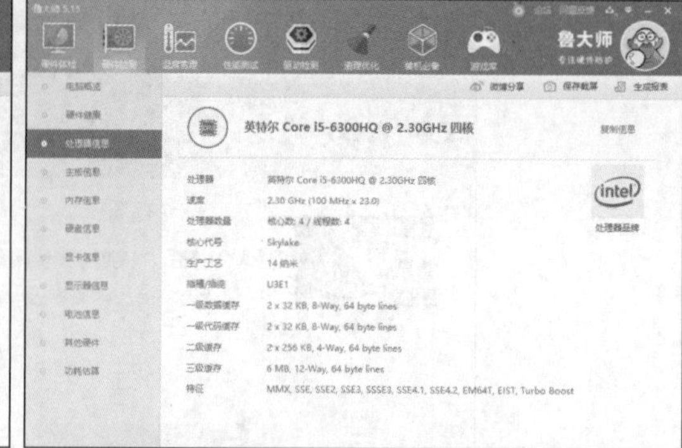

图 5-48　处理器信息

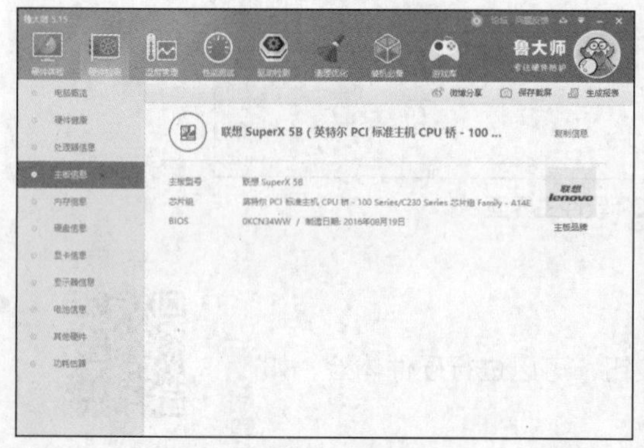

图 5-49　主板信息

图 5-50　内存信息

（7）在“硬件检测”选项卡中选择“硬盘信息”选项，可以看到硬盘信息，如图 5-51 所示。

（8）在“硬件检测”选项卡中选择“显卡信息”选项，可以看到显卡信息，如图 5-52 所示。

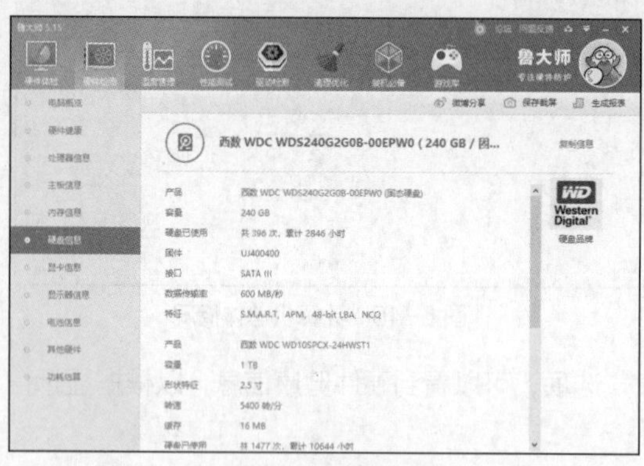

图 5-51　硬盘信息

图 5-52　显卡信息

（9）在“硬件检测”选项卡中选择“显示器信息”选项，可以看到显示器信息，如图 5-53 所示。

（10）在“硬件检测”选项卡中选择“其他硬件”选项，可以看到其他硬件信息，如图 5-54 所示。

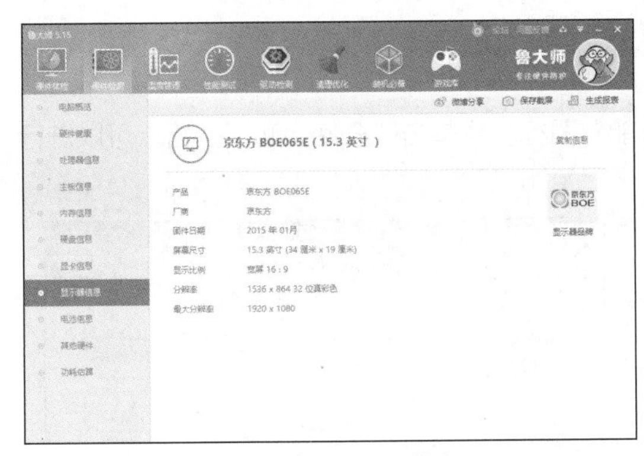
图 5-53 显示器信息

图 5-54 其他硬件信息

（11）在“硬件检测”选项卡中选择“功耗估算”选项，可以看到各部件功耗情况，如图 5-55 所示。

（12）在“温度管理”选项卡中选择“温度监控”选项，可以看到各部件的温度情况，如图 5-56 所示。

图 5-55 功耗估算

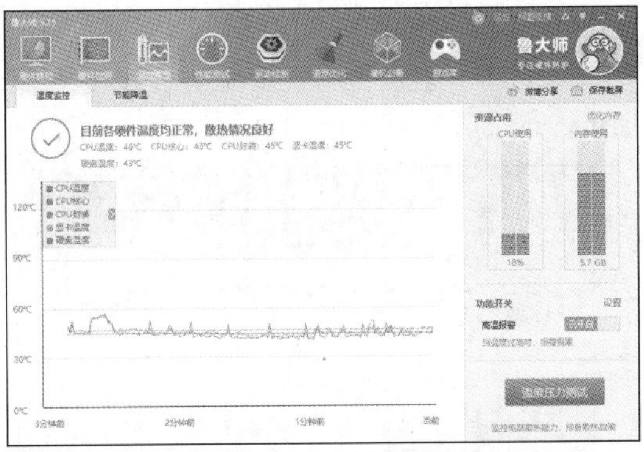

图 5-56 温度监控

（13）在“温度管理”选项卡中选择“节能降温”选项，可以选择设置为“全面节能”“智能降温”“关闭”，如图 5-57 所示。

（14）在“性能测试”选项卡中单击“处理器性能”图标，再单击“开始评测”按钮，可以进行处理器性能评测如图 5-58 所示。

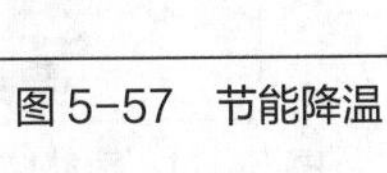
图 5-57 节能降温

图 5-58 处理器性能评测

（15）在“性能测试”选项卡中单击“显卡性能”图标，再单击“开始评测”按钮，可以进行显卡性能评测，如图 5-59 所示。

（16）在“性能测试”选项卡中单击“内存性能”图标，再单击“开始评测”按钮，可以进行内存性能评测，如图 5-60 所示。

图 5-59　显卡性能评测

图 5-60　内存性能评测

（17）在“性能测试”选项卡中单击“磁盘性能”图标，再单击“开始评测”按钮，可以进行磁盘性能评测，如图 5-61 所示。

（18）在“驱动检测”选项卡中可以进行驱动安装、驱动管理、驱动门诊的操作，如图 5-62 所示。

图 5-61　磁盘性能评测

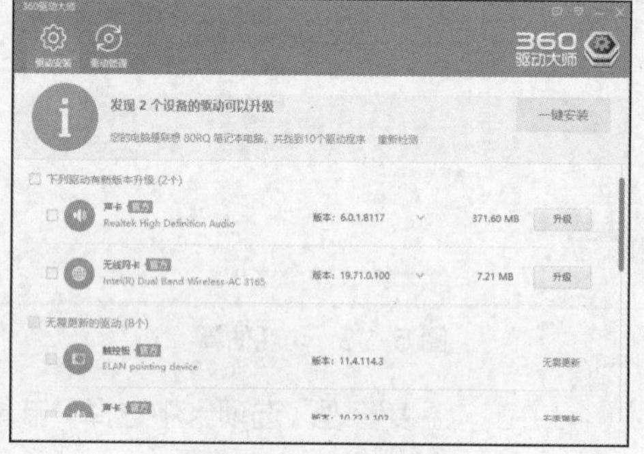

图 5-62　驱动检测

（19）“清理优化”选项卡中提供了独创硬件清理、智能系统清理、最佳优化方案的功能，单击“开始扫描”按钮即可进行清理优化，如图 5-63 所示。

（20）在鲁大师智能监控界面中，可以查看当前计算机的温度和内存使用情况，如图 5-64 所示。

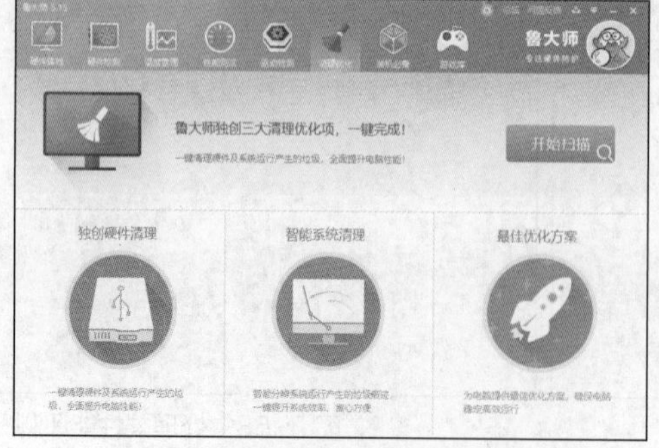

图 5-63　清理优化

图 5-64　智能监控界面

5.3.4 扫描工具软件的安装与使用

扫描工具软件的安装与使用如下。

1. 扫描工具软件的安装

扫描工具软件的安装方法如下。

（1）下载并安装 X-Scan 软件，如图 5-65 所示。

（2）生成 X-Scan 软件桌面快捷方式，如图 5-66 所示。

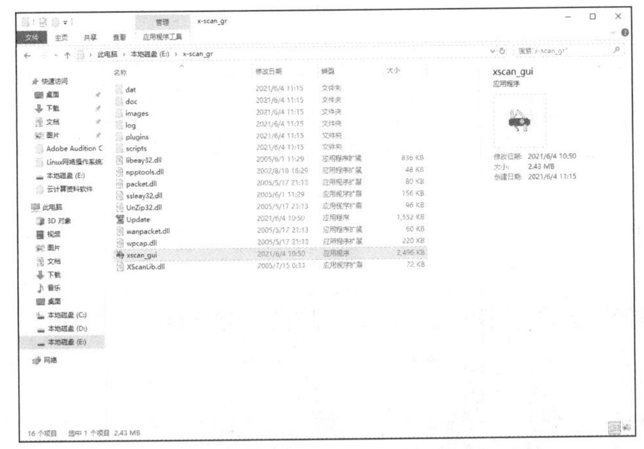

图 5-65　X-Scan 软件

图 5-66　X-Scan 软件桌面快捷方式

2. 扫描工具软件的使用

扫描工具软件的使用方法如下。

（1）双击桌面上的 X-Scan 软件快捷方式，打开软件，其主界面如图 5-67 所示。

（2）在进入的 X-Scan 主界面中，选择“设置”菜单中的“扫描参数”选项，如图 5-68 所示。

V5-9　扫描工具软件的使用

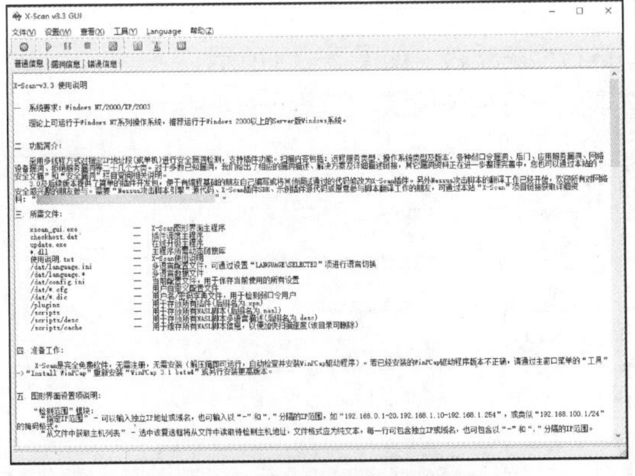

图 5-67　X-Scan 软件主界面

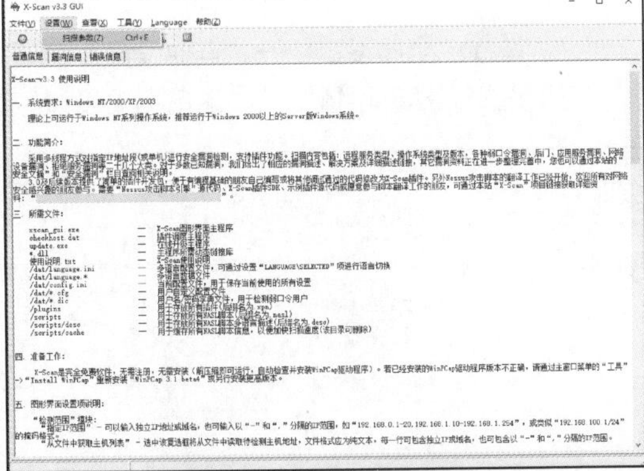

图 5-68　选择“扫描参数”选项

（3）在打开的“扫描参数”窗口中，选择“检测范围”选项，指定 IP 地址的范围，如图 5-69 所示。

（4）选择“全局设置”→“扫描模块”选项，选择相关服务、口令、漏洞等进行扫描，如图 5-70 所示。

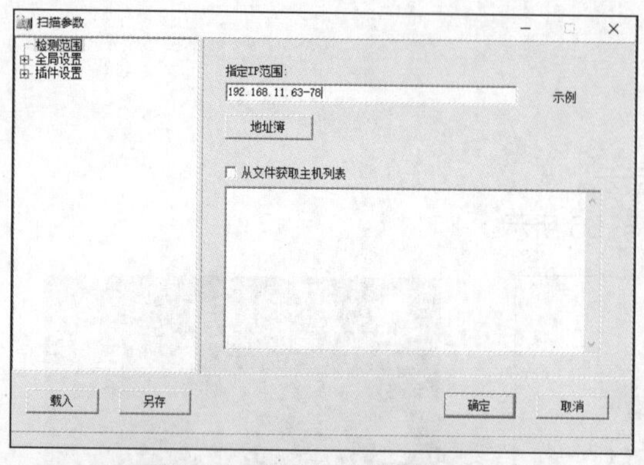

图 5-69 指定 IP 地址的范围

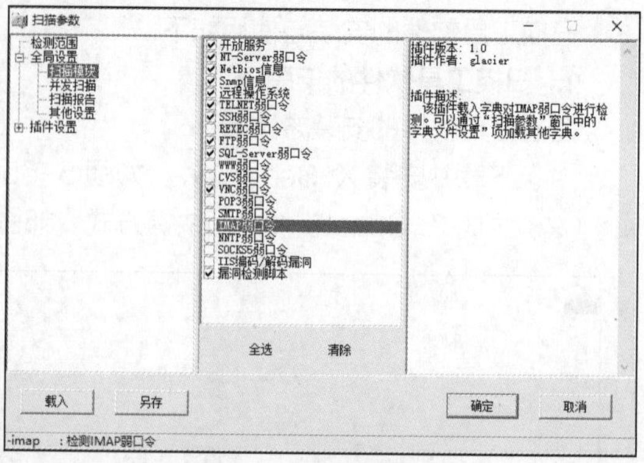

图 5-70 选择扫描模块

（5）选择“全局设置”→“并发扫描”选项，设置“最大并发主机数量”“最大并发线程数量”等，如图 5-71 所示。

（6）选择“全局设置”→“扫描报告”选项，进行相关设置，如图 5-72 所示。

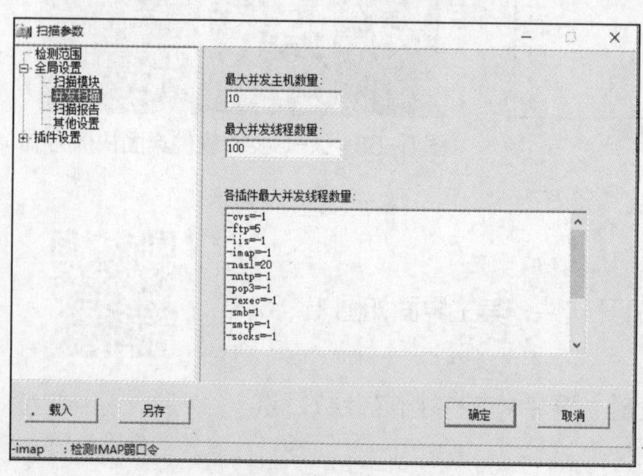

图 5-71 并发扫描

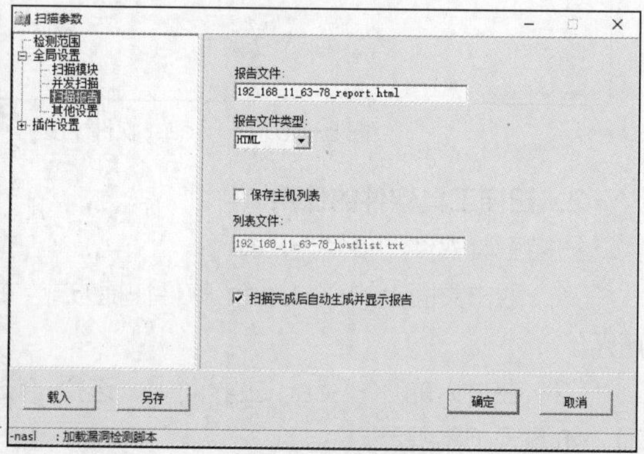

图 5-72 扫描报告

（7）选择“全局设置”→“其他设置”选项，进行相关设置，如图 5-73 所示。

（8）选择“插件设置”→“端口相关设置”选项，进行相关设置，如图 5-74 所示。

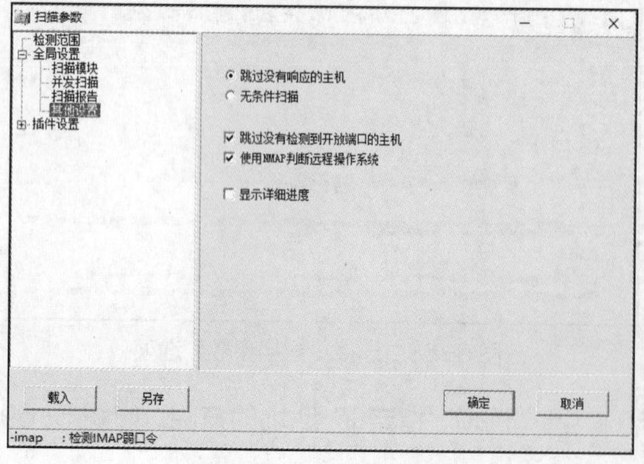

图 5-73 其他设置

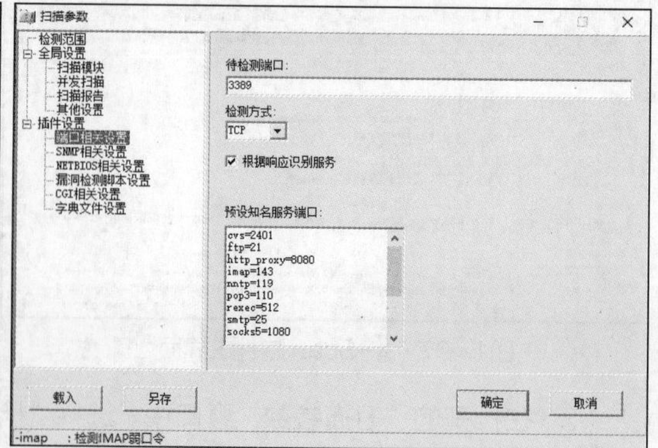

图 5-74 端口相关设置

（9）选择“插件设置”→“SNMP 相关设置”选项，进行相关设置，如图 5-75 所示。

（10）选择“插件设置”→“NETBIOS 相关设置”选项，进行相关设置，如图 5-76 所示。

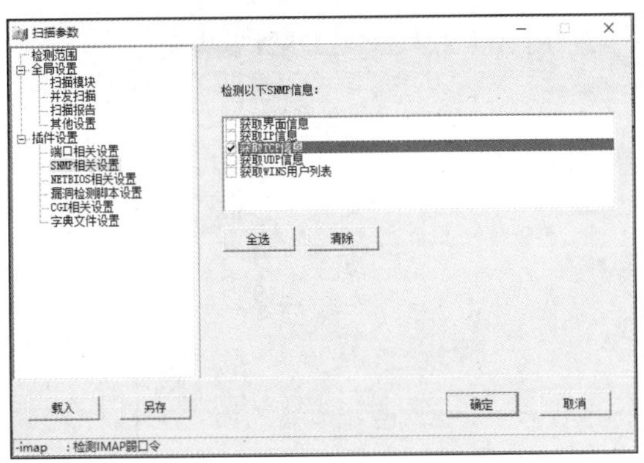

图 5-75　SNMP 相关设置

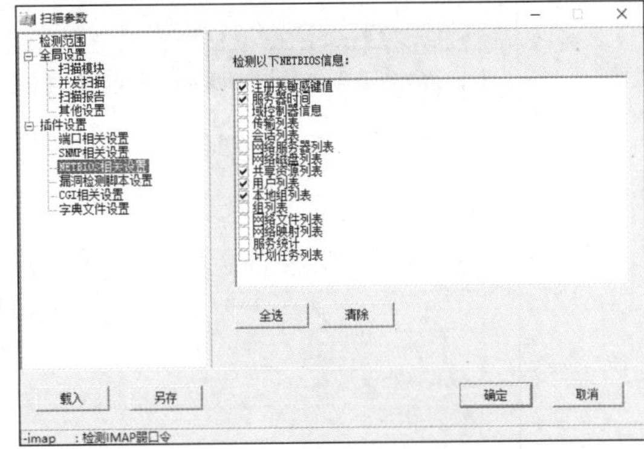

图 5-76　NETBIOS 相关设置

（11）选择“插件设置”→“漏洞检测脚本设置”选项，进行相关设置，如图 5-77 所示。

（12）选择“插件设置”→“CGI 相关设置”选项，进行相关设置，如图 5-78 所示。

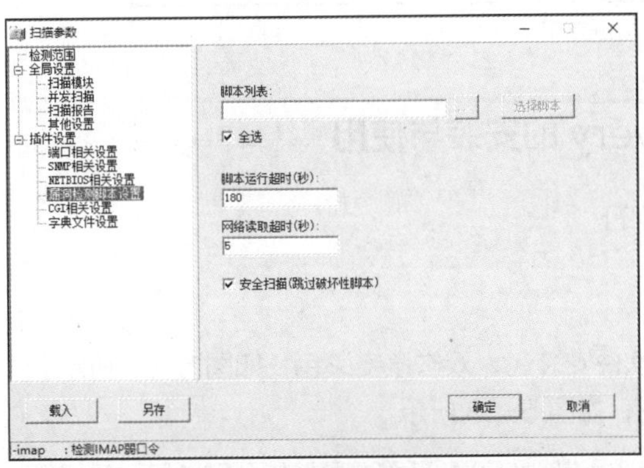

图 5-77　漏洞检测脚本设置

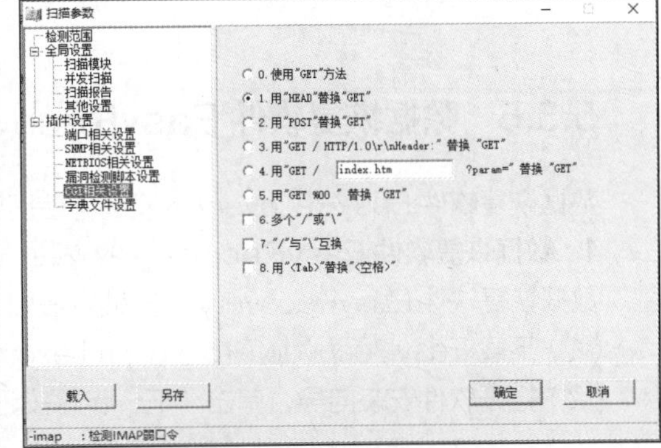

图 5-78　CGI 相关设置

（13）选择“插件设置”→“字典文件设置”选项，进行相关设置，如图 5-79 所示。

（14）设置完成后，在 X-Scan 软件主界面中，单击“开始”按钮进行扫描，如图 5-80 所示。

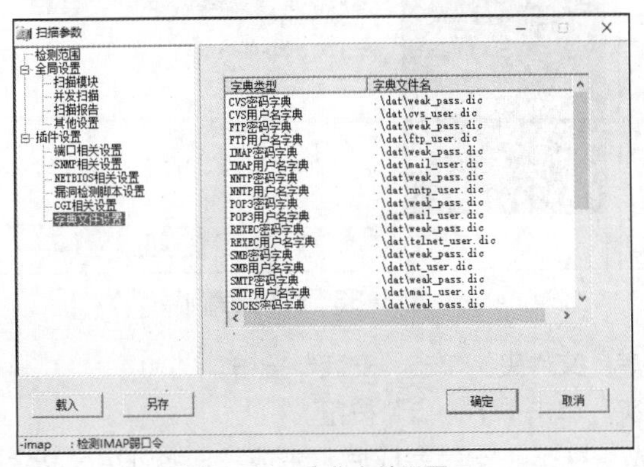

图 5-79　字典文件设置

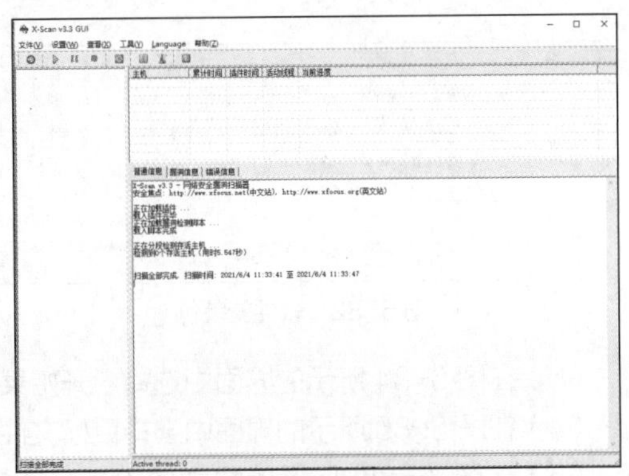

图 5-80　进行扫描

（15）扫描完成后，检测结果如图 5-81 所示。

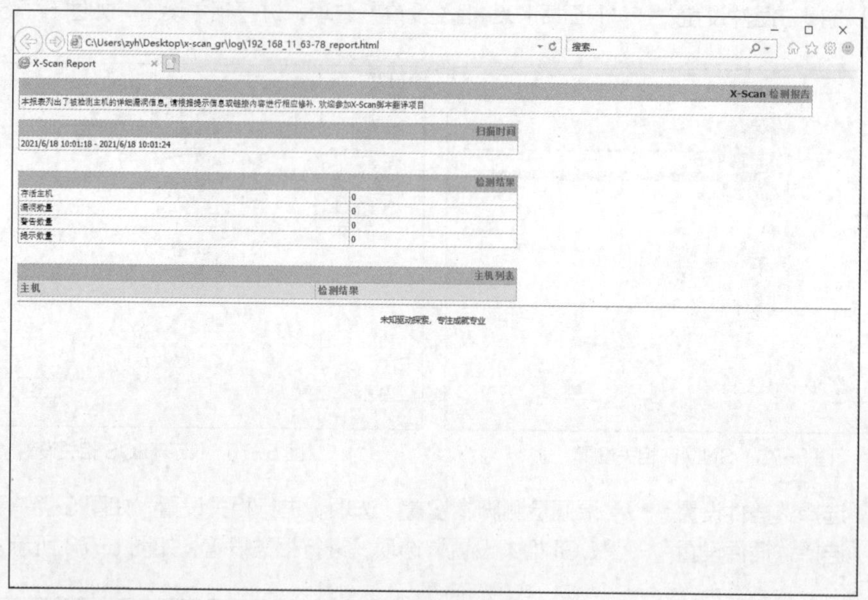

图 5-81　检测结果

5.3.5　数据恢复软件 EasyRecovery 的安装与使用

数据恢复软件 EasyRecovery 的安装与使用如下。

1. 数据恢复软件 EasyRecovery 的安装

数据恢复软件 EasyRecovery 的安装方法如下。

（1）下载 EasyRecoveryPro-v6.21H.exe 软件安装包，双击该安装包，如图 5-82 所示。

（2）打开软件安装向导，单击“下一步”按钮，如图 5-83 所示。

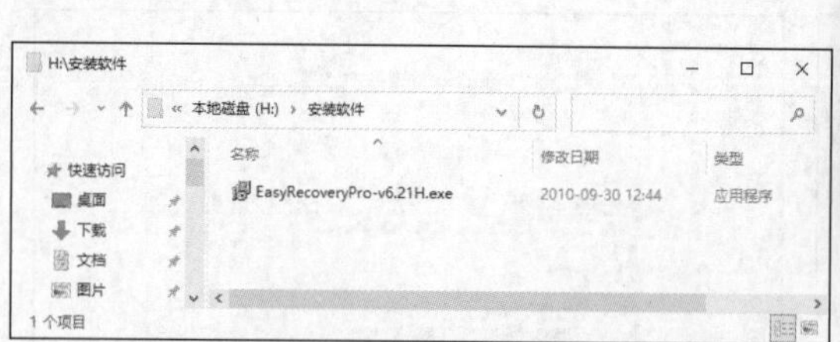

图 5-82　软件安装包

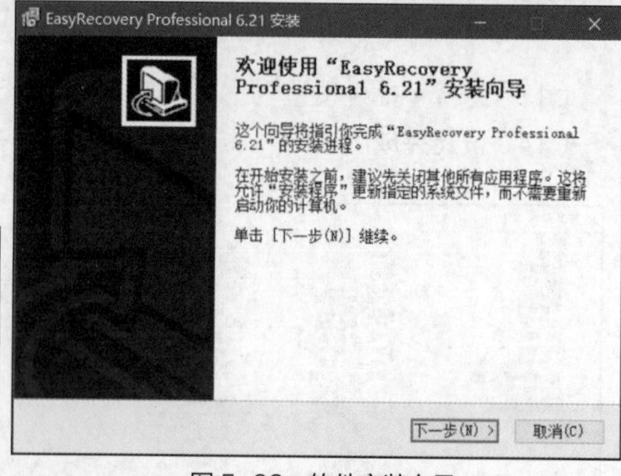

图 5-83　软件安装向导

（3）在图 5-84 所示的界面中选择“开始菜单”文件夹，单击“安装”按钮。

（4）在图 5-85 所示的界面中选择目标文件夹，单击“下一步”按钮。

（5）在图 5-86 所示的界面中单击“完成”按钮。安装完成后，生成“EasyRecovery Proffessinal”桌面快捷方式，如图 5-87 所示。

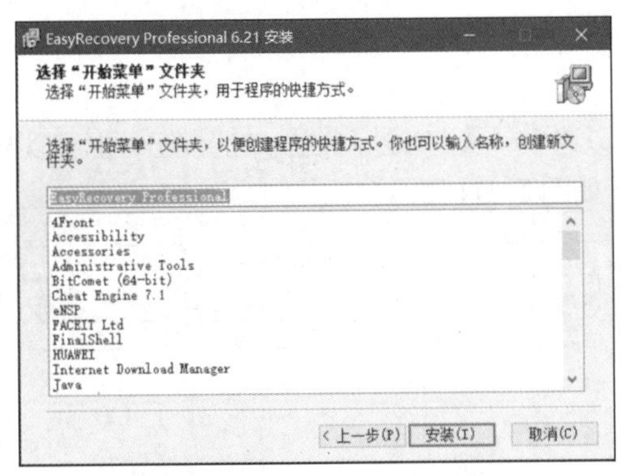

图 5-84　选择"开始菜单"文件夹

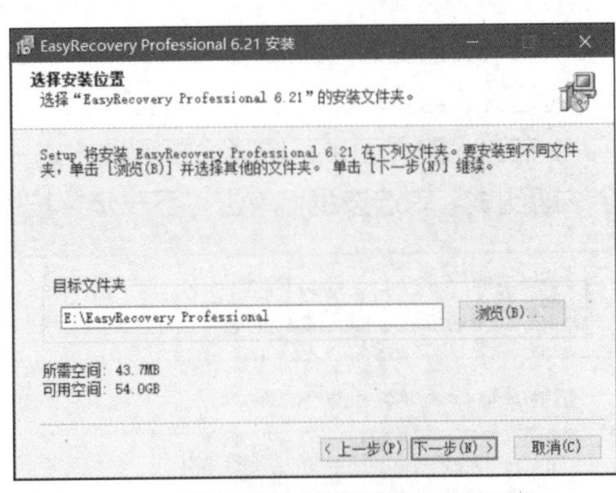

图 5-85　选择目标文件夹

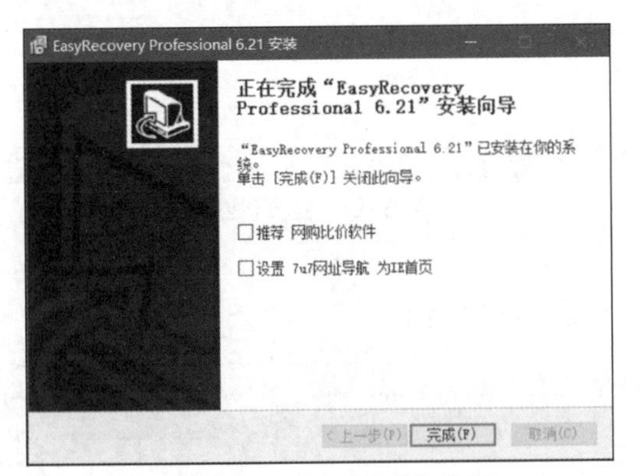

图 5-86　单击"完成"按钮

图 5-87　"EasyRecovery Proffessional"桌面快捷方式

2. 数据恢复软件 EasyRecovery 的使用

V5-10　数据恢复软件 EasyRecovery 的使用

数据恢复软件 EasyRecovery 的使用方法如下。

（1）双击桌面上的 EasyRecovery 软件快捷方式，进入 EasyRecovery 软件主界面，如图 5-88 所示。

（2）在软件主界面中，选择"磁盘诊断"选项，进入"磁盘诊断"界面，如图 5-89 所示。

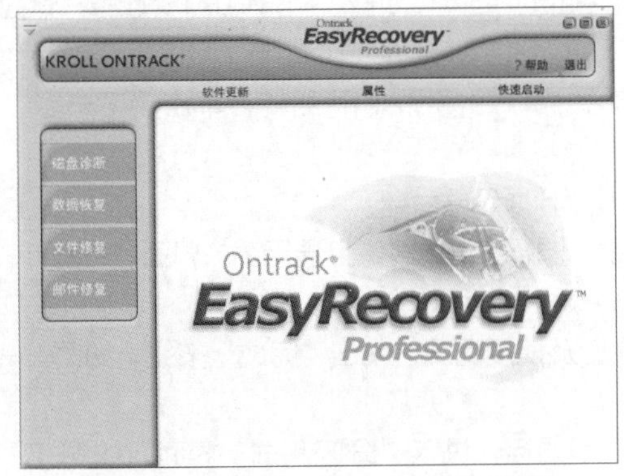

图 5-88　EasyRecovery 软件主界面

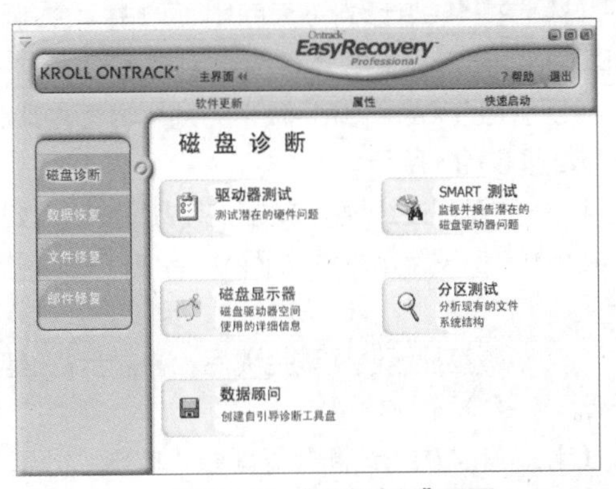

图 5-89　"磁盘诊断"界面

（3）在“磁盘诊断”界面中，单击“驱动器测试”图标，进入“驱动器测试”界面，如图 5-90 所示，选定驱动器，单击“下一步”按钮。

（4）在进入的界面中，选择诊断测试方式，可以选中“快速诊断测试”单选按钮，也可以选中“完全诊断测试”单选按钮，单击“下一步”按钮，如图 5-91 所示。

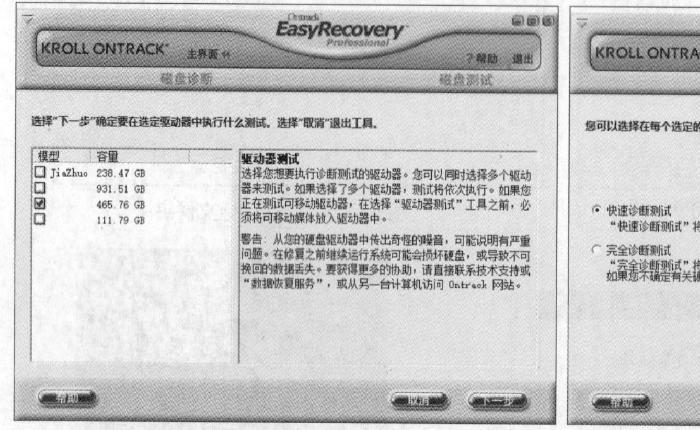

图 5-90 “驱动器测试”界面

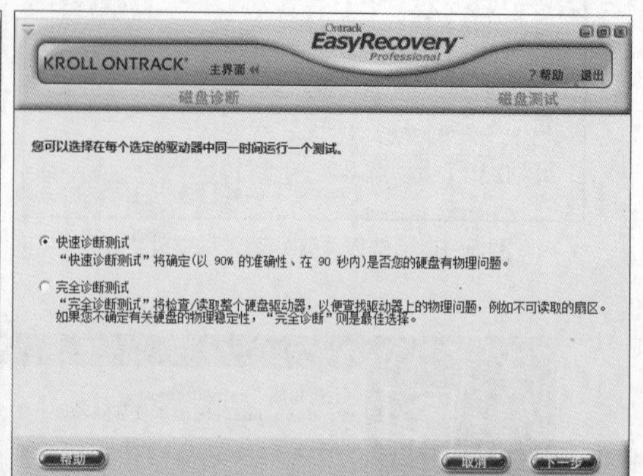

图 5-91 选择诊断测试方式

（5）进行快速诊断测试，如图 5-92 所示。

（6）完成驱动器测试，单击“完成”按钮，如图 5-93 所示。

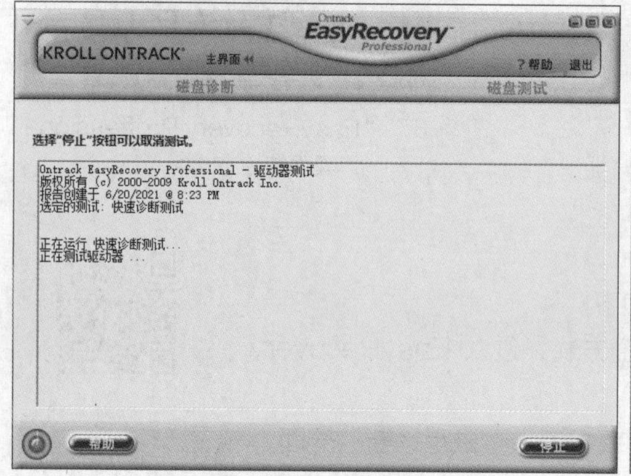

图 5-92 快速诊断测试

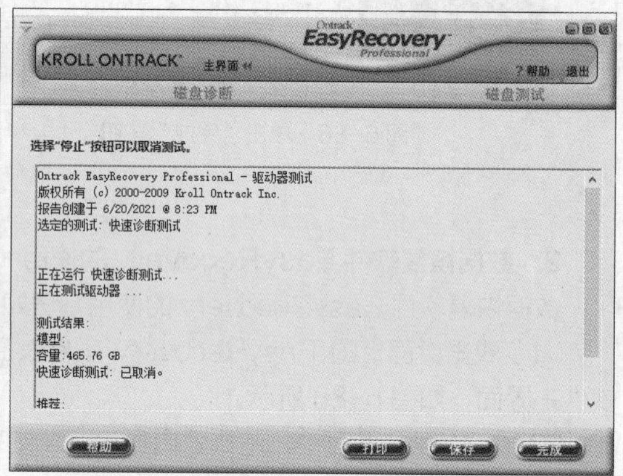

图 5-93 完成驱动器测试

（7）在“磁盘诊断”界面中，单击“SMART 测试”图标，进入“SMART 测试”界面，如图 5-94 所示，单击“下一步”按钮。

（8）在进入的“SMART 测试”界面中，选择要执行的 SMART 测试，单击“下一步”按钮，如图 5-95 所示。

（9）显示测试结果，单击“完成”按钮，如图 5-96 所示。

（10）在“磁盘诊断”界面中，单击“磁盘显示器”图标，进入“磁盘显示器”界面，如图 5-97 所示。

（11）磁盘显示器测试完成后，将显示各磁盘容量及使用情况，单击“完成”按钮，如图 5-98 所示。

（12）在“磁盘诊断”界面中，单击“分区测试”图标，进入“分区测试”界面，如图 5-99 所示，单击“下一步”按钮。

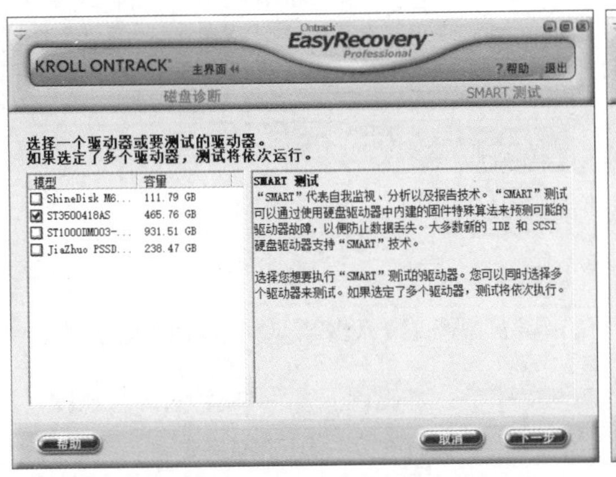

图 5-94 “SMART 测试”界面

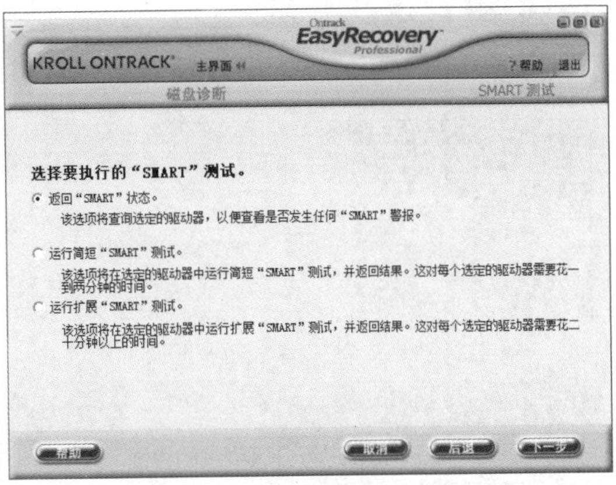

图 5-95 选择要执行的 SMART 测试

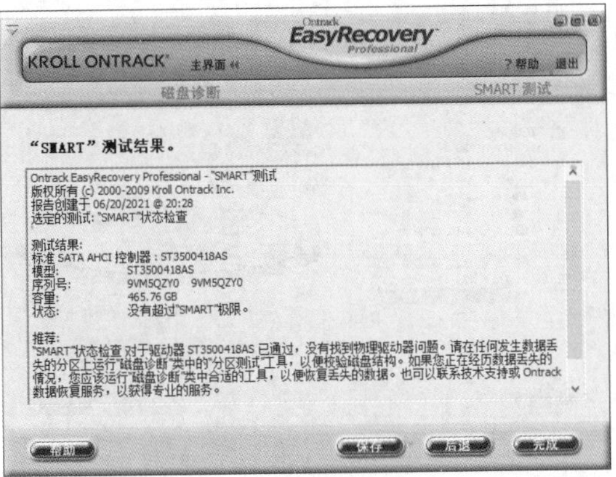

图 5-96 测试结果

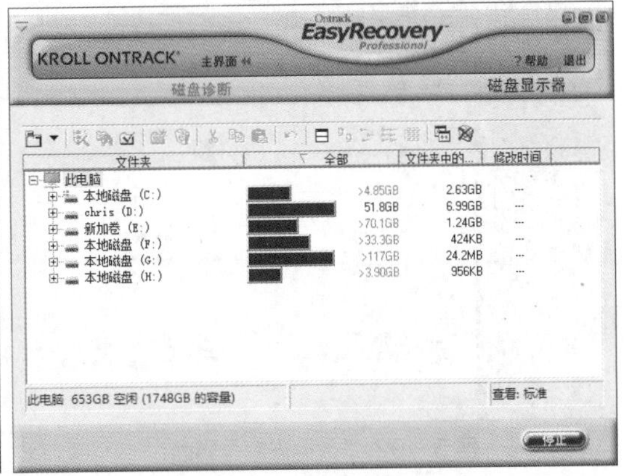

图 5-97 “磁盘显示器”界面

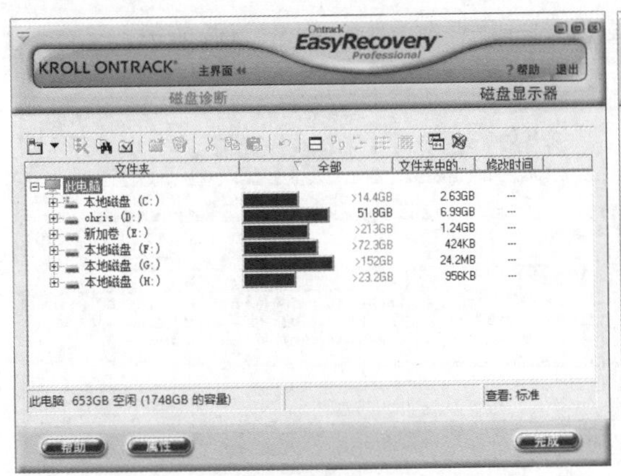

图 5-98 磁盘显示器测试完成

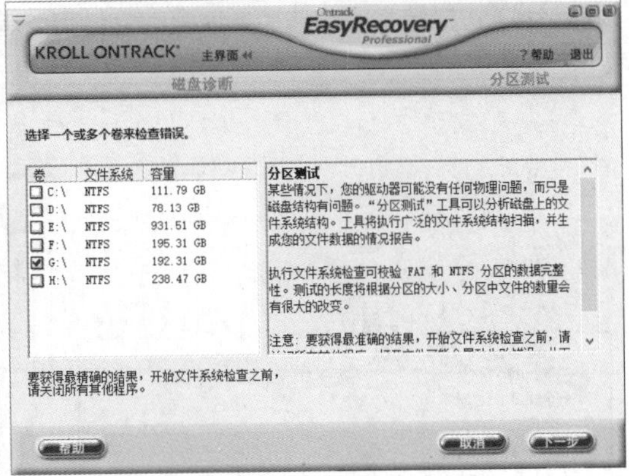

图 5-99 “分区测试”界面

（13）正在进行分区测试的界面如图 5-100 所示。

（14）分区测试完成后，单击“完成”按钮，如图 5-101 所示。

（15）在软件主界面中，选择“数据恢复”选项，如图 5-102 所示。

（16）在进入的“数据恢复”界面中，单击“高级恢复”图标，进入“高级恢复”界面，如图 5-103 所示，单击“下一步”按钮。

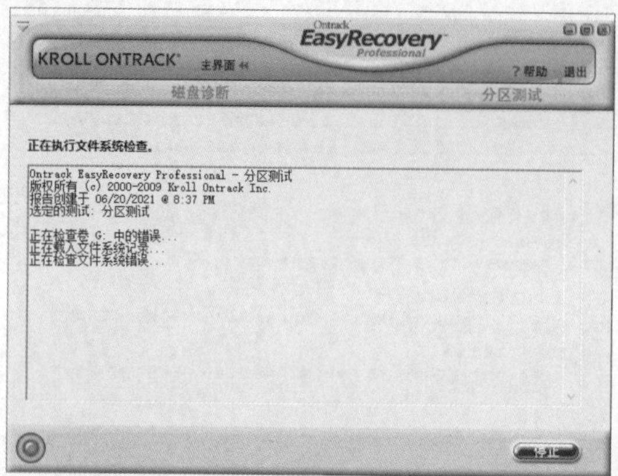

图 5-100 正在进行分区测试的界面

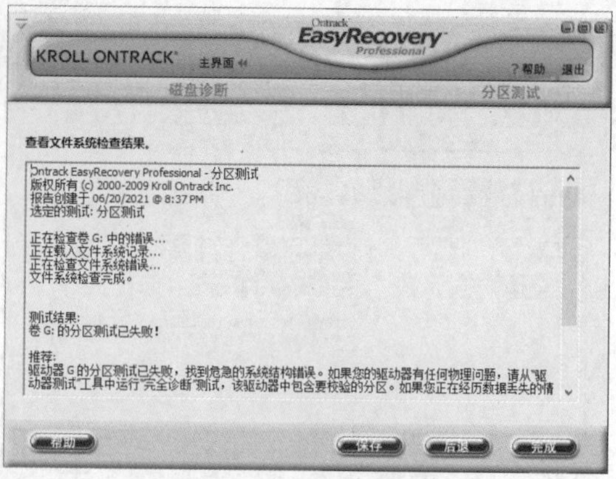

图 5-101 分区测试完成

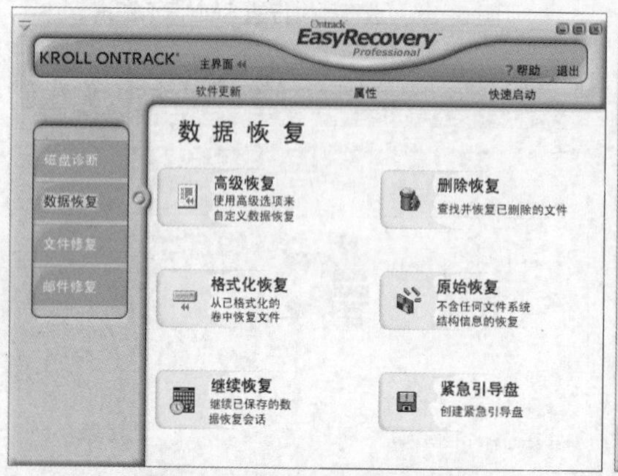

图 5-102 “数据恢复”界面

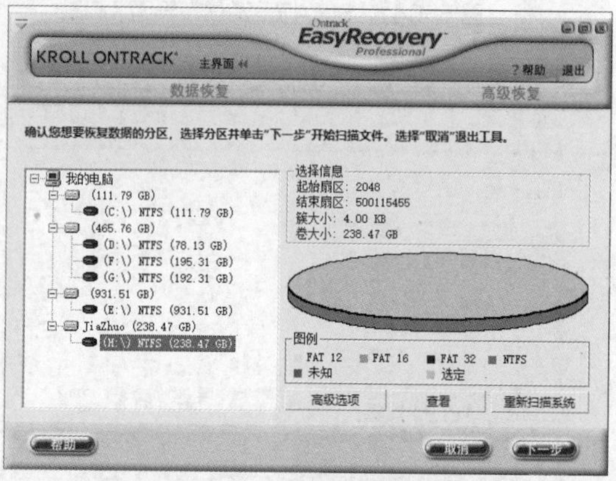

图 5-103 “高级恢复”界面

（17）弹出“正在扫描文件”对话框，如图 5-104 所示。

（18）扫描结束后，选择要恢复的文件夹，单击“下一步”按钮，如图 5-105 所示。

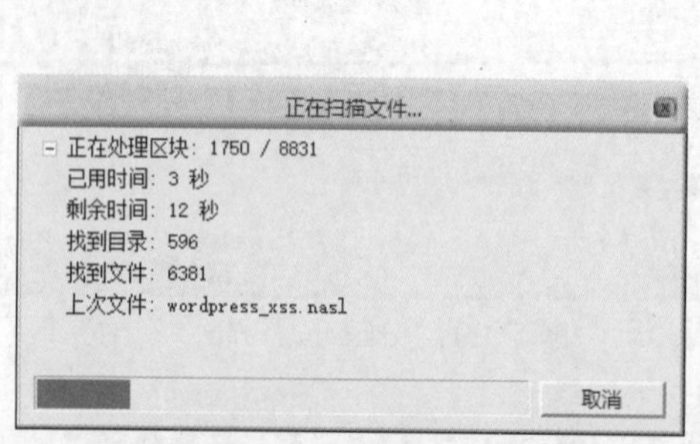

图 5-104 “正在扫描文件”对话框

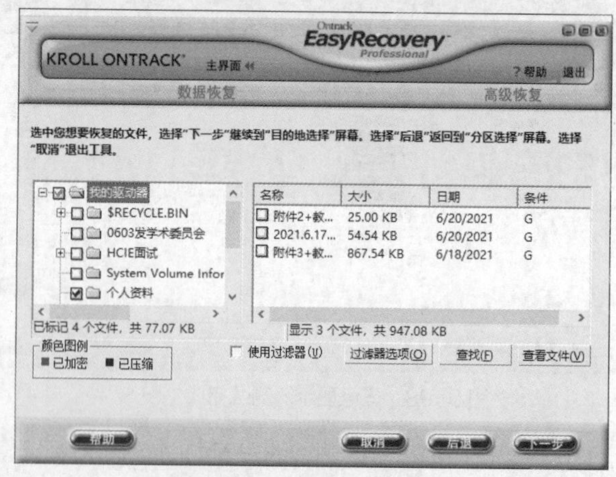

图 5-105 选择要恢复的文件夹

（19）选择恢复的目的地，单击“下一步”按钮，如图 5-106 所示。

（20）弹出“正在复制数据”对话框，如图 5-107 所示。

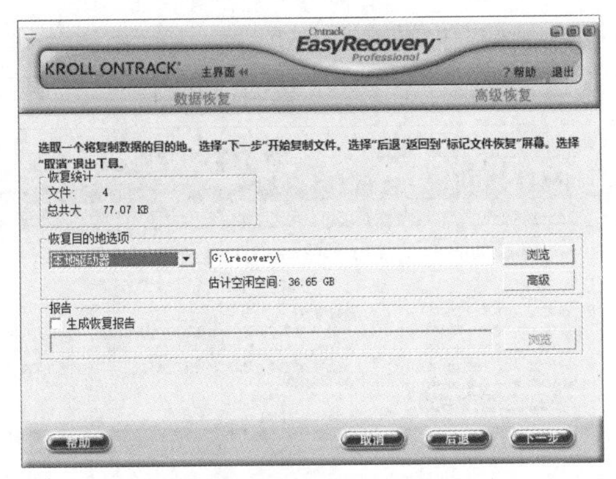

图 5-106　设置恢复的目的地

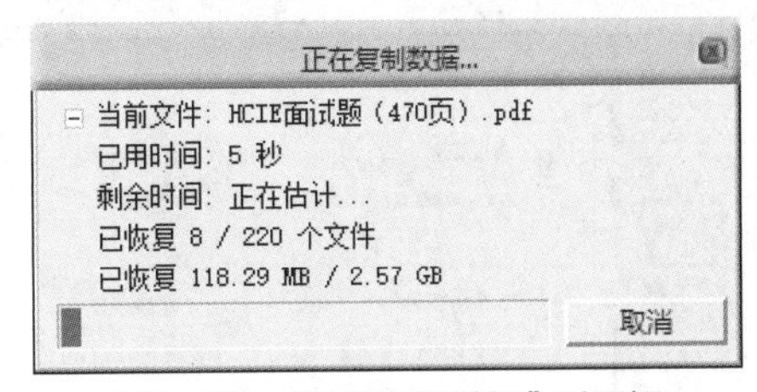

图 5-107　“正在复制数据”对话框

（21）数据恢复完成后，单击“完成”按钮，如图 5-108 所示。

（22）弹出“保存恢复”对话框，提示是否保存恢复状态以便在今后继续使用，单击“是”按钮，如图 5-109 所示。

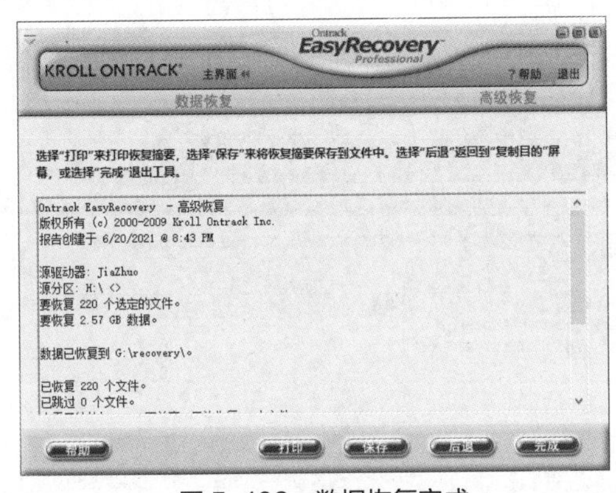

图 5-108　数据恢复完成

图 5-109　“保存恢复”对话框

（23）弹出“文件保存”对话框，单击“浏览”按钮，选择文件的路径，单击“确定”按钮，如图 5-110 所示。

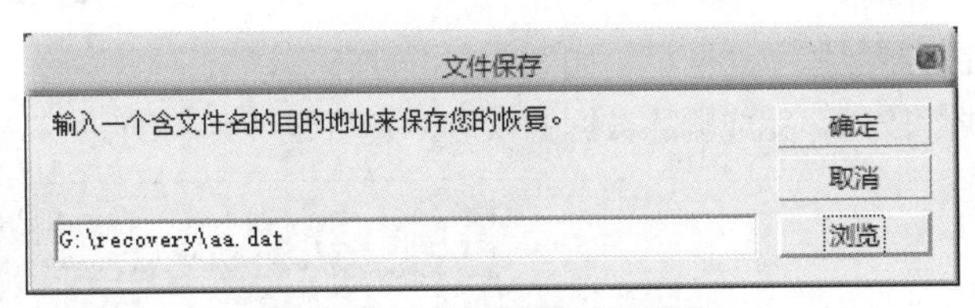

图 5-110　“文件保存”对话框

（24）完成文件夹数据的恢复，如图 5-111 所示。

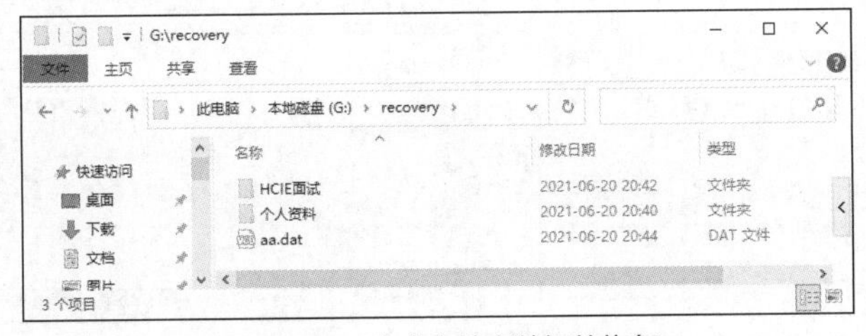

图 5-111　完成文件夹数据的恢复

（25）在“数据恢复”界面中，单击“删除恢复”图标，如图 5-112 所示。

（26）在“删除恢复”界面中，选择要恢复的分区，单击“下一步”按钮，如图 5-113 所示。

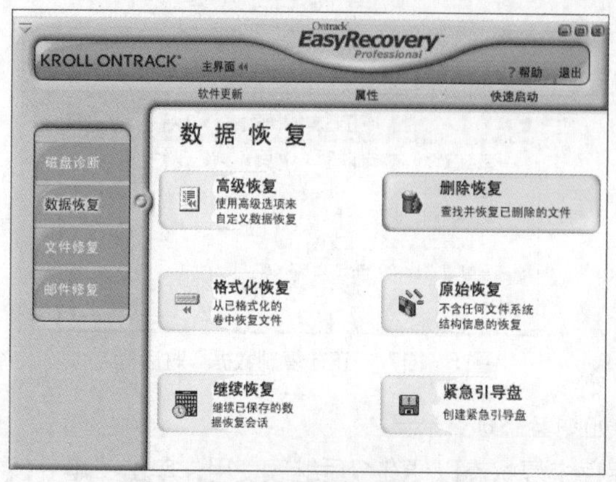

图 5-112 单击“删除恢复”图标

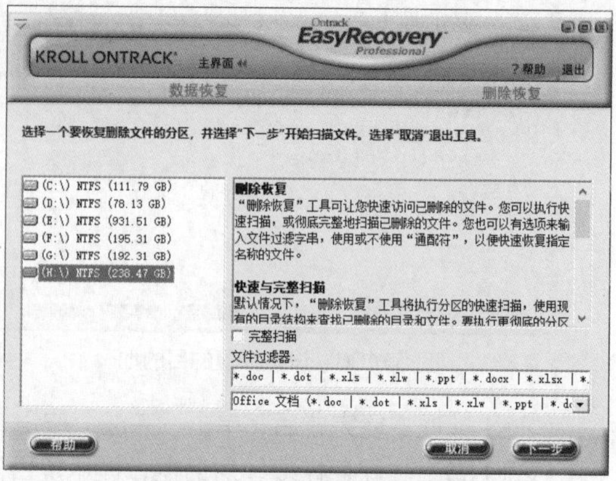

图 5-113 选择要恢复的分区

（27）弹出“正在扫描文件”对话框，如图 5-114 所示。

（28）扫描完成后，选择要恢复的文件，单击“下一步”按钮，如图 5-115 所示。

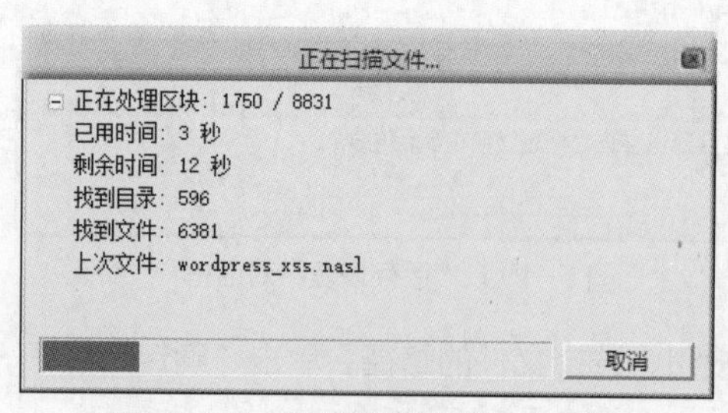

图 5-114 “正在扫描文件”对话框

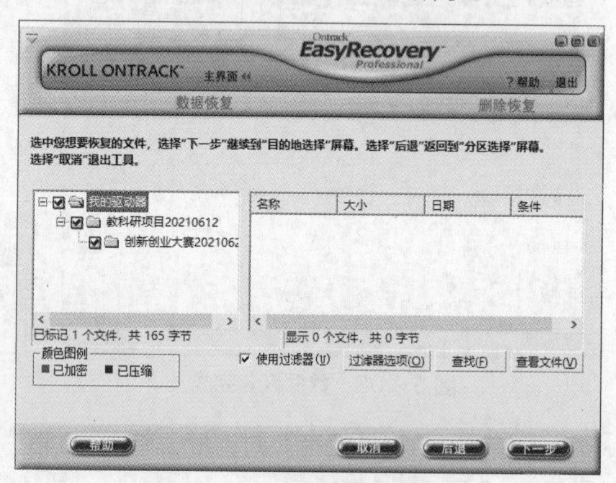

图 5-115 选择要恢复的文件

（29）弹出“正在复制数据”对话框，如图 5-116 所示。

（30）单击“完成”按钮，完成删除数据的恢复，如图 5-117 所示。

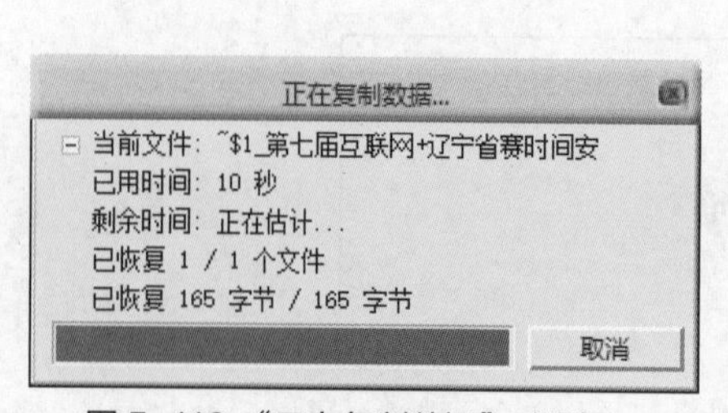

图 5-116 “正在复制数据”对话框

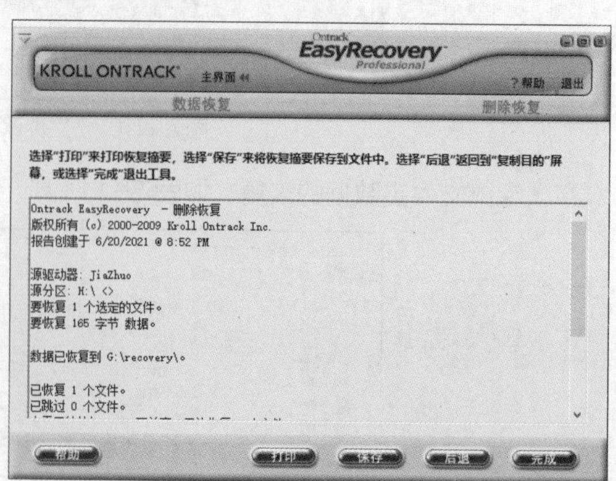

图 5-117 完成删除数据的恢复

（31）删除文件的恢复效果如图 5-118 所示。

（32）返回“数据恢复”界面，在“数据恢复”界面中，单击“格式化恢复”图标，如图 5-119 所示。

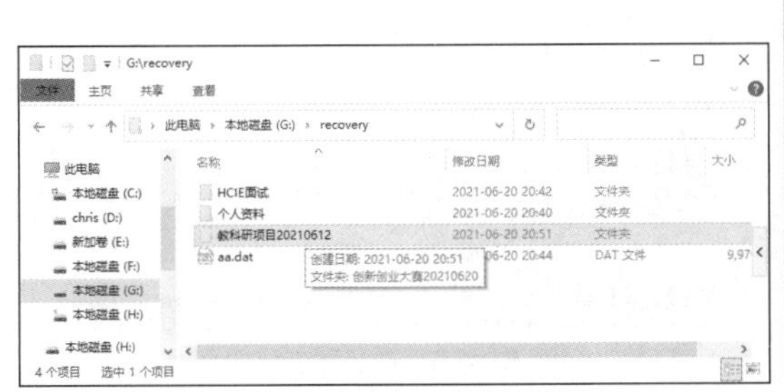

图 5-118　删除文件的恢复效果

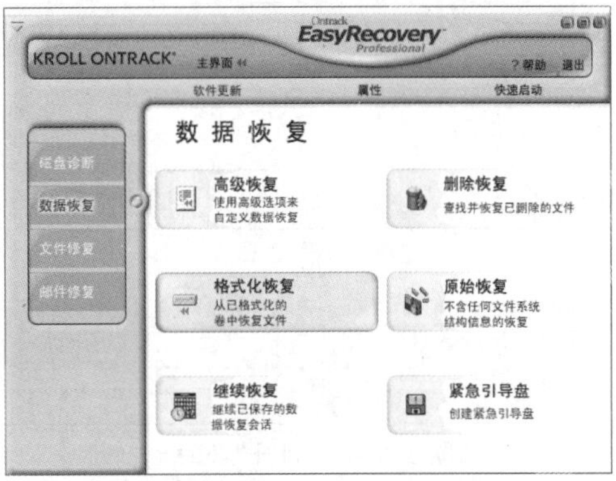

图 5-119　单击“格式化恢复”图标

（33）选择要恢复的分区，如图 5-120 所示。

（34）返回“数据恢复”界面，在“数据恢复”界面中，单击“原始恢复”图标，如图 5-121 所示。

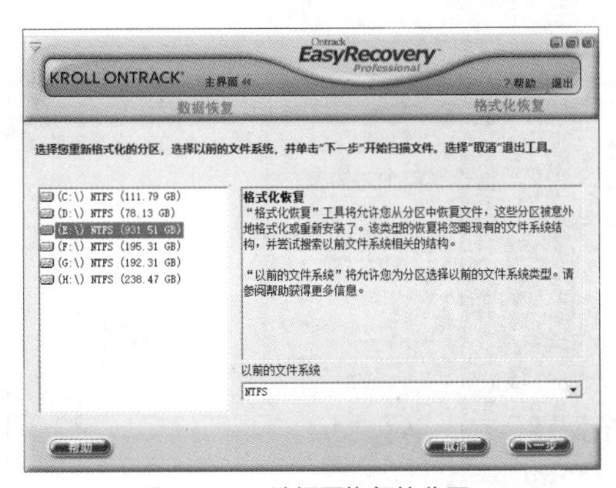

图 5-120　选择要恢复的分区

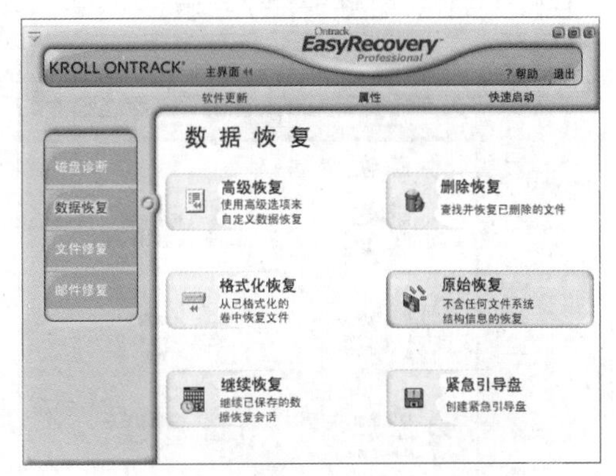

图 5-121　单击“原始恢复”图标

（35）选择要执行“原始恢复”的驱动器，如图 5-122 所示。

（36）返回“数据恢复”界面，在“数据恢复”界面中，单击“继续恢复”图标，如图 5-123 所示。

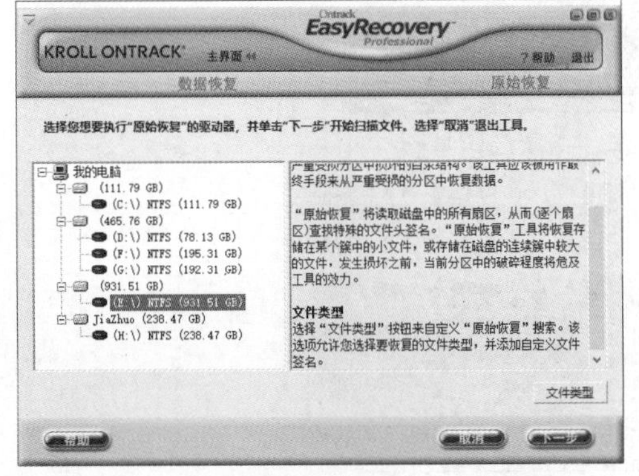

图 5-122　选择要执行“原始恢复”的驱动器

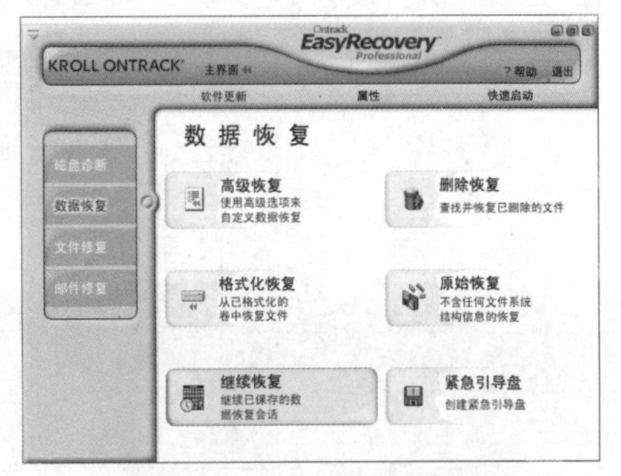

图 5-123　单击“继续恢复”图标

（37）弹出“打开”对话框，选择要恢复的文件，单击“打开”按钮，如图 5-124 所示。

（38）在进入的界面中，选择要恢复的文件，如图 5-125 所示。

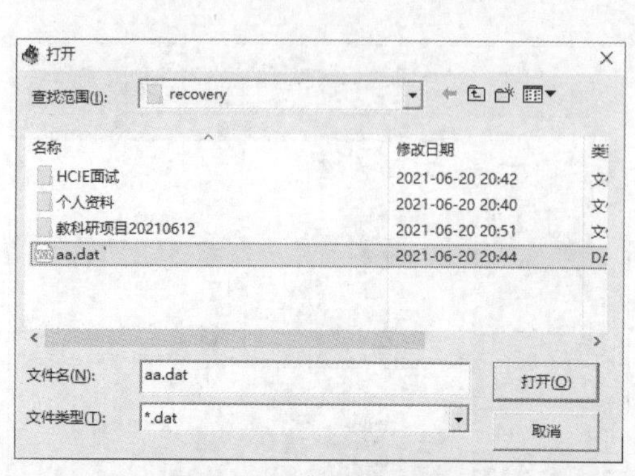

图 5-124 “打开”对话框

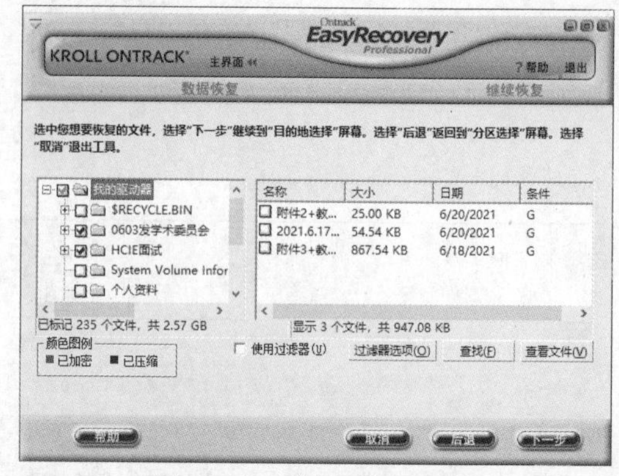

图 5-125 选择要恢复的文件

（39）返回“数据恢复”界面，在“数据恢复”界面中，单击“紧急引导盘”图标，创建紧急引导盘，如图 5-126 所示。

（40）在软件主界面中，选择“文件修复”选项，在“文件修复”界面中，可根据文件类型进行文件修复操作，如图 5-127 所示。

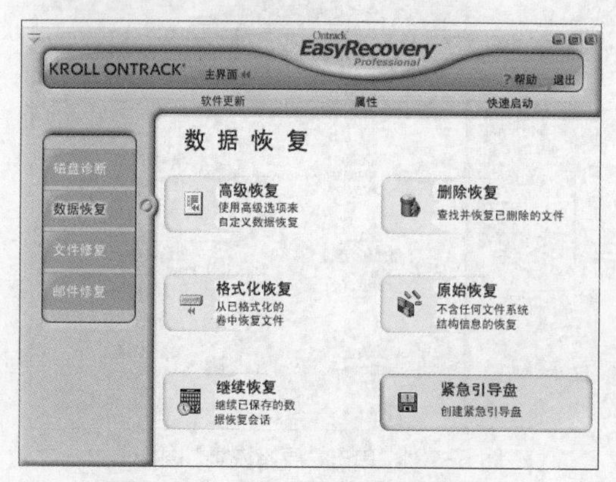

图 5-126 单击“紧急引导盘”图标

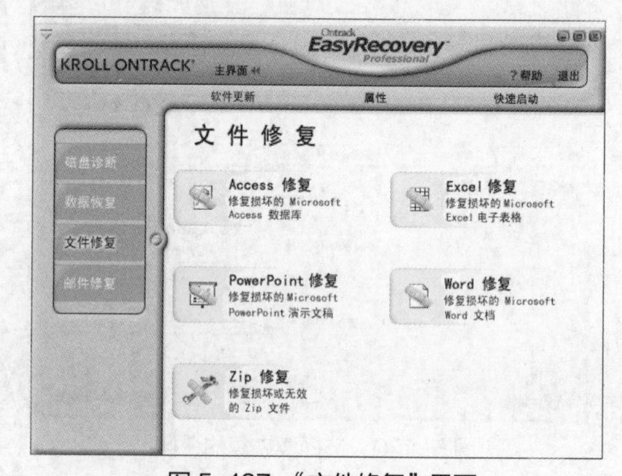

图 5-127 “文件修复”界面

（41）在软件主界面中，选择“邮件修复”选项，在“邮件修复”界面中可进行邮件修复操作，如图 5-128 所示。

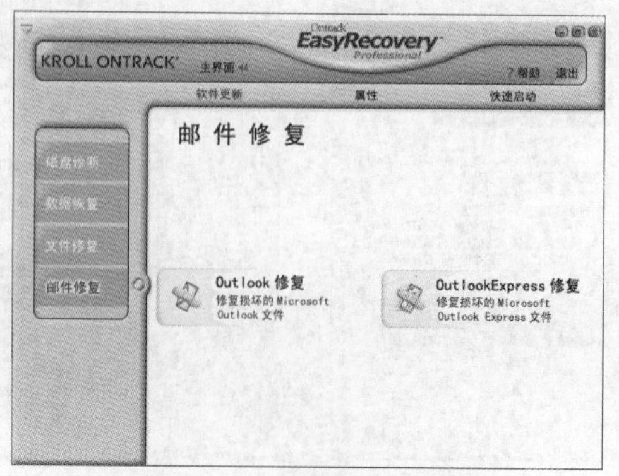

图 5-128 “邮件修复”界面

5.4 项目小结

（1）虚拟机软件的介绍、安装与使用：通过 VMware 虚拟机，可以在一台物理计算机上模拟出一台或多台虚拟的计算机，这些虚拟机可像真正的计算机那样进行工作，可以在其中安装操作系统、安装应用程序、访问网络资源等。

（2）屏幕录像专家软件的介绍、安装与使用：屏幕录像专家可以轻松地将屏幕上的软件操作过程、网络教学课件、网络电视、网络电影、聊天视频等录制成 Flash 动画、WMV 动画、AVI 动画或者可自动播放的 EXE 动画。

（3）鲁大师软件的介绍、安装与使用：鲁大师是一款检查并尝试修复硬件的软件，能够轻松辨别计算机硬件真伪、测试计算机配置、测试计算机温度，以保护计算机稳定运行、清查计算机病毒隐患、优化清理系统，从而提升计算机运行速度。

（4）扫描工具软件的介绍、安装与使用：X-Scan 扫描器的扫描内容包括远程服务类型、操作系统类型及版本、各种弱口令漏洞、后门、应用服务漏洞、网络设备漏洞、拒绝服务漏洞、CGI 漏洞、IIS 漏洞、RPC 漏洞等二十几个大类。

（5）数据恢复软件 EasyRecovery 的介绍、安装与使用：EasyRecovery 可以对扫描结果进行分类，恢复之前的预览文件，从意外删除的卷中恢复数据，从格式化卷中恢复数据，恢复已删除的文件和文件夹，从硬盘和可移动介质中恢复数据，支持 300 种或更多文件类型、扫描树的选项卡式视图、文件类型、树视图、删除列表等。

课后习题

简答题

（1）简述 VMware 虚拟机的功能。

（2）如何使用屏幕录像软件？

（3）简述鲁大师应用软件的功能。

（4）如何使用扫描工具软件？

（5）如何使用数据恢复软件 EasyRecovery？

项目6 构建局域网络

06

【学习目标】

- 理解计算机网络的定义及分类。
- 掌握计算机网络的构成及常用网络设备。
- 了解计算机网络拓扑结构。
- 理解计算机网络的OSI与TCP/IP模型。
- 掌握资源网络共享设置方法。
- 掌握打印机网络共享设置方法。
- 掌握无线网络构建设置方法。

6.1 项目描述

在讲解计算机网络之前，我们有必要先来了解一下什么是网络。在人们的生活和工作中存在很多有关网络的例子，例如，每天都在使用的电话网、电力网、电视网、邮政网、交通网等。那么，究竟什么是网络呢？网络就是为了某一目的将相关的一些元素集成在一起的一个系统。

6.2 必备知识

6.2.1 计算机网络概述

随着计算机网络技术的不断发展，计算机网络已经成为人们生活、工作的一个重要组成部分，建立以网络为核心的工作方式，必将成为未来的发展趋势，培养大批熟悉网络操作的技术人才，也是当前社会发展的迫切需求。

1. 计算机网络的定义

V6-1 计算机网络的定义

计算机网络是利用通信线路和设备，将分散在不同地点、具有独立功能的多个计算机系统连接起来，通过网络协议、网络操作系统实现相互通信和资源共享的系统，是现代通信技术与计算机技术结合的产物。

某企业的网络拓扑结构如图 6-1 所示。企业将网络在逻辑上分为不同的区域，如接入层、汇聚层、核心层、数据中心、管理区等。企业网络使用了一个 3

层的网络架构，包括核心层、汇聚层、接入层。将网络分为 3 层架构有诸多优点：每层都有各自独立而特定的功能；使用模块化的设计，便于定位错误，简化网络拓展和维护；可以隔离一个区域的拓扑变化，避免影响其他区域。此方案能够支持各种应用对不同网络的需求，包括高密度的用户接入、移动办公、网络电话、视频会议和视频监控的使用等，满足了不同客户对于可扩展性、可靠性、安全性和可管理性的需求。

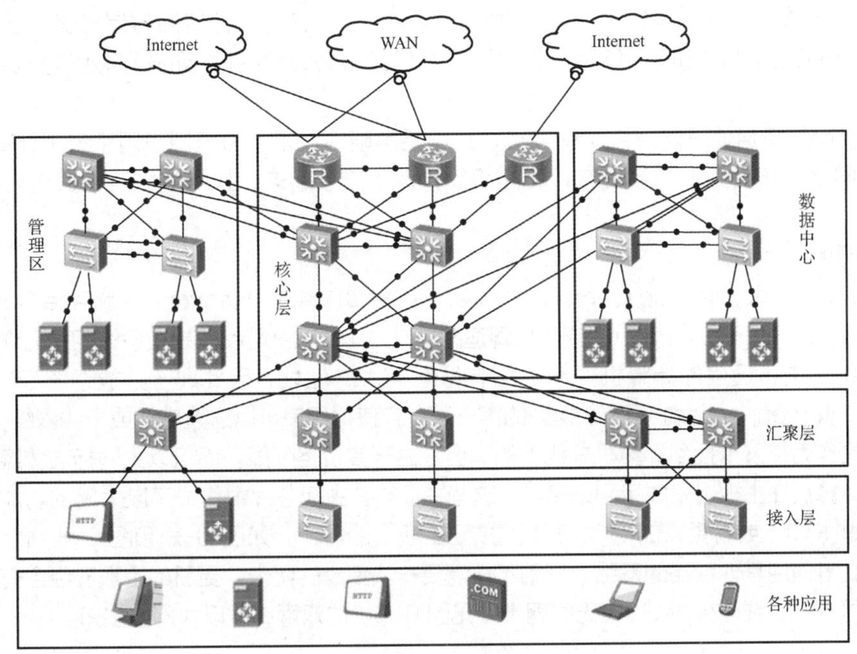

图 6-1　某企业的网络拓扑结构

2. 计算机网络构成

计算机网络由通信子网（Communication Subnet）与资源子网（Resources Subnet）构成，如图 6-2 所示。

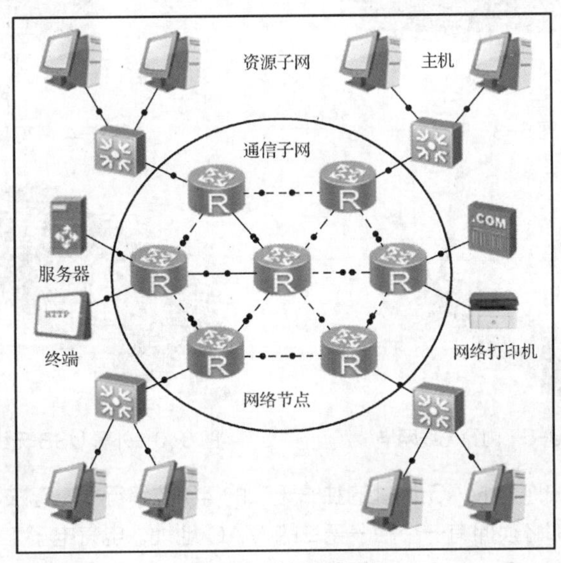

图 6-2　计算机网络

通信子网是指网络中实现网络通信功能的设备及软件的集合，如通信设备、网络通信协议、通信控制软件等，是网络的内层，负责信息的传输。通信子网主要为用户提供数据的传输、转接、加工、变换等功能，其任务是在网络节点之间传送报文，主要由节点和通信链路组成，包括中继器、集线器、网桥、路由器、网关等硬件设备。

资源子网是指用户端系统，包括用户的应用资源，如服务器、外设、系统软件和应用软件等。资源子网由计算机系统、终端、终端控制器、联网外设、各种软件资源与信息资源组成。资源子网负责全网数据处理和向网络用户提供资源及网络服务，包括网络的数据处理资源和数据存储资源。

计算机网络将通信子网系统（交换机、路由器等硬件设备）与资源子网系统（计算机系统、服务器、网络打印机外设、系统软件和应用软件等）连接起来，最终达到互相通信、资源共享的目的。

（1）网卡。

网卡（Network Interface Card，NIC）又称网络接口控制器（Network Interface Controller）、网络适配器（Network Adapter）或局域网适配器（LAN Adapter），是被设计用来允许计算机在计算机网络上进行通信的计算机硬件。网卡拥有 MAC 地址，因此属于开放系统互连（Open Systems Interconnection，OSI）模型的第一层。它使得用户可以通过电缆或无线网络相互连接。网卡以前是作为扩展卡插到计算机总线上的，但是由于其价格低廉，而且以太网标准普遍存在，目前大部分计算机在主板上集成了网络接口。这些主板或在主板芯片中集成了以太网的功能，或使用了一块通过 PCI（或者更新的 PCI-E）连接到主板上的网卡，如图 6-3 和图 6-4 所示。除非需要多接口或者使用其他种类的网络，否则不再需要一块独立的网卡。更新的主板已经含有内置无线网卡（见图 6-5）或者外置 USB 无线网卡（见图 6-6）的双网络（以太网）接口。

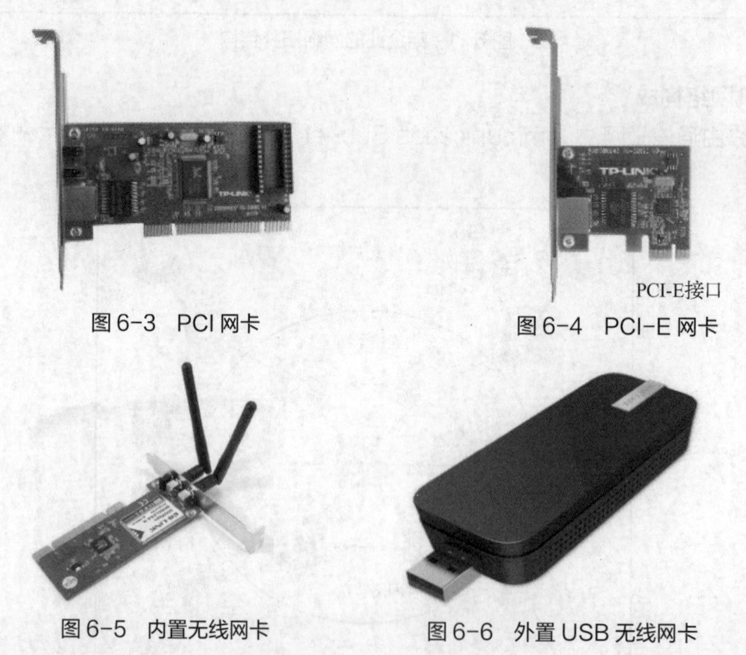

图 6-3　PCI 网卡

图 6-4　PCI-E 网卡

图 6-5　内置无线网卡

图 6-6　外置 USB 无线网卡

每个网卡都有一个被称为 MAC 地址的独一无二的 48 位串行号，它被写在网卡的 ROM 中，每台连通网络的计算机都必须拥有一个独一无二的 MAC 地址。电气电子工程师学会（Institute of Electrical and Electronics Engineers，IEEE）负责为网卡分配唯一的 MAC 地址。

若需要查看本机网卡的 MAC 地址，则可在命令提示符窗口中执行 ipconfig/all 命令，如图 6-7 所示。

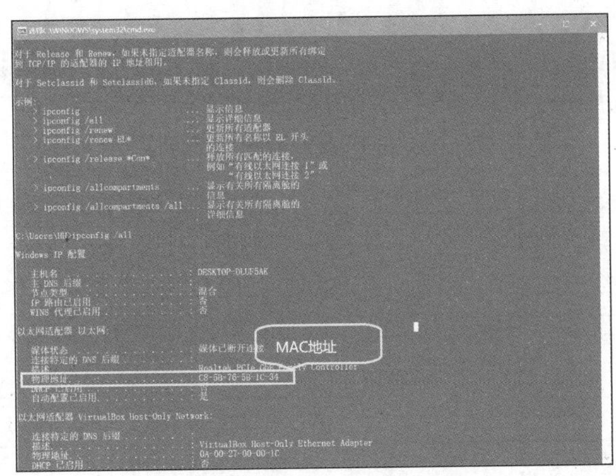

图 6-7　查看本机网卡的 MAC 地址

（2）网络传输介质。

网络传输介质是指在网络中传输信息的载体，常用的传输介质分为有线传输介质和无线传输介质两大类。不同的传输介质，特性也各不相同，它们不同的特性对网络中的数据通信质量和通信速度都有较大影响。

① 有线传输介质。

有线传输介质是指在两个通信设备之间实现通信的物理连接部分，它能将信号从一端传输到另一端。有线传输介质主要有双绞线、同轴电缆和光纤，双绞线和同轴电缆传输电信号，光纤传输光信号。

- 双绞线（Twisted Pair，TP）。双绞线由两条互相绝缘的铜线组成，其直径通常为 1mm，这两条铜线拧在一起，可以减少邻近线对电气信号的干扰。双绞线既能用于传输模拟信号，又能用于传输数字信号，其带宽取决于铜线的直径和传输距离，其传输速率为 4～1000Mbit/s。由于性能较好且价格便宜，双绞线得到了广泛应用。双绞线可以分为非屏蔽双绞线（Unshielded TP，UTP）和屏蔽双绞线（Shielded TP，STP）两种，如图 6-8 和图 6-9 所示，屏蔽双绞线性能优于非屏蔽双绞线。

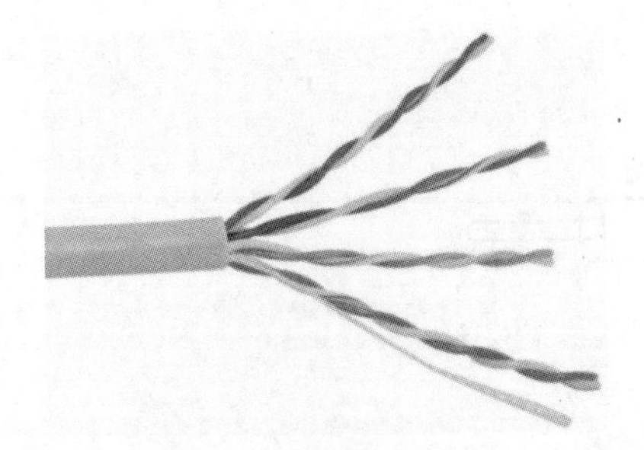

图 6-8　非屏蔽双绞线

图 6-9　屏蔽双绞线

美国电子工业协会（Electronic Industries Association，EIA）/美国电信工业协会（Telecommunications Industries Association，TIA）布线标准中规定了两种双绞线的接线方式，即 T568A 与 T568B 线序标准，如图 6-10 所示。

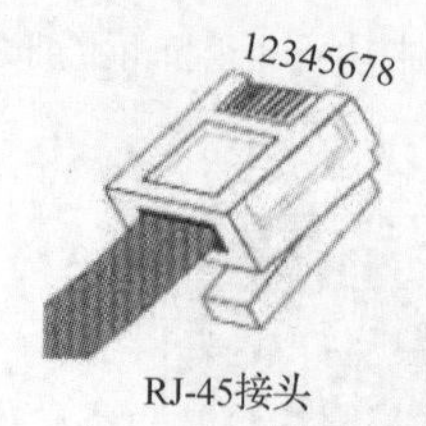

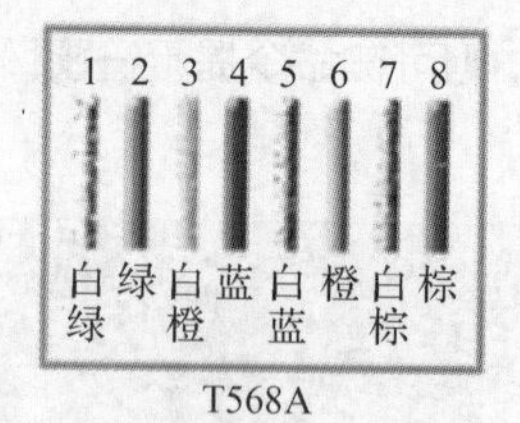

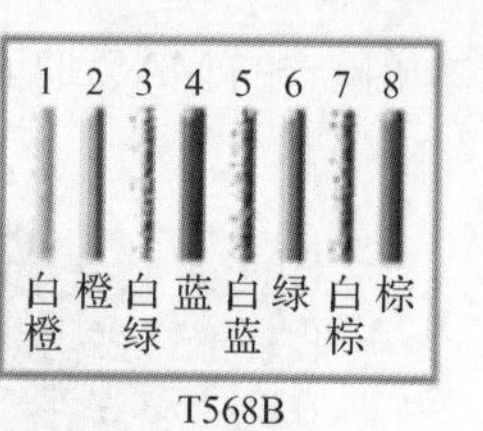

图 6-10 T568A 与 T568B 线序标准

T568A 标准：白绿-1，绿-2，白橙-3，蓝-4，白蓝-5，橙-6，白棕-7，棕-8。

T568B 标准：白橙-1，橙-2，白绿-3，蓝-4，白蓝-5，绿-6，白棕-7，棕-8。

如果双绞线两端接线方式相同，都为 T568A 或 T568B，则称其为直连线。如果双绞线两端接线方式不同，一端为 T568A，另一端为 T568B，则称其为交叉线。直连线与交叉线的制作方法示意如图 6-11 所示。

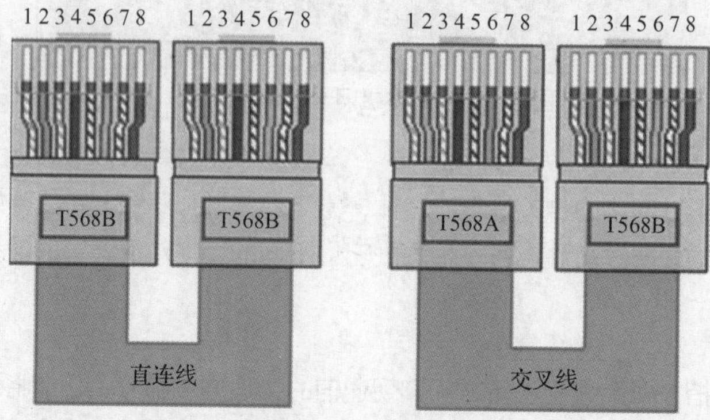

图 6-11 直连线与交叉线的制作方法示意

- 同轴电缆。同轴电缆通常比双绞线的屏蔽性更好，因此可以传输得更远。它以硬铜线为芯（内层导体），外包一层绝缘材料（绝缘层），这层绝缘材料再用密织的外层网状导体环绕构成屏蔽，其外又覆盖一层绝缘层，最外面覆盖保护性材料（塑料外皮），如图 6-12 所示。同轴电缆分为细同轴电缆和粗同轴电缆。同轴电缆的这种结构使它具有更高的带宽和极好的噪声抑制特性。75Ω 的同轴电缆可以达到 1～2Gbit/s 的数据传输速率，被广泛用于有线电视网和总线型以太网。常用的同轴电缆有 75Ω 和 50Ω 两种，75Ω 的同轴电缆常用于有线电视网，50Ω 的同轴电缆常用于总线型以太网。

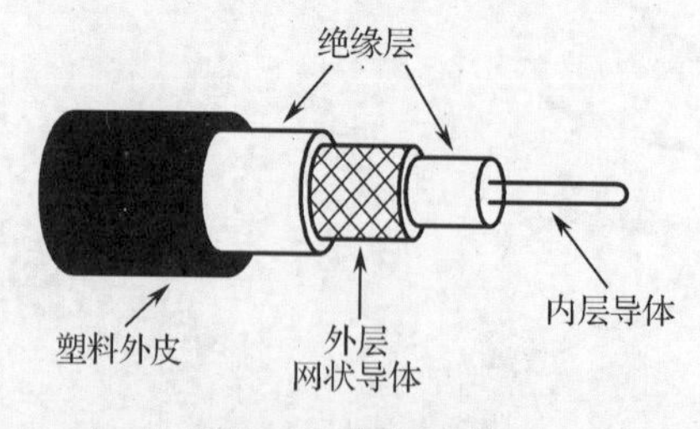

图 6-12 同轴电缆

- 光纤。目前，光纤被广泛应用于计算机主干网，可分为单模光纤和多模光纤，如图 6-13 和图 6-14 所示。光纤纤芯是由纯石英玻璃制成的，纤芯外面包围着一层折射率比纤芯低的包层，包层外是一层塑料护套。光纤通常被扎成束，外面有外壳保护。光纤的数据传输速率可达 100Gbit/s。

单模光纤具有更大的通信容量和更远的传输距离。常用的多模光纤的参数是 62.5m 芯/125m 外壳和 5m 芯/125m 外壳。

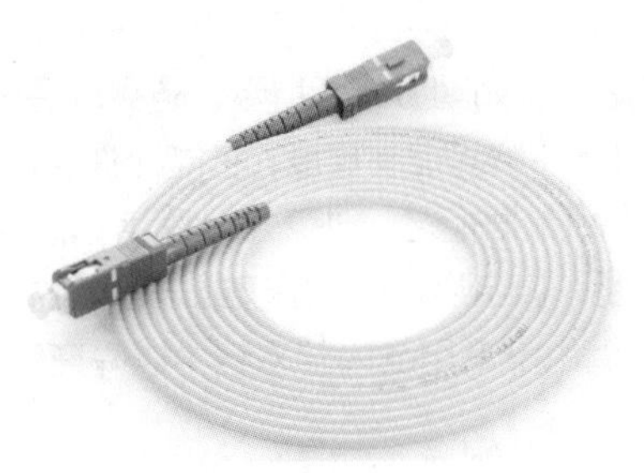
图 6-13　单模光纤

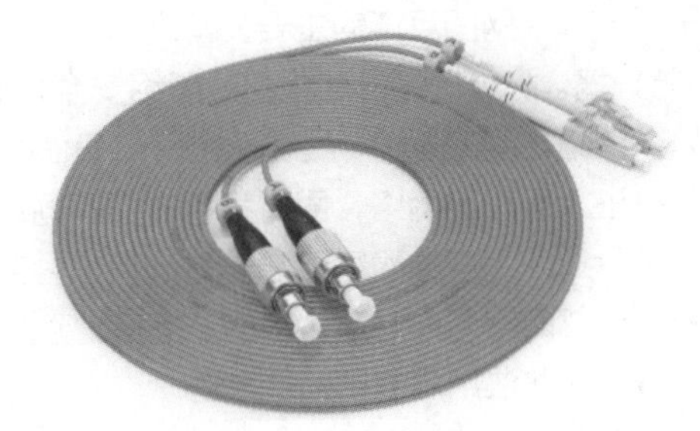
图 6-14　多模光纤

② 无线传输介质。

在计算机网络中，无线传输可以突破有线网的限制，利用空间电磁波实现站点之间的传输，为广大用户提供移动通信服务。常用的无线传输介质有无线电波、微波和红外线。无线传输的优点在于安装、移动和变更都比较容易，一般不会受到环境的限制，但信号在传输过程中容易受到干扰和被窃取，而且初期的安装费用较高。

（3）常用网络设备。

① 集线器。集线器（见图 6-15）也称 Hub，工作于 OSI 模型的第一层，即物理层。集线器的主要功能是对接收到的信号进行再生整形放大，以扩大网络的传输距离，并以它为中心集中所有节点。集线器与网卡、网线等传输介质一样，属于局域网中的基础设备，采用带冲突检测的载波监听多路访问（Carrier Sense Multiple Access with Collision Detection，CSMA/CD）技术访问控制机制。集线器不具备交换机所具有的 MAC 地址表，所以它在发送数据时都是没有针对性的，而是采用广播方式发送，即共享带宽。

② 交换机。交换机（见图 6-16）工作于 OSI 模型的第二层，即数据链路层。交换机内部的 CPU 会在每个接口成功连接时，将 MAC 地址和接口对应，形成一张 MAC 地址表，在通信时，发往该 MAC 地址的数据包将仅送往其对应的接口，而不是所有接口。因此，交换机可用于划分数据链路层广播，即冲突域，但它不能划分网络层广播，即广播域。

图 6-15　集线器　　图 6-16　交换机

交换机是局域网中常用的网络连接设备之一，可分为二层交换机与三层交换机。交换机在同一时刻可进行多个接口对之间的数据传输，连接在其上的网络设备独自享有全部带宽，无须同其他设备竞争使用。

二层交换机主要作为网络接入层设备；三层交换机主要作为网络汇聚层与网络核心层设备，具有路由器的功能，可以实现数据转发与寻址功能。三层交换机具有更好的转发性能，它可以实现“一次路由，多次转发”，并通过硬件实现数据包的查找和转发，因此，网络的核心设备一般会选择三层交换机。

③ 路由器。路由器（见图 6-17）工作于 OSI 模型的第三层，即网络层。路由器是连接互联网

中各局域网、广域网的设备，它会根据信道的情况自动选择和设定路由，并且以最佳路径按前后顺序发送信号。目前，各种不同档次的路由器产品已经成为实现各种骨干网内部连接、骨干网间互连，以及骨干网与因特网间互连的主要设备之一。

④ 防火墙。防火墙是目前重要的网络安全防护设备之一，如图 6-18 所示。防火墙是位于内部网络和外部网络之间的屏障，是在两个网络通信时执行的一种访问控制尺度，它能允许用户“同意”的人和数据进入用户的网络，同时将用户“不同意”的人和数据拒之门外，最大限度地阻止网络中的非法攻击者访问用户的网络。它一方面保护内部网络免受来自因特网未授权或未验证的访问，另一方面控制内部网络用户对因特网的访问等。另外，防火墙也常常用在内部网络中以隔离敏感区域，避免该区域受到非法用户的访问或攻击。

图 6-17 路由器　　图 6-18 防火墙

⑤ 入侵检测系统。入侵检测系统（Intrusion Detection System，IDS）是一种对网络传输进行即时监视，在发现可疑传输时发出警报或者采取主动反应措施的网络安全设备，如图 6-19 所示。与其他网络安全设备的不同之处在于，IDS 是一种积极主动的安全防护技术。不同于防火墙，IDS 是一个监听设备，没有跨接（串联）在任何链路上，无须网络流量流经它便可以工作。因此，对 IDS 进行部署的唯一要求是，IDS 应当挂接（并联）在所有关注流量都必须流经的链路上。

⑥ 入侵防御系统。入侵防御系统（Intrusion Prevention System，IPS）是一种网络安全防护设备，能够监视网络或网络设备的网络资料传输行为，及时地中断、调整或隔离一些不正常或具有伤害性的网络资料传输行为，如图 6-20 所示。

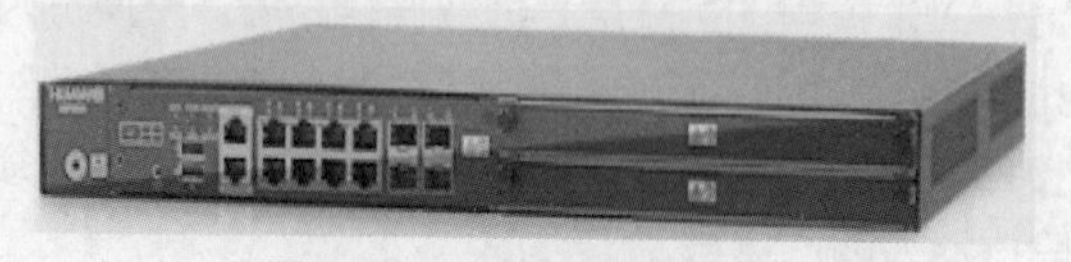

图 6-19 入侵检测系统

图 6-20 入侵防御系统

入侵防御系统像入侵检测系统一样，专门深入网络数据内部，查找它所认识的攻击代码特征，过滤有害数据流，丢弃有害数据包，并进行记载，以便事后分析。更重要的是，大多数入侵防御系统会结合应用程序或网络传输中的异常情况来辅助识别入侵和攻击。入侵防御系统一般作为防火墙和防病毒软件的补充工具，必要时它还可以为追究攻击者的刑事责任提供法律上的有效证据。

⑦ 无线控制器（Access Controller，AC）和无线接收器（Access Point，AP）分别如图 6-21 和图 6-22 所示。无线控制器是一种网络设备，它是一个无线网络的核心，负责管理无线网络中的“瘦 AP（只收发信号）”，包括下发配置、修改相关配置参数、射频智能管理等。传统的无线覆盖模式是用一个家庭式的无线路由器（又称“胖 AP”）覆盖部分区域，此种模式覆盖比较分散，只能覆盖部分区域，且不能集中管理，不支持无缝漫游。目前的 Wi-Fi 网络覆盖多采用 AC+AP 的覆盖方式（在无线网络中有一个 AC、多个 AP），此模式应用于大中型企业中，有利于无线网络的集中管理，多个无线发射器能统一发射一个信号（SSID），并且支持无缝漫游和 AP 射频的智能管理。与传统的覆盖模式相比，此模式有本质的提升。

图 6-21　无线控制器　　　　图 6-22　无线接收器

AC+AP 的覆盖模式，顺应了无线通信智能终端的发展趋势，随着智能手机、平板电脑等移动智能终端设备的普及，无线网络不可或缺。

3．计算机网络的类别

V6-2　计算机网络的类别

根据需要，可以将计算机网络分成不同类别，按照覆盖的地理范围进行划分，可分为局域网、城域网、广域网等。

（1）局域网。

局域网（Local Area Network，LAN）用于将有限范围内（如一个实验室、一栋大楼、一个校园、一个企业等）的各种计算机、终端与外设互连成网络。某企业局域网如图 6-23 所示。局域网按照采用的技术、应用范围和协议标准的不同，可以分为共享局域网和交换局域网。

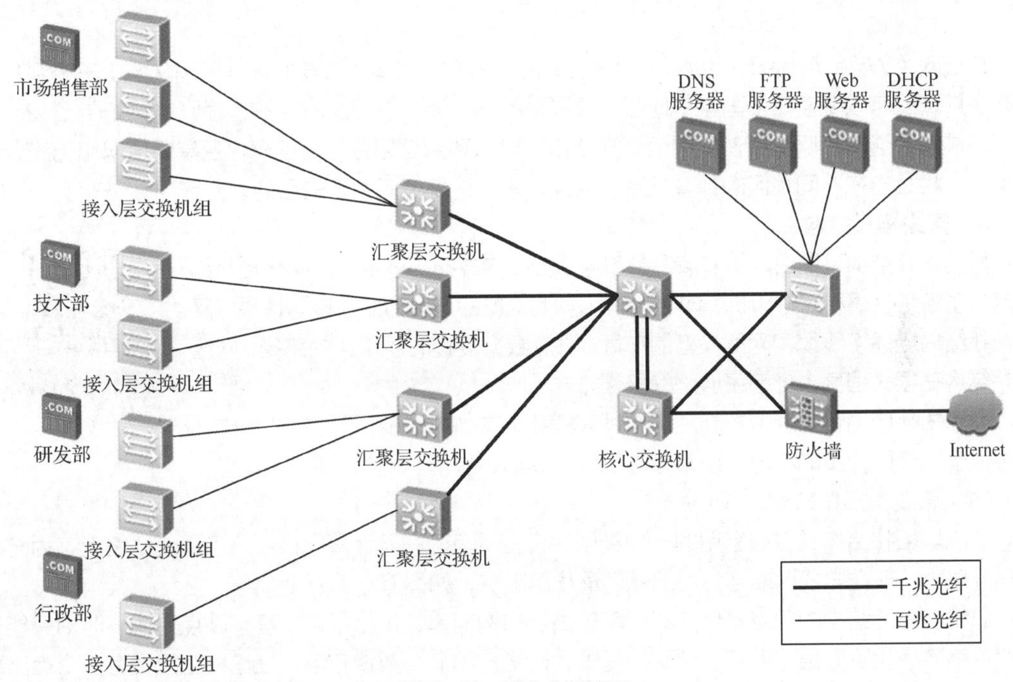

图 6-23　某企业局域网

局域网的特点：限于较小的地理区域内，覆盖范围一般不超过 2km，通常是由一个单位组建并拥有的，并且组建简单、灵活，使用方便。

（2）城域网。

城市地区网络简称城域网（Metropolitan Area Network，MAN），建立城域网的目标是满足几十千米范围内的大量企业、机关、公司的多个局域网互连的需求，以实现大量用户之间的数据、语音、图形与视频等信息的传输功能。某教育城域网如图 6-24 所示。其实，城域网基本上是一种大型的局域网，通常使用与局域网相似的技术，把它单列为一类的主要原因是针对它设立了一个单独的标准。城域网的地理范围可从几十千米到上百千米，可覆盖一个城市或地区，是一种中等大小的网络。

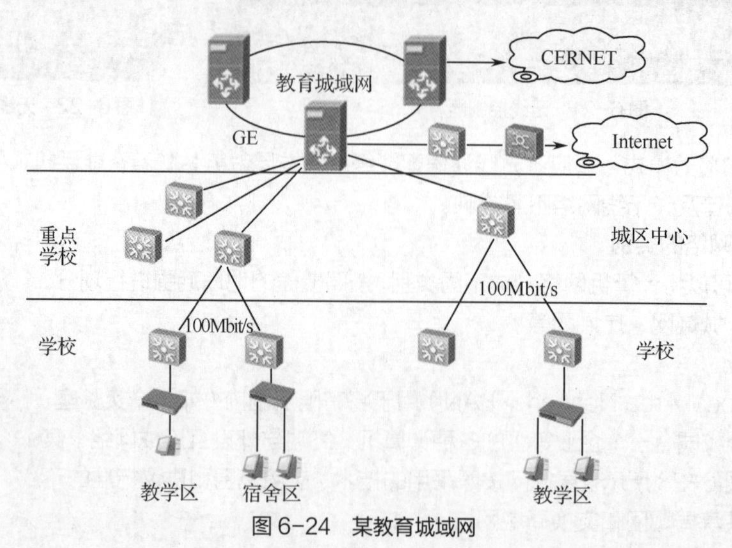

图 6-24　某教育城域网

（3）广域网。

广域网（Wide Area Network，WAN）也被称为远程网，覆盖的地理范围从几十千米到几千千米。广域网可以覆盖一个国家、地区，或者横跨几个洲，形成国际性的远程网络，如图 6-25 所示。广域网的通信子网主要使用分组交换技术，可以利用公用分组交换网、卫星通信网和无线分组交换网，将分布在不同地区的计算机系统互连起来，达到资源共享的目的。

4．网络拓扑结构

网络拓扑结构是指由网络节点设备和通信介质构成的网络结构。网络拓扑结构定义了各种计算机、打印机、网络设备和其他设备的连接方式，换句话说，网络拓扑结构描述了线缆和网络设备的布局，以及数据传输时所采用的路径。网络拓扑结构在很大程度上影响了网络的工作方式。

V6-3　网络拓扑结构

网络拓扑结构包括物理拓扑结构和逻辑拓扑结构。物理拓扑是指物理结构上各种设备和传输介质的布局，通常有总线型、环形、星形、网状、树形等。

（1）总线型拓扑结构。

总线型拓扑结构是普遍采用的一种类型，它将所有的联网计算机接到一条通信线路上，为防止信号反射，一般在总线两端连有终结器匹配线路阻抗，如图 6-26 所示。

总线型拓扑结构的优点是信道利用率较高、结构简单、价格相对便宜；缺点是同一时刻只能有两个网络节点相互通信，网络延伸距离有限，网络容纳节点数量有限。在总线上只要有一个点出现连接问题，就会影响整个网络的正常运行。目前，局域网中多采用这种结构。

（2）环形拓扑结构。

环形拓扑结构是将联网的计算机用通信线路连接成一个闭合的环，如图 6-27 所示。

环形拓扑是一个点到点的环形结构，每台设备都直接连到环上，或者通过一个接口设备和分支电缆连到环上。初始安装时，环形拓扑结构的网络比较简单，但随着网络节点的增加，重新配置的难度就会增加，因此，对环的最大长度和环上设备的总数有限制。这种网络可以很容易地找到电缆的故障点，但是受故障影响的设备范围大，在单环系统上出现的任何错误，都会影响网络中的所有设备。

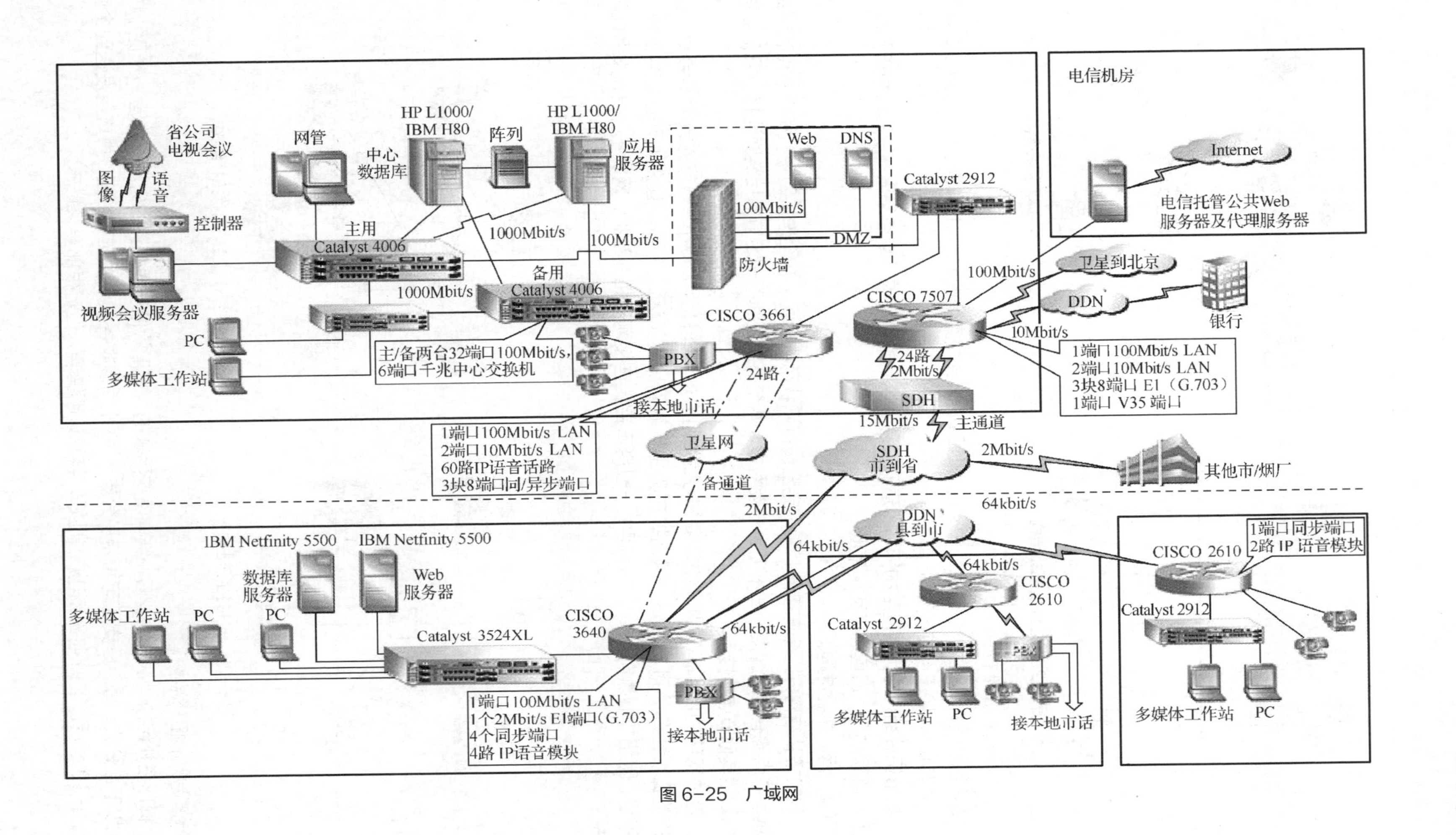
省公司
电视会议
图像
语音
控制器
视频会议服务器
网管
中心
数据库
HP L1000/
IBM H80
阵列
HP L1000/
IBM H80
应用
服务器
主用
Catalyst 4006
1000Mbit/s
100Mbit/s
备用
Catalyst 4006
1000Mbit/s
PC
多媒体工作站
主/备两台32端口100Mbit/s,
6端口千兆中心交换机
Web
DNS
100Mbit/s
DMZ
防火墙
Catalyst 2912
CISCO 3661
PBX
24路
接本地市话
1端口100Mbit/s LAN
2端口10Mbit/s LAN
60路IP语音话路
3块8端口同/异步端口
CISCO 7507
100Mbit/s
10Mbit/s
24路
2Mbit/s
SDH
1端口100Mbit/s LAN
2端口10Mbit/s LAN
3块8端口 E1（G.703）
1端口 V35 端口
电信机房
Internet
电信托管公共Web
服务器及代理服务器
卫星到北京
DDN
银行
15Mbit/s
主通道
卫星网
备通道
SDH
市到省
2Mbit/s
其他市/烟厂
2Mbit/s
64kbit/s
DDN
县到市
64kbit/s
64kbit/s
IBM Netfinity 5500
IBM Netfinity 5500
数据库
服务器
Web
服务器
多媒体工作站
PC
PC
CISCO
3640
64kbit/s
Catalyst 3524XL
1端口100Mbit/s LAN
1个2Mbit/s E1端口（G.703）
4个同步端口
4路 IP语音模块
PBX
接本地市话
CISCO
2610
Catalyst 2912
多媒体工作站
PC
接本地市话
CISCO 2610
1端口同步端口
2路 IP 语音模块
Catalyst 2912
多媒体工作站
PC

图 6-25　广域网

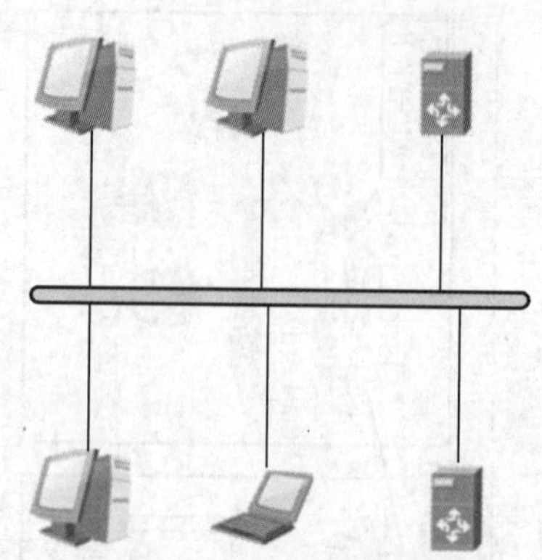
图 6-26 总线型拓扑结构

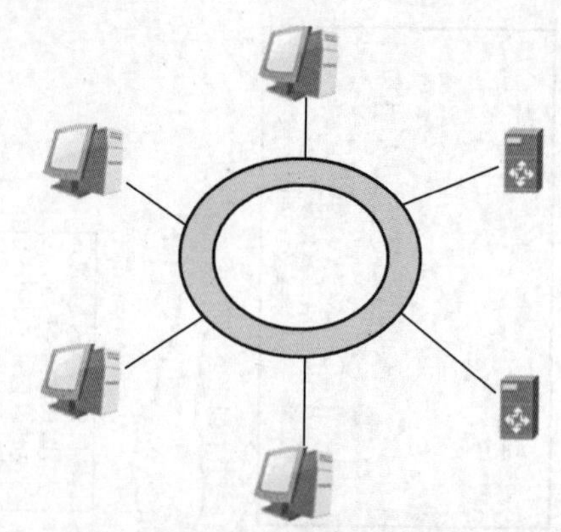
图 6-27 环形拓扑结构

（3）星形拓扑结构。

星形拓扑结构是以一个节点为中心的处理系统，各种类型的联网机器均与该中心节点有直接相连的物理链路，如图 6-28 所示。

星形拓扑结构的优点是结构简单、建网容易、控制相对简单，缺点是集中控制使得主节点负载过大、可靠性低、通信线路利用率低。

（4）网状拓扑结构。

网状拓扑结构分为全连接网状和不完全连接网状两种形式。在全连接网中，每个节点和网络中的其他节点均有链路连接；在不完全连接网中，两个节点之间不一定有直接链路连接，它们之间的通信依靠其他节点转接。

这种网络的优点是节点间路径多，碰撞和阻塞的可能性大大减小，局部的故障不会影响整个网络的正常工作，可靠性高，网络扩充和主机联网比较灵活、简单。但这种网络关系复杂，建网不易，网络控制机制复杂。广域网中一般用不完全连接网状拓扑结构。网状拓扑结构如图 6-29 所示。

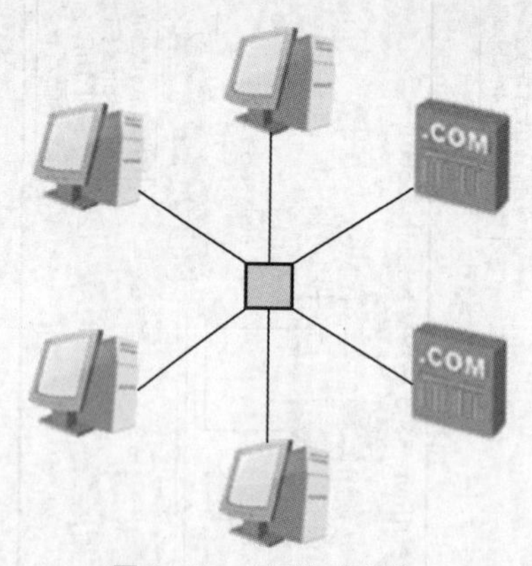

图 6-28 星形拓扑结构

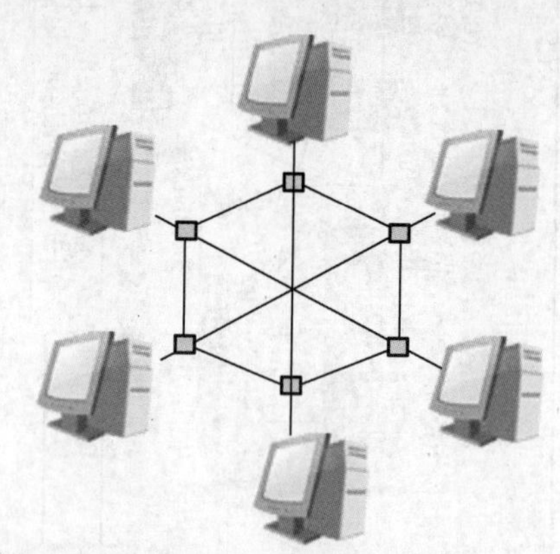
图 6-29 网状拓扑结构

（5）树形拓扑结构。

树形拓扑结构是从总线型拓扑结构演变而来的，其形状像一棵倒置的树，顶端是“树根”，“树根”以下带分支，每个分支还可再带子分支，“树根”接收各站点发送的数据，再广播发送到全网，如图 6-30 所示。这种网络结构扩展性好，容易诊断错误，但对根部要求较高。

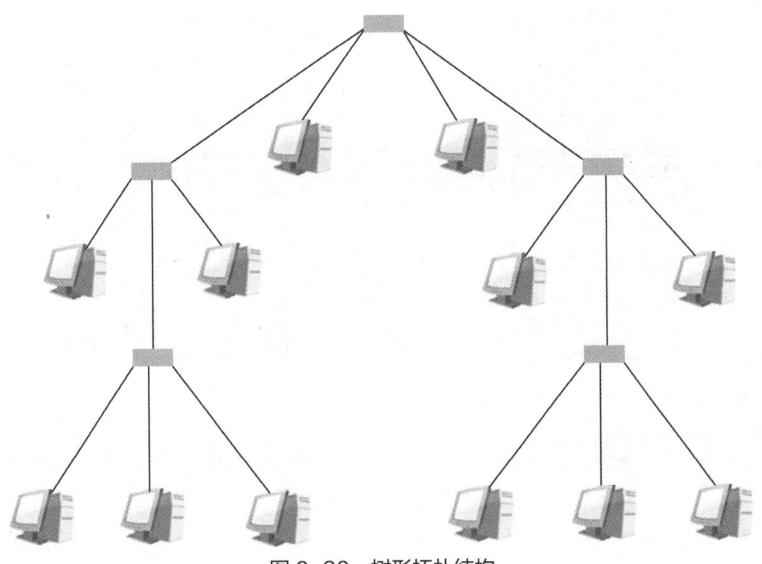

图 6-30　树形拓扑结构

6.2.2　网络体系结构及其协议

网络体系结构是指通信系统的整体设计，它为网络硬件、软件、协议、存取控制和拓扑提供了标准。

1. 网络体系结构

网络体系结构和网络协议是计算机网络技术中的两个基本概念。下面从网络层次结构、服务和协议的基本概念出发，理解一下网络中的基本概念。

（1）网络协议。

在生活中，我们对通信协议并不陌生，一种语言本身就是一种协议。例如，在我们请假时，假条内容的格式就是一种协议。在计算机中，计算机网络由多台主机组成，主机之间需要不断地交换数据，若要做到有条不紊地交换数据，就需要事先约定好通信规则，这些为网络数据交换制定的通信规则被称为网络协议（Protocol）。

（2）层次结构。

计算机网络体系结构可以被定义为网络协议的层次划分与各层协议的集合，同一层中的协议可以根据该层所要实现的功能来确定，各对等层之间的协议功能由相应的底层提供。

层次化的网络体系的优点在于每层实现相对独立的功能，层与层之间通过接口来提供服务，每层都对上层屏蔽如何实现协议的具体细节，使网络体系结构做到与具体物理实现无关。这种层次结构允许连接到网络的主机和终端型号、性能不同，只要遵守相同的协议就可以实现互操作。高层用户可以从具有相同功能的协议层开始进行互连，使网络成为开放式系统。这里的开放是指遵守相同协议的任意两个系统之间都可以进行通信，即对等层通信，如图 6-31 所示。因此，层次结构便于系统的实现和维护。

在对等层之间进行通信时，数据传送方式并不是由第 N 层发送方直接发送到第 N 层接收方，而是每层都把数据和控制信息组成的报文分组传输到它的相邻低层，直到传输到物理传输介质为止。在接收数据时，则由每层从它的相邻低层接收相应的分组数据，并且去掉与本层有关的控制信息，将有效数据传送给其相邻上层，如图 6-32 所示。

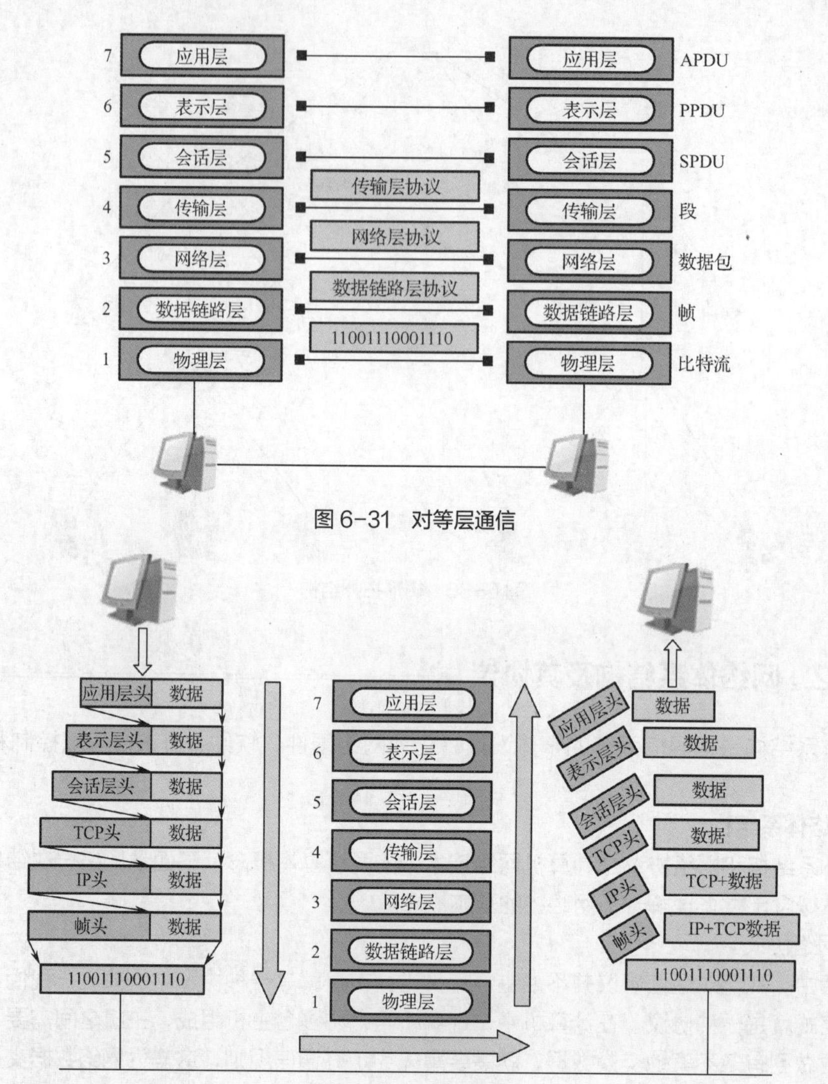

图 6-31 对等层通信

图 6-32 数据解封装

（3）OSI 与 TCP/IP。

OSI 模型是国际标准化组织（International Organization for Standardization，ISO）在 1985 年研究的网络互连模型。OSI 模型晚于 TCP/IP 模型。

OSI 模型将计算机网络通信协议分为 7 层，TCP/IP 模型将其分为 4 层，ISO 模型与 TCP/IP 模型的对应关系如图 6-33 所示。

其中，OSI 模型的上 3 层称为高层，定义了应用程序之间的通信和人机交互界面；下 4 层称为底层，定义的是数据如何进行端到端的传输，以及物理规范和数据与光电信号间的转换。

① 应用层：即应用程序。这一层负责确定通信对象，并确保有足够的资源用于通信，这些都是需要通信的应用程序完成的事情。

② 表示层：负责数据的编码、转换，确保应用层的正常工作，如同应用程序和网络之间的翻译官，将我们的语言与机器语言进行相互转换。数据的压缩、解压，以及加密、解密都发生在这一层。这一层可以根据不同的应用目的将数据处理为不同的格式，其外在表现就是人们看到的各种各样的文件扩展名。

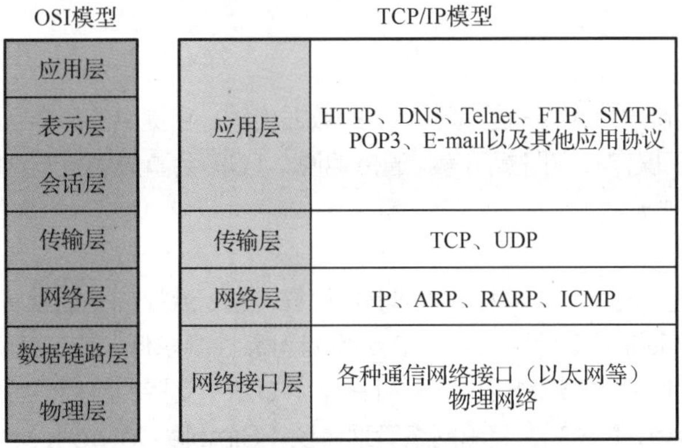

OSI模型	TCP/IP模型	
应用层	应用层	HTTP、DNS、Telnet、FTP、SMTP、POP3、E-mail以及其他应用协议
表示层		
会话层		
传输层	传输层	TCP、UDP
网络层	网络层	IP、ARP、RARP、ICMP
数据链路层	网络接口层	各种通信网络接口（以太网等）物理网络
物理层		

图 6-33　OSI 模型与 TCP/IP 模型的对应关系

③ 会话层：负责建立、维护、控制会话，区分不同的会话，以及提供单工（Simplex）、半双工（Half Duplex）、全双工（Full Duplex）3 种通信模式的服务。我们所知的 NFS、RPC、Windows 等都工作在这一层。

④ 传输层：负责分割、组合数据，实现端到端的逻辑连接。数据在上 3 层是整体的，到了这一层开始被分割，这一层被分割后的数据叫作段（Segment）。三次握手（Three way Handshake）、面向连接（Connection-Oriented）或非面向连接（Connectionless-Oriented）的服务、流控（Flow Control）等都发生在这一层。

⑤ 网络层：负责管理网络地址、定位设备、决定路由。我们所熟知的 IP 和路由器都工作在这一层。上层的数据段在这一层被继续分割，封装后叫作包（Packet）。包有两种：一种叫作用户数据包（Data Packets），是上层传下来的用户数据；另一种叫作路由更新包（Route Update Packets），是直接由路由器发出来的，用来和其他路由器进行路由信息的交换。

⑥ 数据链路层：负责准备物理传输、循环冗余校验（Cyclic Redundancy Check，CRC）、错误通知、网络拓扑、流控等。我们所熟知的 MAC 地址和交换机都工作在这一层。上层传下来的包在这一层被分割封装后叫作帧（Frame）。

⑦ 物理层：即实实在在的物理链路，负责将数据以比特流的方式发送、接收。

TCP/IP 模型并不完全符合 OSI 的 7 层参考模型。传统的 OSI 模型是一种通信协议的 7 层抽象的参考模型，其中每层执行某一特定任务。该模型的目的是使各种硬件在相同的层次上相互通信。而 TCP/IP 模型采用了 4 层的层级结构，每层都呼叫它的下一层所提供的网络来完成自己的需求，这 4 层如下所述。

① 应用层：应用程序间沟通的层，如简单电子邮件传输协议（Simple Mail Transfer Protocol，SMTP）、文件传输协议（File Transfer Protocol，FTP）、网络远程访问协议（Telnet Protocol）等。

② 传输层：提供了节点间的数据传送服务，如传输控制协议（Transmission Control Protocol，TCP）、用户数据报协议（User Datagram Protocol，UDP）等，两者负责给数据包加入传输数据并把它传输到下一层中。这一层负责传送数据，确定数据已被送达并被接收。

③ 网络层：负责提供基本的数据封包传送功能，让每块数据包都能够到达目的主机（但不检查是否被正确接收）。

④ 网络接口层：对实际的网络媒体进行管理，定义如何使用实际网络（如 Ethernet、Serial Line 等）来传送数据。

2. 网络协议

（1）TCP。

TCP 属于传输层协议，为传输层提供可靠的数据传输，它提供的服务包括数据流传送、可靠传输、有效流控、全双工操作和多路复用等。通俗地说，TCP 会事先为所发送的数据开辟出连接好的通道，然后进行数据发送。

（2）UDP。

UDP 属于传输层协议，但不能为传输层提供可靠传输、流控或差错恢复功能。一般来说，TCP 对应的是可靠性要求高的应用，而 UDP 对应的则是可靠性要求低、传输经济的应用。TCP 支持的应用层协议主要有 Telnet 协议、FTP、SMTP 等，UDP 支持的应用层协议主要有网络文件系统（Network File System，NFS）、简单网络管理协议（Simple Network Management Protocol，SNMP）、域名系统（Domain Name System，DNS）、普通文件传送协议（Trivial File Transfer Protocol，TFTP）等。

（3）IP。

IP 将多个包交换网络连接起来，在源地址和目的地址之间传送数据包，还提供对数据大小的重新组装功能，以适应不同网络对包大小的要求。

IP 不提供可靠的传输服务，不提供端到端的或（路由）节点到（路由）节点的确认，对数据没有差错控制，它只使用报头的校验码，不提供重发和流量控制。如果出现错误，则可以通过互联网控制报文协议（Internet Control Message Protocol，ICMP）来报告，而 ICMP 可以在 IP 模块中实现。

IP 的两个基本功能为寻址和分段。IP 可以根据数据包报头中包含的目的地址将数据包传送到目的地，在此过程中，IP 负责选择传送的道路，这种选择道路的功能被称为路由功能。如果有些网络只能传送小数据包，则 IP 可以将数据包重新组装并在报头域内注明。

6.2.3 IP 地址划分及常用网络测试命令

网络管理需要进行 IP 地址划分，对于网络管理员来说，掌握常用的网络命令进行测试与管理是非常必要的。

1. IP 地址划分

IP 地址是用来唯一标识因特网上计算机的逻辑地址。网关或路由器可以根据 IP 地址将数据帧传送到它们的目的地，直到数据帧到达本地网络，硬件地址才发挥作用。

（1）IP 地址简介。

IP 地址由 32 位二进制码组成，通常表现为 4 组 8 位二进制数，再将二进制数转换成等效的十进制数，并用“.”分隔，如 202.101.55.98，这个数字就代表了一台计算机在因特网上的唯一标识。

网络地址 126.×.×.×已经分配给当地回路地址，这个地址用于提供对本地主机进行网络配置的测试。

当 IP 地址中的主机地址位设置为 0 时，它标识为一个网段，而不是哪个网段上的特定的一台主机，如 192.168.1.0。

当 IP 地址中的所有位都设置为 1 时，即产生地址 255.255.255.255，用于向所有网络中的所有主机发送广播消息，叫作泛洪广播。

子网掩码用来确认一台计算机的网络地址，使用 4 组 8 位二进制数表示。某位为“1”则代表该位对应的 IP 地址的相应位上的数字表示的是子网标识，用于确定该子网；否则为计算机地址，用于区分子网中的其他计算机。

例如，IP 地址为 192.168.10.48，子网掩码为 255.255.255.0，则 IP 地址 192.168.10.0 为网络地址，以 192.168.10.×为 IP 地址的计算机属于一个网段，这些计算机之间的通信不通过网络或路由器等设备。

（2）IP 地址的分类。

① A 类地址。

网络	主机	主机	主机

0×××××××

网络地址：0～127（128 个网络，但只有 126 个可用），其中 0.0.0.0 为默认地址，用于路由器；126.×.×.×为测试回路地址。

每个网络支持的最大主机数：16777216-2=16777214。例如，A 类 IP 地址 16.199.184.1 255.0.0.0。

② B 类地址。

网络	主机	主机	主机

10××××××

网络地址：128～191（16382 个网络）。

每个网络支持的最大主机个数：65536-2=65534。例如，B 类 IP 地址 168.199.184.5 255.255.0.0。

③ C 类地址。

网络	主机	主机	主机

110×××××

网络地址：192～223（2097152 个网络）。

每个网络支持的最大主机个数：256-2=254。例如，C 类 IP 地址 202.199.184.10 255.255.255.0。

④ D 类地址。

网络	组播组	组播组	组播组

1110××××

网络地址：224～239。其保留用作组播地址，其范围为 224.0.0.0～239.255.255.255。

⑤ E 类地址。

网络	保留	保留	保留

1111××××

网络地址：240～255。其保留用于实验。

⑥ 三类私有地址。

A 类：10.0.0.0～10.255.255.255。

B 类：172.16.0.0～172.31.255.255。

C 类：192.168.0.0～192.168.255.255。

2. 常用网络相关命令

V6-4　常用网络相关命令

在网络设备调试过程中，经常需要使用测试命令对网络进行测试，查看网络的运行情况。下面介绍常用的 ping、tracert、ipconfig、arp 等测试命令的用法。

（1）ping 命令。

ping 命令用于测试两台设备之间的连通性。当网络出现故障时，为了查询故障位置，可以使用 ping 命令发送一些小的数据包，如果发送数据包的主机能够接收到目的主机返回的响应数据包，则可判定从发送数据包的主机到达目的主机之间的网络是连通的，否则说明两台主机之间的网络不通，可以继续使用 ping 命令查找故障位置。

ping 命令的格式如下。

```
C:\>ping [-t] [-n count] [-l size] 目的主机 IP 地址
```

其中，各参数说明如下。

-t：使当前主机不断地向目的主机发送数据，直到按【Ctrl+C】组合键中断。

-n count：指定要执行多少次 ping 命令，count 为正整数值。其默认情况下为 4。

-l size：发送数据包的大小。其默认情况下为 32 字节。

例如，使用 C:\>ping 192.168.1.100 -t 命令，不断地向主机 192.168.1.100 发送数据包，直到按【Ctrl+C】组合键中断。

```
C:\>ping 192.168.1.100 -t
正在 ping 192.168.1.100 具有 32 字节的数据:
来自 192.168.1.100 的回复: 字节=32 时间<1ms TTL=128
来自 192.168.1.100 的回复: 字节=32 时间<1ms TTL=128
来自 192.168.1.100 的回复: 字节=32 时间<1ms TTL=128
来自 192.168.1.100 的回复: 字节=32 时间<1ms TTL=128
来自 192.168.1.100 的回复: 字节=32 时间<1ms TTL=128
来自 192.168.1.100 的回复: 字节=32 时间<1ms TTL=128
来自 192.168.1.100 的回复: 字节=32 时间<1ms TTL=128
192.168.1.100 的 ping 统计信息:
    数据包: 已发送 = 7，已接收 = 7，丢失 = 0 (0% 丢失)，
往返行程的估计时间(以毫秒为单位):
    最短 = 0ms，最长 = 0ms，平均 = 0ms
Control-C
^C
C:\>
```

例如，使用 C:\>ping 192.168.1.100 命令测试从本机到达目的主机 192.168.1.100 的网络是否连通。

```
C:\>ping 192.168.1.100
正在 ping 192.168.1.100 具有 32 字节的数据:
来自 192.168.1.100 的回复: 字节=32 时间<1ms TTL=128
来自 192.168.1.100 的回复: 字节=32 时间<1ms TTL=128
来自 192.168.1.100 的回复: 字节=32 时间<1ms TTL=128
来自 192.168.1.100 的回复: 字节=32 时间<1ms TTL=128
192.168.1.100 的 ping 统计信息:
    数据包: 已发送 = 4，已接收 = 4，丢失 = 0 (0% 丢失)，
往返行程的估计时间(以毫秒为单位):
    最短 = 0ms，最长 = 0ms，平均 = 0ms
C:\>
```

（2）tracert 命令。

上面介绍的 ping 命令只能测试数据包从源主机到达目的主机的网络是否连通，但是并不知道数据包经过了哪些路径后才到达目的主机。为了测试数据包到达目的主机过程中所走过的路径，可以使用 tracert 命令。tracert 命令用于跟踪数据包经过路由器或三层交换机的节点位置，进而获得数据包所走过的路径信息。

tracert 命令的格式如下。

```
C:\>tracert ip-address
```

其中，ip-address 为目的主机 IP 地址。

例如，测试本机到 www.jd.com 网站所走过的路径。

```
C:\>tracert -4 www.jd.com
通过最多 30 个跃点跟踪
到 img2x-v6-sched.jcloudedge.com [221.180.195.131] 的路由:
  1    <1 毫秒    <1 毫秒    <1 毫秒    192.168.1.1
  2    3 ms       3 ms       3 ms       10.33.0.1
  3    *          *          *          请求超时。
  4    4 ms       3 ms       3 ms       211.136.46.109
  5    *          *          *          请求超时。
  6    22 ms      55 ms      10 ms      221.180.241.22
  7    11 ms      6 ms       5 ms       172.20.136.42
  8    3 ms       3 ms       3 ms       221.180.195.131
跟踪完成。
C:\Users\Administrator>
```

从上述测试结果可看出从本机到达 www.jd.com 所走过的路径，其中“*”表示超时。

（3）ipconfig 命令。

ipconfig 命令用于查看主机网卡的 MAC 地址、IP 地址、子网掩码及默认网关等信息。

ipconfig 命令的格式如下。

```
C:\>ipconfig [/all]
```

其中，/all 表示显示所有的配置信息。

例如，C:\>ipconfig /all 用于显示主机网卡的所有配置信息。

```
以太网适配器 本地连接:
   连接特定的 DNS 后缀 . .     :
   描述. . . . . . . . .       : Intel(R) Ethernet Connection I216-LM
   物理地址. . . . . . .       : D4-3D-7E-22-66-41
   DHCP 已启用 . . . . .       : 否
   自动配置已启用. . . . .     : 是
   IPv4 地址 . . . . . .       : 192.168.1.100(首选)
   子网掩码  . . . . . . .     : 255.255.255.0
   默认网关. . . . . . .       : 192.168.1.1
   DNS 服务器  . . . . .       : 101.198.199.200
   TCPIP 上的 NetBIOS  .       : 已启用
```

（4）arp 命令。

只知道目的主机的 IP 地址还不能将数据包发送出去，还必须知道目的主机 IP 地址对应的 MAC 地址才行。从 IP 地址查询 MAC 地址的工作由地址解析协议（Address Resolution Protocol，ARP）完成。为了查看本机是否获得了相关 IP 地址对应的 MAC 地址，可以使用 arp 命令查询 ARP 表。

arp 命令的格式如下。

```
C:\>arp  -a
```

其中，-a 表示当前 ARP 数据。

```
C:\>arp -a
接口: 192.168.1.100 --- 0xb
  Internet 地址          物理地址                类型
  192.168.1.1            04-b0-e6-ae-2a-f1       动态
  192.168.1.4            88-44-76-91-bb-91       动态
  192.168.1.22           70-20-84-a0-5b-8e       动态
  192.168.1.255          ff-ff-ff-ff-ff-ff       静态
  224.0.0.22             01-00-5e-00-00-16       静态
  224.0.0.251            01-00-5e-00-00-fb       静态
  224.0.0.252            01-00-5e-00-00-fc       静态
  239.255.255.250        01-00-5e-7f-ff-fa       静态
  255.255.255.255        ff-ff-ff-ff-ff-ff       静态
```

6.3 项目实施

6.3.1 构建局域网络

小张是某网络工程公司的技术员，应某企业请求为该企业提供技术支持，企业要求内部计算机能够访问共享目录内的文件资源，以实现办公自动化。为了简化设置，小张要解决网卡安装、计算机网络参数配置及共享目录设置等问题，为后续问题的解决奠定基础。

V6-5 构建局域网络实现资源共享

1. 准备工作

（1）安装网卡。

① 打开主机机箱，找到安装网卡的 PCI 插槽，如图 6-34 所示。

② 将网卡插入 PCI 插槽，并固定网卡，如图 6-35 所示。

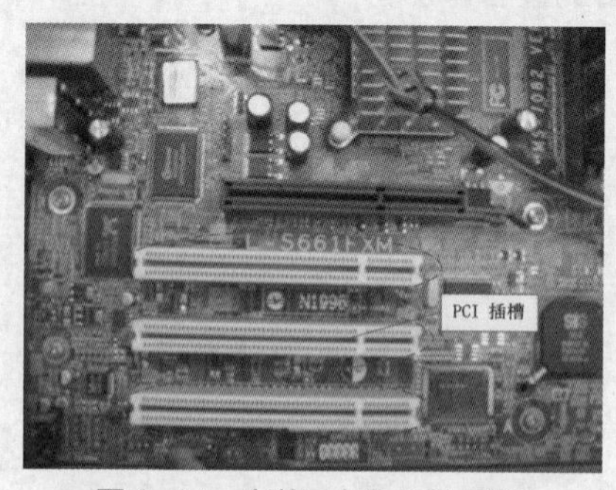

图 6-34 安装网卡的 PCI 插槽

图 6-35 将网卡插入 PCI 插槽

（2）连接两台计算机。

为了使通过网线连接的两台计算机能够相互通信，需要分别对这两台计算机（本项目的计算机操作系统为 Windows 10）进行网络参数配置，包括 IP 地址、子网掩码等。假设这两台计算机的 IP 地址分别是 192.168.1.10/24、192.168.1.11/24，在计算机 1 中建立共享文件夹 D:\root，实现资源共享，如图 6-36 所示。

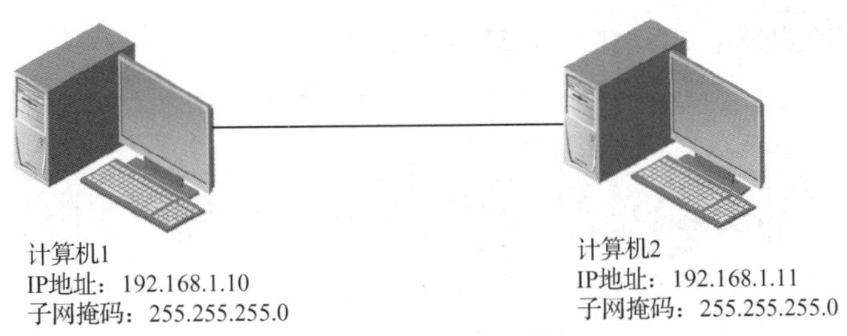

图 6-36　连接两台计算机

2. 配置计算机网络参数

配置计算机网络参数时，需要进行如下操作。

（1）配置计算机 1 的网络参数。

① 在桌面空白处单击鼠标右键，在弹出的快捷菜单中选择“个性化”命令，如图 6-37 所示。

② 打开“设置”窗口，选择“主题”选项，在进入的“主题”界面中，选择“桌面图标设置”选项，如图 6-38 所示。

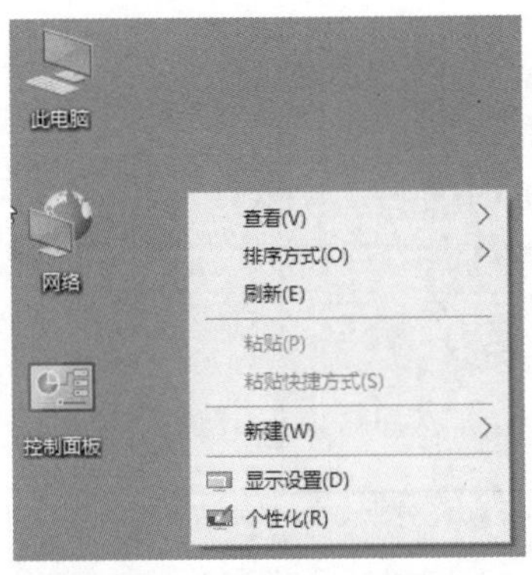

图 6-37　桌面右键快捷菜单

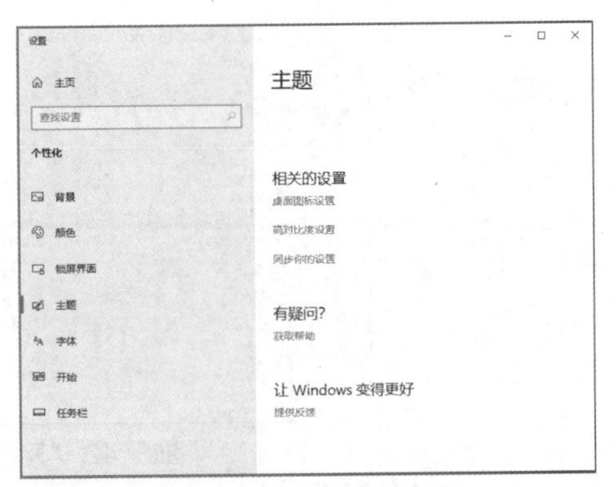

图 6-38　“主题”界面

③ 弹出“桌面图标设置”对话框，选中“计算机”“回收站”“控制面板”“网络”复选框，如图 6-39 所示。单击“确定”按钮，将这些图标在桌面上显示出来。

④ 在桌面上的“网络”图标上单击鼠标右键，在弹出的快捷菜单中选择“属性”命令，如图 6-40 所示。

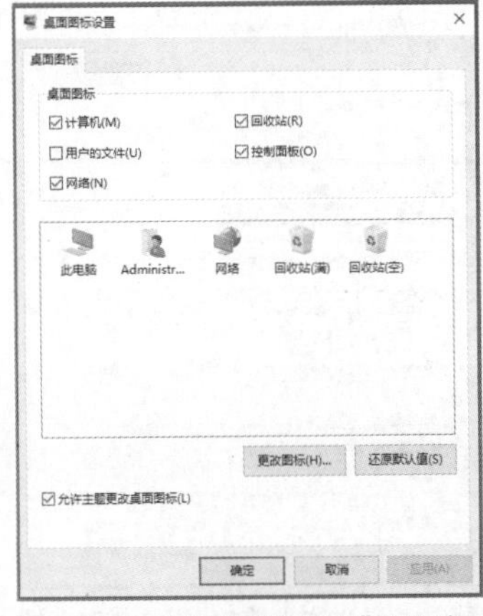

图 6-39　“桌面图标设置”对话框

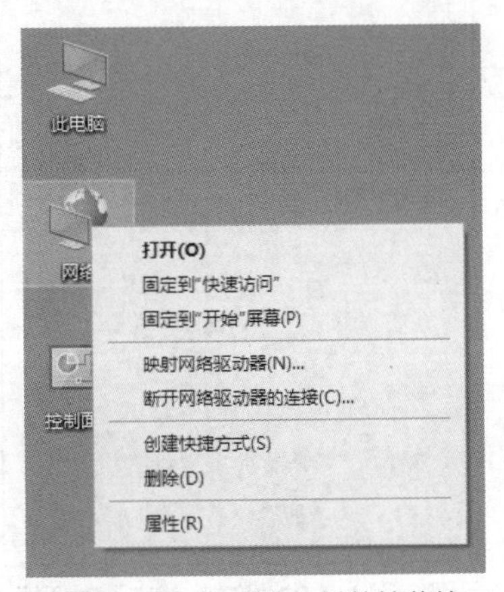

图 6-40　“网络”右键快捷菜单

⑤ 打开“网络和共享中心”窗口，如图 6-41 所示。

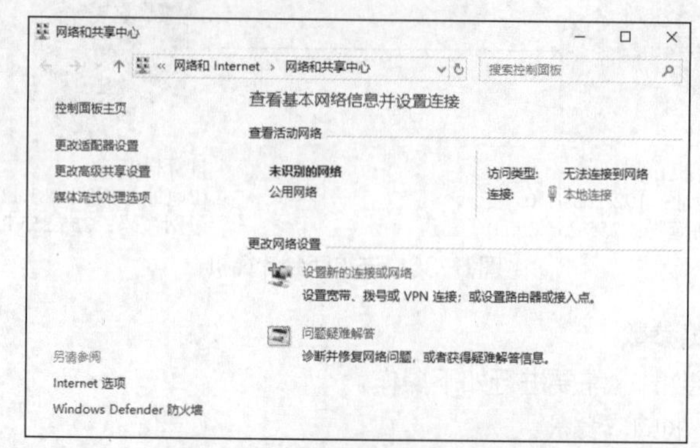

图 6-41 “网络和共享中心”窗口

⑥ 选择“更改适配器设置”选项，打开“网络连接”窗口，如图 6-42 所示。

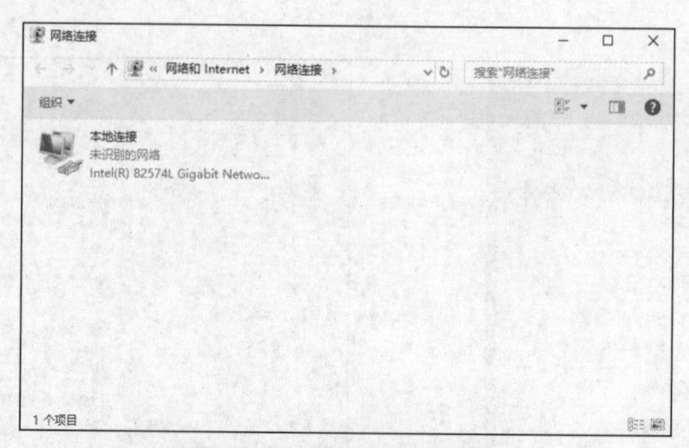

图 6-42 “网络连接”窗口

⑦ 双击“本地连接”图标，弹出“本地连接 状态”对话框，如图 6-43 所示。

⑧ 在“本地连接 状态”对话框中，单击“属性”按钮，弹出“本地连接 属性”对话框，如图 6-44 所示。

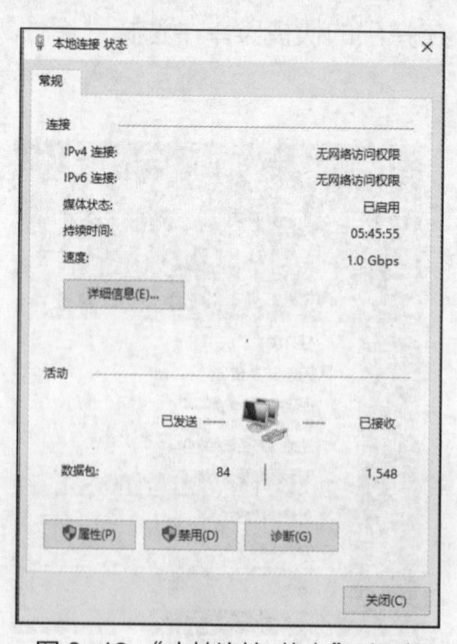

图 6-43 “本地连接 状态”对话框

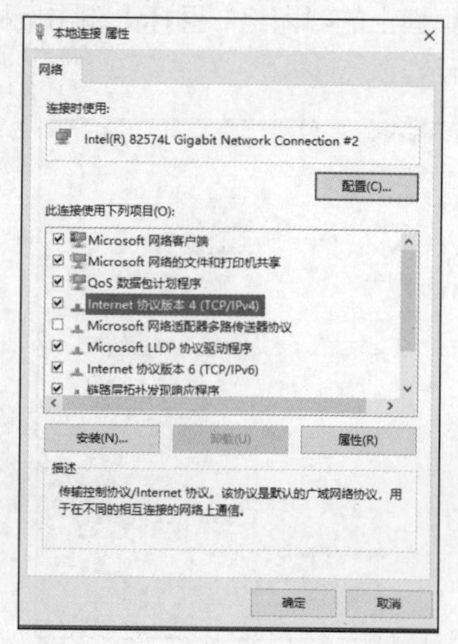

图 6-44 “本地连接 属性”对话框

⑨ 在“本地连接 属性”对话框中，选中“Internet 协议版本 4（TCP/IPv4）”复选框，单击“属性”按钮，弹出“Internet 协议版本 4（TCP/IPv4）属性”对话框，设置 IP 地址及子网掩码，单击“确定”按钮，保存修改参数，如图 6-45 所示。关闭相应的对话框和窗口。

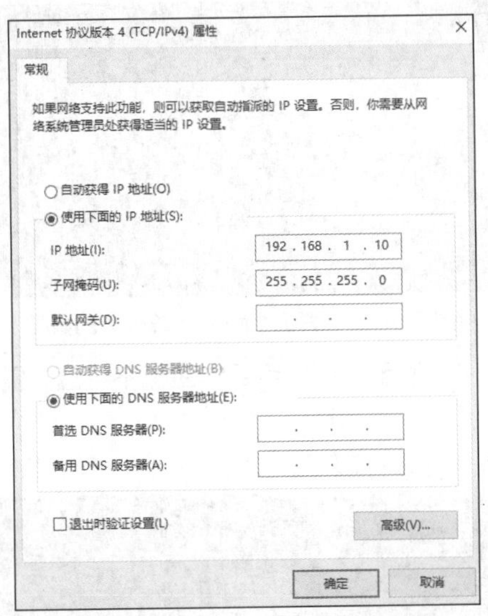

图 6-45　设置 IP 地址及子网掩码

（2）配置计算机 2 的网络参数。

计算机 2 网络参数中的 IP 地址为 192.168.1.11，子网掩码为 255.255.255.0，配置方法同计算机 1，在此不赘述。

（3）测试网络连通性。

配置完两台计算机的网络参数后，检查其网络是否连通。

① 用测线器测试双绞线是否完好，检查双绞线是否正确连接到了计算机网卡接口上。

② 在计算机 1 上，单击“开始”按钮，在搜索框中输入“cmd”后按【Enter】键，打开命令提示符窗口，在提示符后输入“ipconfig/all”命令，查看计算机 1 的 IP 地址配置是否正确，如图 6-46 所示。

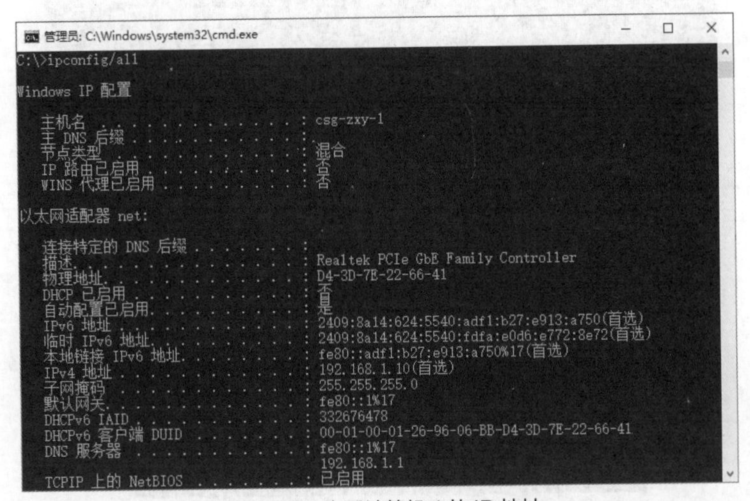

图 6-46　查看计算机 1 的 IP 地址

③ 在计算机 1 上使用 ping 命令测试计算机 1 与计算机 2 的网络连通性。如果显示结果如图 6-47 所示，则表示计算机 1 与计算机 2 可以正常通信。

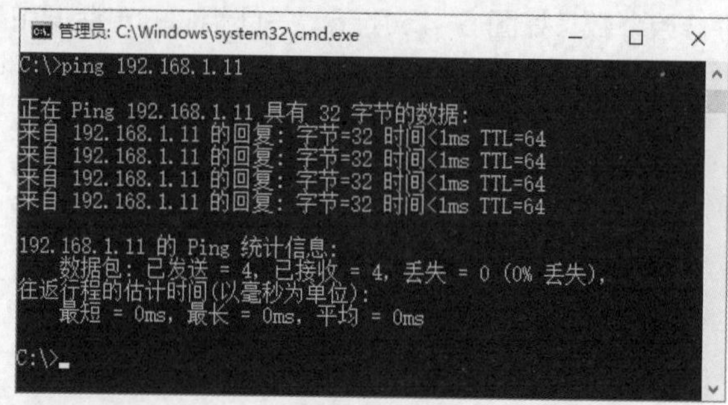

图 6-47　计算机 1 ping 计算机 2 的情况

④ 如果显示结果如图 6-48 所示，则表示目的主机不可达，需要进一步查询计算机 2 的配置情况。

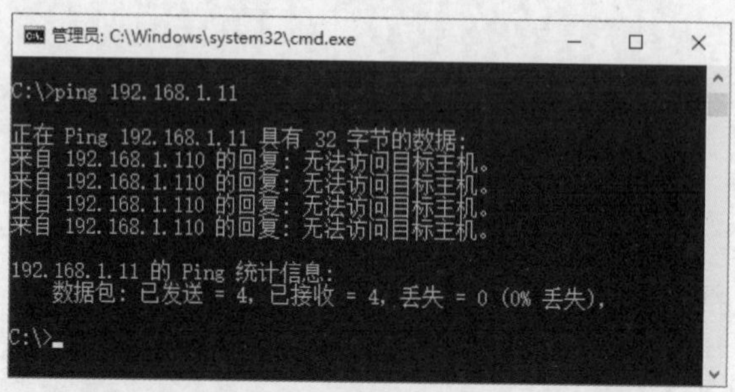

图 6-48　计算机 1 不能 ping 计算机 2 的情况

⑤ 同理，在计算机 2 上查看其 IP 地址配置是否正确，如图 6-49 所示。

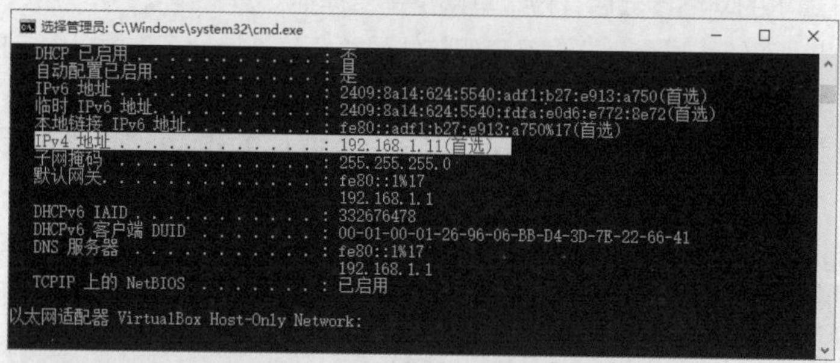

图 6-49　查看计算机 2 的 IP 地址

⑥ 在计算机 2 上 ping 计算机 1，测试连通性，如图 6-50 所示。

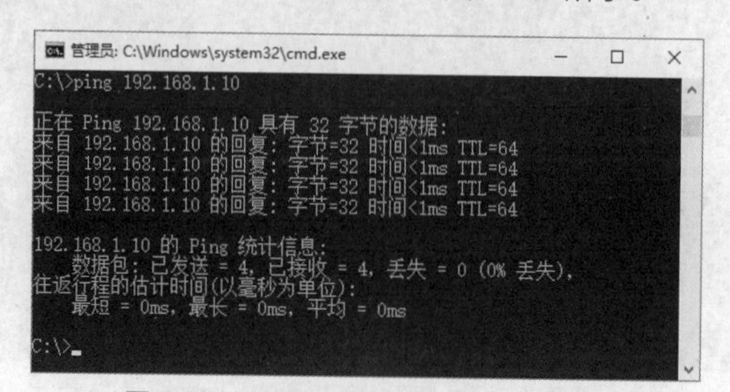

图 6-50　计算机 2 ping 计算机 1 的情况

3. 共享网络资源

想实现网络资源共享，需要进行如下操作。

（1）创建用户账户。

为了实现远程访问网络共享资源，必须事先建立远程访问网络共享资源的用户账户（包括用户名及密码）。需要分别在计算机 1 和计算机 2 上建立相同的用户账户名称和密码。下面仅描述在计算机 1 上创建用户账户 User1 的过程，在计算机 2 上创建用户账户 User1 的过程与计算机 1 完全相同。

① 在计算机 1 的桌面上双击“控制面板”图标，打开“控制面板”窗口，选择“用户账户”选项，如图 6-51 所示。

图 6-51 “控制面板”窗口

② 在打开的“用户账户”窗口中，选择“更改账户类型”选项，打开“管理账户”窗口，如图 6-52 所示。

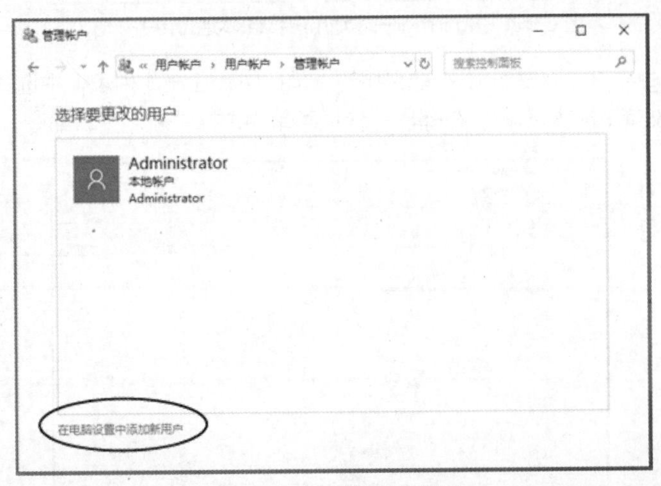

图 6-52 “管理账户”窗口

③ 在“管理账户”窗口中，选择“在电脑设置中添加新用户”选项，进入“其他用户”界面，如图 6-53 所示。

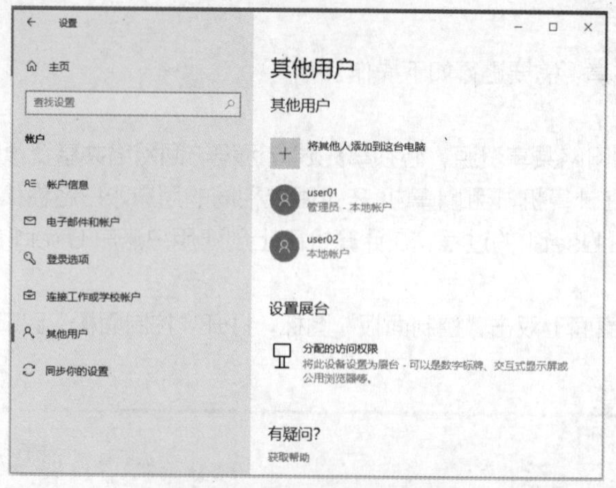

图 6-53 “其他用户”界面

④ 在“其他用户”界面中，选择“将其他人添加到这台电脑”选项，打开“lusrmgr-[本地用户和组(本地)\用户]”窗口，如图 6-54 所示。

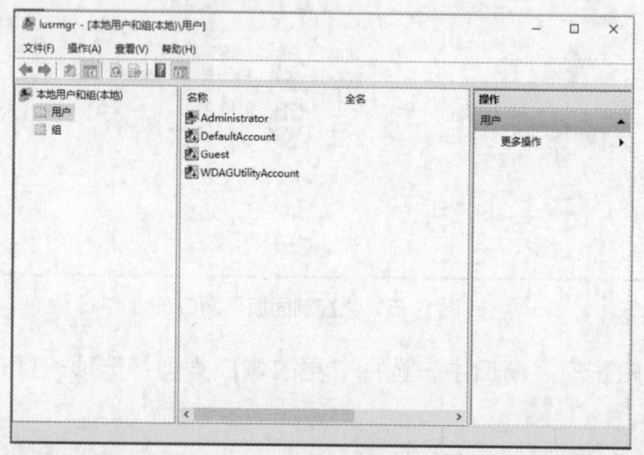

图 6-54 “lusrmgr-[本地用户和组(本地)\用户]”窗口

⑤ 在“lusrmgr-[本地用户和组(本地)\用户]”窗口中，在左侧列表框中选择“用户”选项，在中间列表框的空白处单击鼠标右键，在弹出的快捷菜单中选择“新用户”命令，如图 6-55 所示。

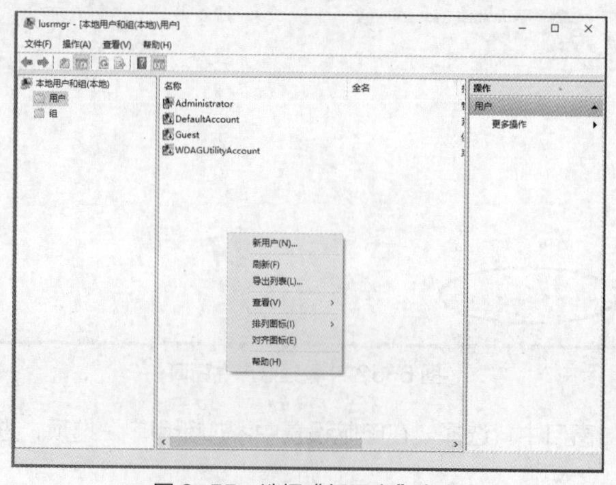

图 6-55 选择“新用户”命令

⑥ 弹出“新用户”对话框，输入用户名 User1，密码 admin，并再次输入确认密码 admin，无误后，单击“创建”按钮，如图 6-56 所示。关闭相应对话框和窗口。

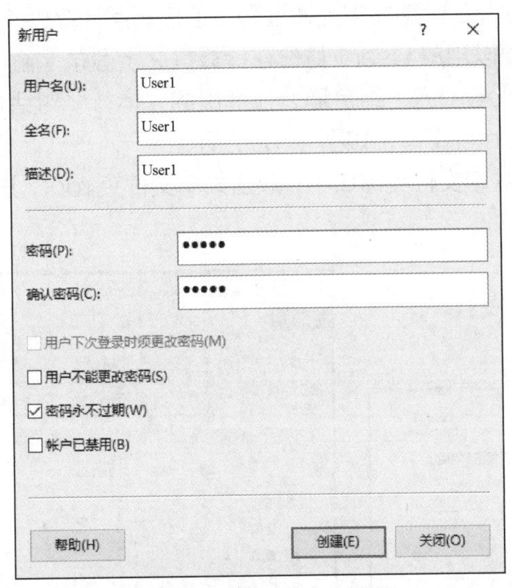

图 6-56 “新用户”对话框

至此，完成了在计算机 1 上创建用户账户 User1 的过程。在计算机 2 上同样需要创建用户账户 User1，用户名和密码完全相同，此处不再赘述。

（2）设置共享文件夹。

假设在计算机 1 上已经创建了文件夹 D:\root，并在该文件夹中放置了一个共享文件 abc.doc。希望计算机 2 通过网络连接访问计算机 1 的 D:\root 文件夹中的共享文件 abc.doc，需设置文件夹 D:\root 为共享文件夹。

① 在 D:\root 文件夹上单击鼠标右键，在弹出的快捷菜单中选择“共享”命令，选择“特定用户…”选项，进入“选择要与其共享的用户”界面，在其下拉列表中选择“User1”用户，单击“添加”按钮，如图 6-57 所示。

② 默认情况下，新建用户对共享文件夹的访问权限仅有“读取”权限，可以通过三角按钮修改“user1”的用户权限为“读取/写入”，并单击“共享”按钮，如图 6-58 所示。

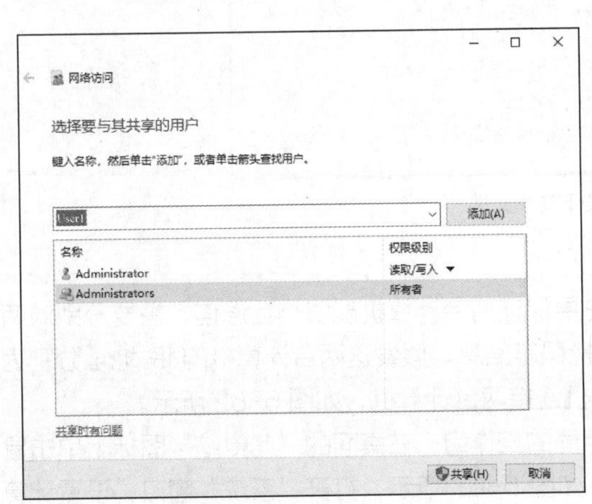

图 6-57 选择共享用户

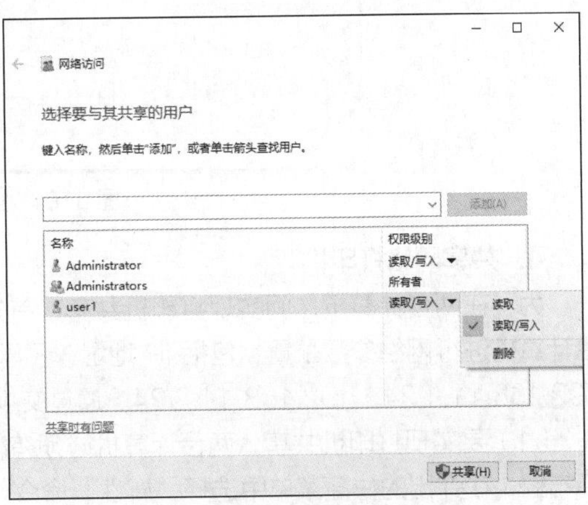

图 6-58 设置用户访问权限

（3）访问共享资源。

想实现访问共享资源，需要进行如下操作。

① 为了实现用户 User1 在计算机 2 上通过网络连接访问计算机 1 的共享文件夹 D:\root 中的文件 abc.doc 的目的，需要以用户 User1 身份在计算机 2 上登录（输入用户名 User1 及其密码）。

② 登录后，按【Windows+R】组合键，在弹出的“运行”对话框的“打开”文本框中输入“\\192.168.1.10”并按【Enter】键，如图 6-59 所示。

③ 在显示计算机 1 的共享文件夹窗口中，双击共享文件夹 root，进入共享文件夹，如图 6-60 所示。

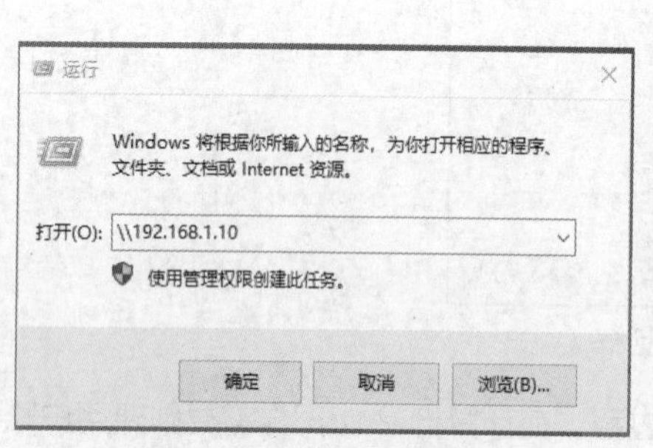

图 6-59 “运行”对话框

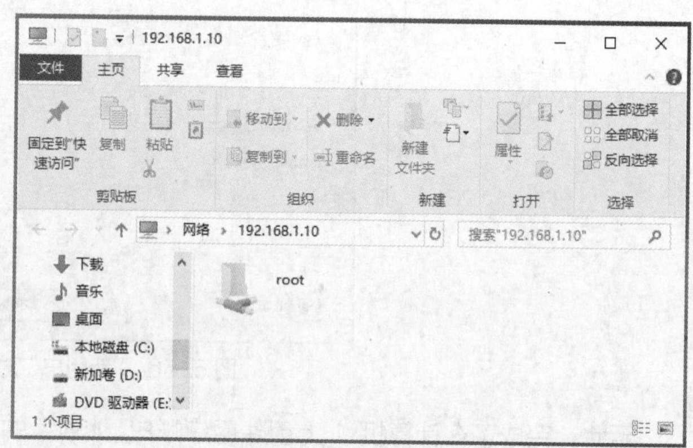

图 6-60 进入共享文件夹

④ 进入共享文件夹 root 后，即可对共享文件 abc.doc 进行操作，如复制、修改等，如图 6-61 所示。

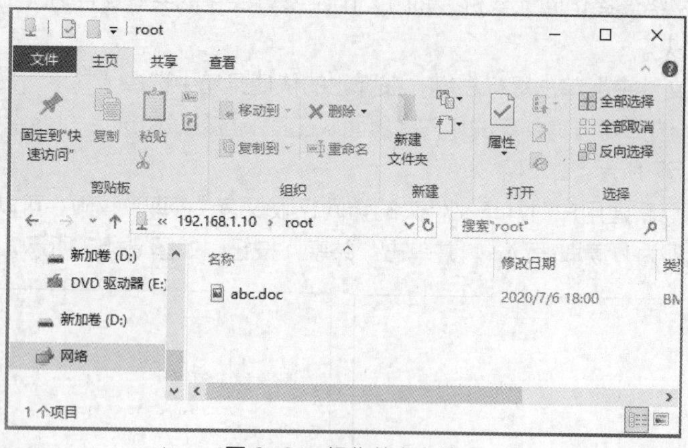

图 6-61 操作共享文件

4. 共享网络打印机

为了在两台计算机之间实现打印机共享，首先要保证两台计算机能够相互通信，需要分别对两台计算机进行网络参数配置，包括 IP 地址、子网掩码等信息。假设这两台计算机的 IP 地址分别为 192.168.11.1/24、192.168.11.2/24，通过交换机连接两台计算机，如图 6-62 所示。

（1）要实现打印机共享，两台计算机必须有相同的工作组，在桌面的“此电脑”图标上单击鼠标右键，在弹出的快捷菜单中选择“属性”命令，如图 6-63 所示，打开“系统”窗口，设置计算机所在工作组为 WorkGroup，如图 6-64 所示。

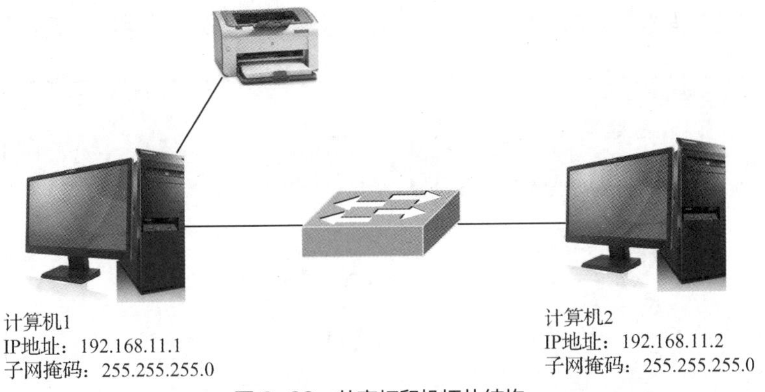

图 6-62　共享打印机拓扑结构

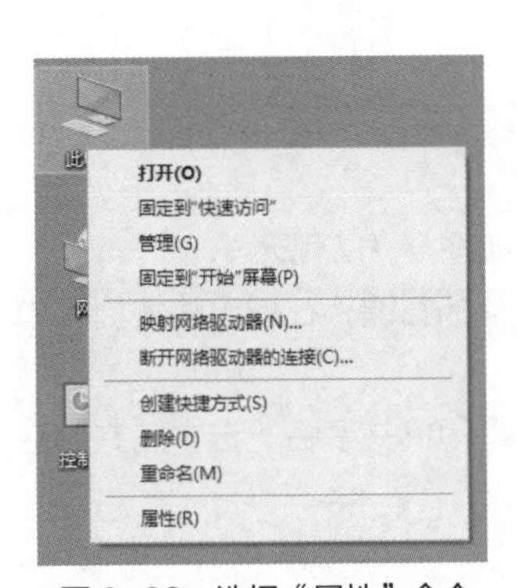

图 6-63　选择“属性”命令

图 6-64　设置工作组

（2）两台计算机必须设置用户密码。在桌面的“此电脑”图标上单击鼠标右键，在弹出的快捷菜单中选择“管理”命令，在左侧列表框中选择“用户”选项，在中间列表框的“Administrator”上单击鼠标右键，在弹出的快捷菜单中选择“设置密码”命令，进行密码设置，如图 6-65 所示。

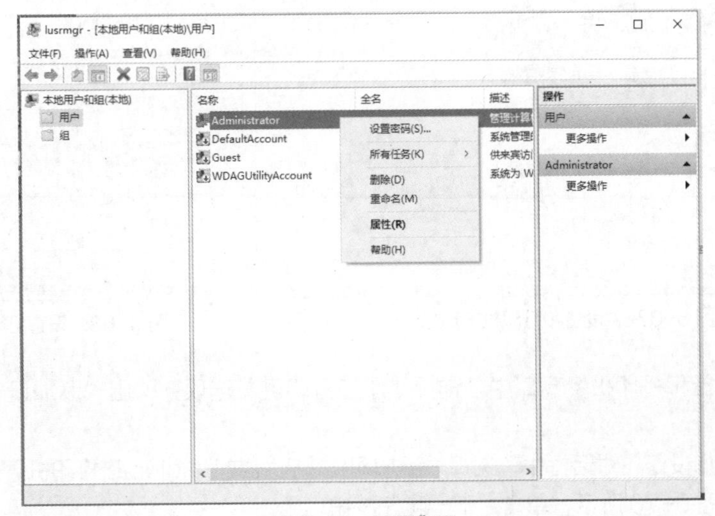

图 6-65　设置密码

（3）打开“控制面板”窗口，如图 6-66 所示，设置“查看方式”为“大图标”。

图 6-66 “控制面板”窗口

（4）选择“设备和打印机”选项，打开“设备和打印机”窗口，如图 6-67 所示。

（5）在“设备和打印机”窗口中，选中相应的打印机图标并单击鼠标右键，在弹出的快捷菜单中选择“打印机属性”命令。

（6）在弹出的打印机属性对话框中，选择“共享”选项卡，设置打印机共享名，选中“共享这台打印机”复选框，如图 6-68 所示，单击“确定”按钮。

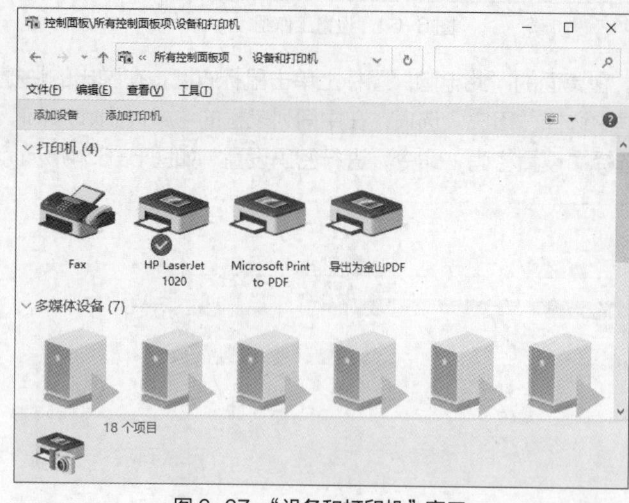

图 6-67 “设备和打印机”窗口

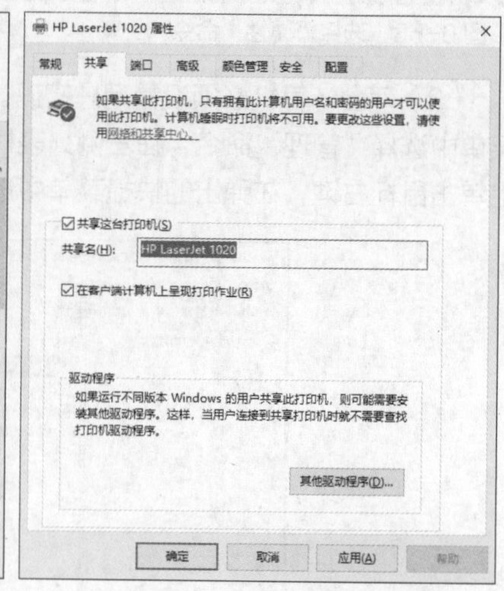

图 6-68 设置打印机共享名

（7）在“设备和打印机”窗口中，选择“添加打印机”选项，弹出“添加设备”对话框，如图 6-69 所示。

（8）在“添加设备”对话框中，选择“添加网络、无线或 Bluetooth 打印机”选项，选中搜索到的打印机，如图 6-70 所示，单击“下一步”按钮。

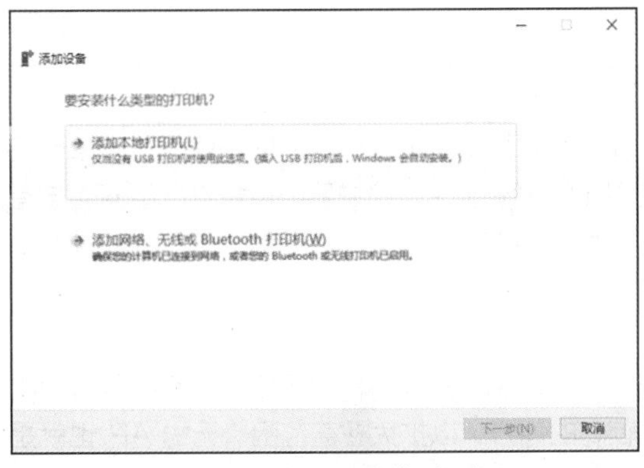

图 6-69 “添加设备”对话框

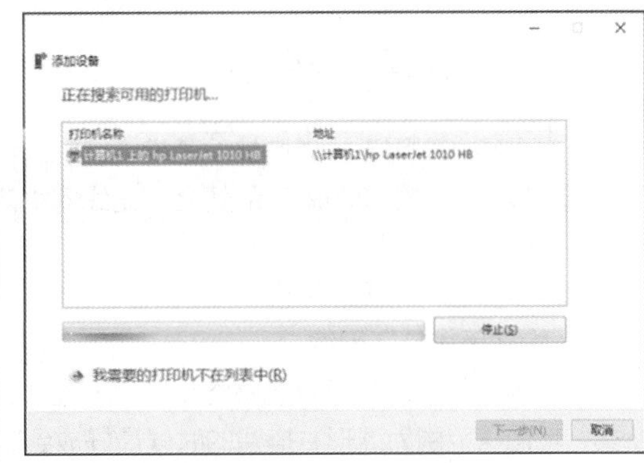

图 6-70 选中打印机

（9）设置共享打印机名称，如图 6-71 所示。单击“下一步”按钮，完成添加打印机操作，如图 6-72 所示。

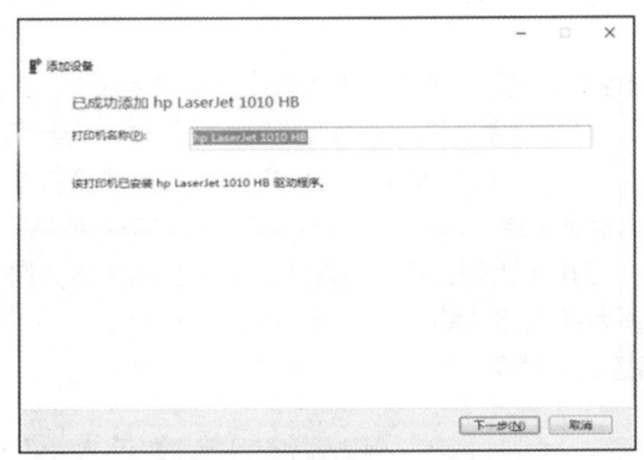

图 6-71 设置共享打印机名称

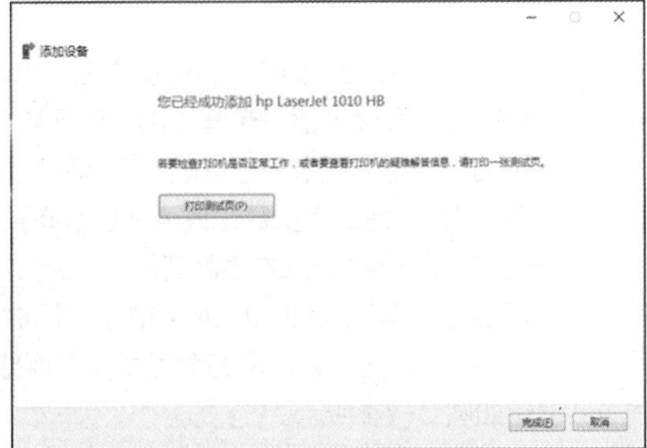

图 6-72 完成添加打印机操作

（10）查看或安装网络共享的打印机。直接在地址栏中输入打印机所连接的计算机 IP 地址，双击列表框中的共享打印机即可安装，如图 6-73 所示。

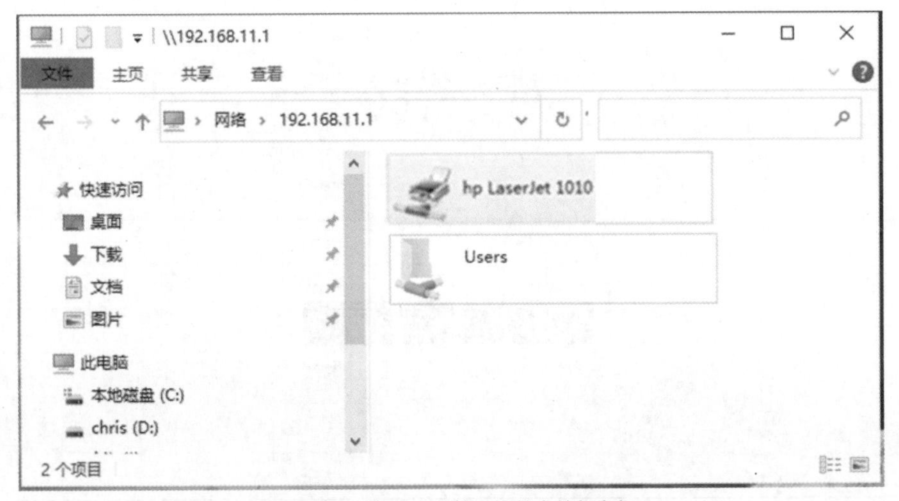

图 6-73 查看或安装网络共享的打印机

6.3.2 构建无线网络

无线网络即利用无线通信技术替代传统的网线或光纤，把两个或多个不同的网络连接起来，适用于无法或者不方便有线施工的场合。无线网络使用无线 AP、无线路由器等设备进行组网，与有线网络相比，具有组网灵活、施工方便、成本低廉等优点，且支持点对点、点对多点、中继等模式，能够满足多数应用场景的需求。

1. 构建无线 AP 网络

无线 AP 的功能是把有线网络转换为无线网络。形象地说，无线 AP 是无线网和有线网沟通的桥梁，其信号范围为球形，搭建的时候最好放到比较高的地方，以扩大覆盖范围。无线 AP 也就是一个无线交换机，接入在有线交换机或路由器上，接入的无线终端和原来的网络属于同一个子网。

无线接入点是一个无线网络的接入点，俗称“热点”。无线 AP 设备主要有路由交换接入一体设备和纯接入点设备，一体设备执行接入和路由工作，纯接入点设备只负责无线客户端的接入。纯接入点设备通常作为无线网络扩展使用，与其他 AP 或主 AP 连接，以扩大无线覆盖范围；而一体设备一般是无线网络的核心。

无线 AP 是使用无线设备（手机及笔记本电脑等移动设备）的用户进入有线网络的接入点，主要用于宽带家庭、大楼内部、校园内部、园区内部，以及仓库、工厂等需要无线网络的地方，典型覆盖距离为几十米至上百米，也可以用于远距离传送，目前最远的可以达到 30km 左右，主要技术为 IEEE 802.11 系列。大多数无线 AP 还带有接入点客户端（AP Client）模式，可以与其他 AP 进行无线连接，以延展网络的覆盖范围。无线 AP 应用于大型公司的情况比较多，公司需要大量的无线访问节点以实现大面积的网络覆盖，同时所有接入终端都属于同一个网络，也方便公司网络管理员实现网络控制和管理。无线 AP 设备如图 6-74 所示。

图 6-74 无线 AP 设备

（1）在浏览器地址栏中输入无线 AP 地址，并按【Enter】键，在进入的无线 AP 设备登录界面中输入用户名和密码，登录无线 AP 设备，如图 6-75 所示。

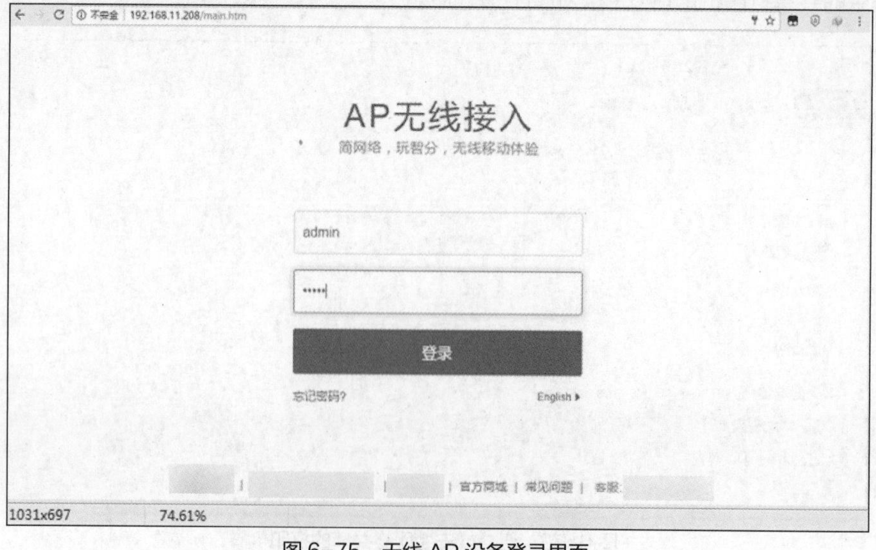

图 6-75 无线 AP 设备登录界面

（2）添加无线网络，设置 Wi-Fi 名称，如 ssid-1，Wi-Fi 名称用来标识连接的无线网络。通过设置 Wi-Fi 密码，可以控制是否准入无线网络，如图 6-76 所示。

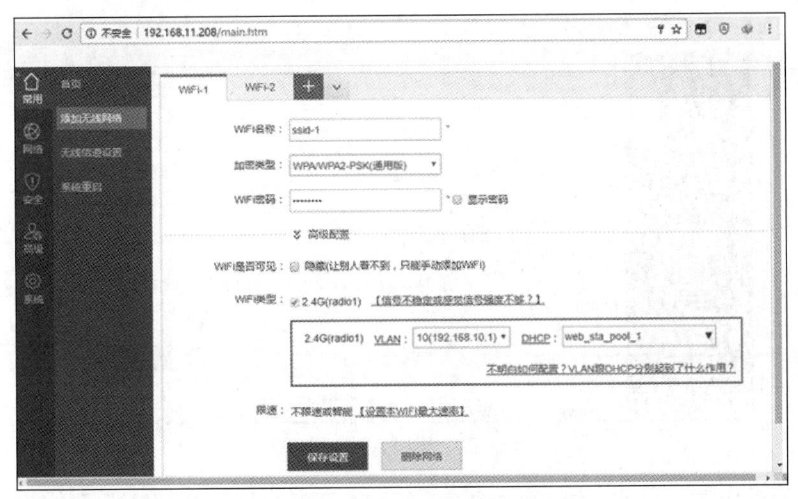

图 6-76　设置 Wi-Fi 名称与密码

（3）配置 DHCP 服务器，进行相应设置，如设置地址池名称、地址范围、默认网关、DNS 等，如图 6-77 所示，以及配置 DHCP 地址池，如图 6-78 所示。

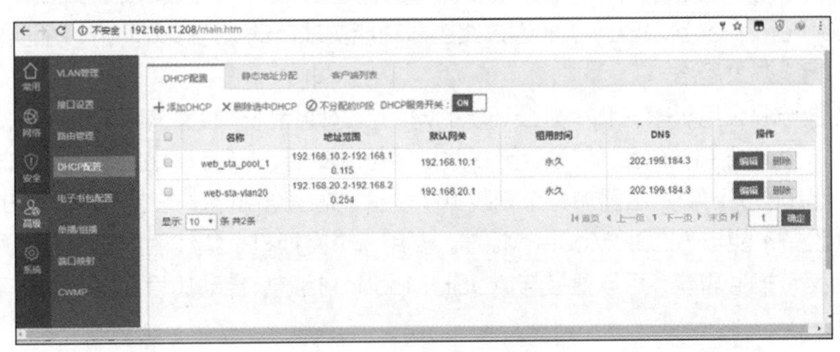

图 6-77　配置 DHCP 服务器

图 6-78　配置 DHCP 地址池

（4）进行无线 AP 外网配置，设置管理 VLAN、管理 IP 地址、默认网关地址，选择 AP 工作模式，如图 6-79 所示。

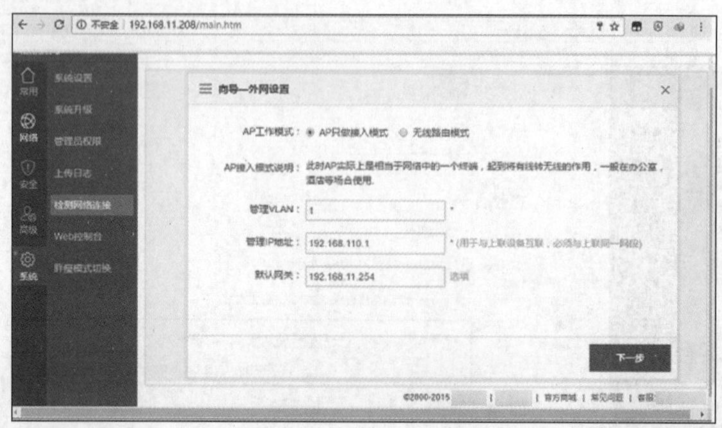

图 6-79　无线 AP 外网配置

（5）保存配置结果，重启无线 AP 设备。在笔记本电脑、手机中搜索 Wi-Fi 名称，如 ssid-1，输入密码就可以无线上网了。

2. 构建无线路由器网络

无线路由器就是一个带路由功能的无线 AP 设备，接入在非对称数字用户线路（Asymmetric Digital Subscriber Line，ADSL）上，通过路由器功能实现自动拨号接入网络，并通过无线功能建立一个独立的无线办公网络。

无线路由器一般应用于家庭和小办公环境的网络，这种情况一般覆盖面积不大，使用用户数也不多，只需要一个无线 AP 设备就够了。无线路由器可以实现 ADSL 网络的接入，同时将信号转换为无线信号。比起购买一个路由器加一个无线 AP 设备，无线路由器是一个更为实惠和方便的选择。

无线 AP 设备不能与 ADSL Modem 相连，要用一个交换机、集线器或路由器作为中介。而无线路由器带有宽带拨号功能，可以直接与 ADSL Modem 相连，自动拨号上网，实现无线覆盖，如图 6-80 所示。

（1）无线路由器外观基本上大同小异，但 Reset 按钮的位置不一定一致。无线路由器的各个接口和按钮如图 6-81 所示。

图 6-80　无线路由器

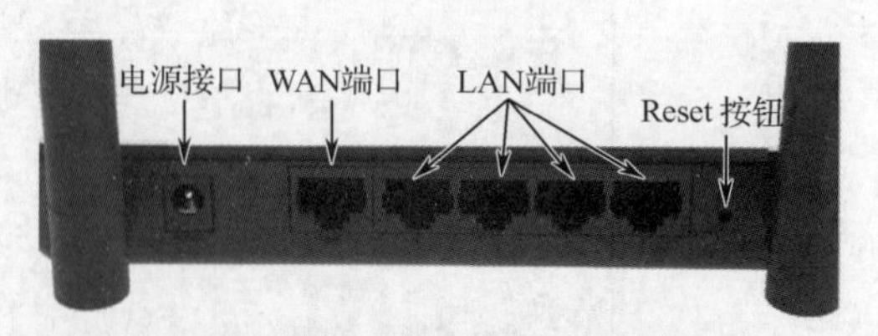

图 6-81　无线路由器的各个接口和按钮

（2）无线路由器参数设置。用网线将无线路由器和计算机连接起来，当然，也可以直接使用无线搜索连接，但是还是建议新手使用网线直接连接。连接好之后，在浏览器地址栏中输入“192.168.1.1”并按【Enter】键，如图 6-82 所示，进入无线路由器管理界面。初次进入路由器管理界面时，为了保障设备安全，可能需要设置管理路由器的密码，请根据界面提示进行设置，如图 6-83 所示。

图 6-82　输入无线路由器的 IP 地址

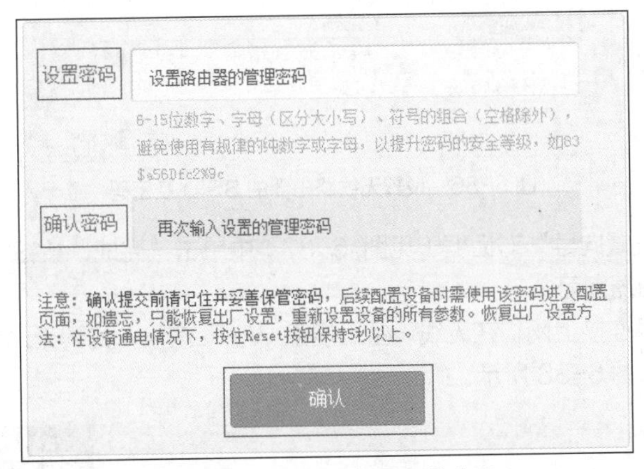

图 6-83　设置无线路由器的密码

（3）登录成功后，默认情况下会自动进入设置向导界面，选中“PPPoE（ADSL 虚拟拨号）”单选按钮，如图 6-84 所示。

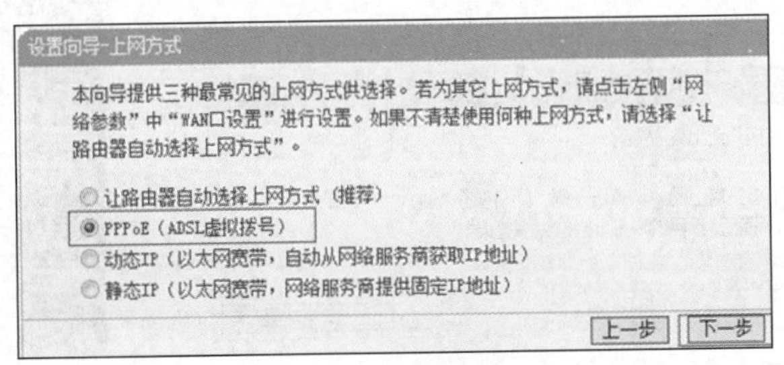

图 6-84　设置向导界面

（4）输入从网络服务商处申请到的上网账号和上网口令，单击“下一步”按钮，如图 6-85 所示。

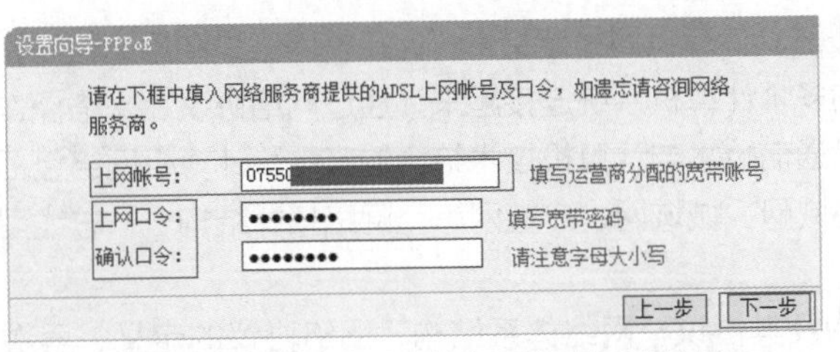

图 6-85　输入无线路由的上网账号和上网口令

（5）重启无线路由器，进入无线设置界面，设置 SSID，这一项默认为路由器的型号。这只是在搜索的时候显示的设备名称，可以根据喜好更改，以方便搜索使用。其余选项可以使用系统默认，无须更改，但是在“无线安全选项”选项组中必须设置密码，如图 6-86 所示，设置完成后单击“下一步”按钮。

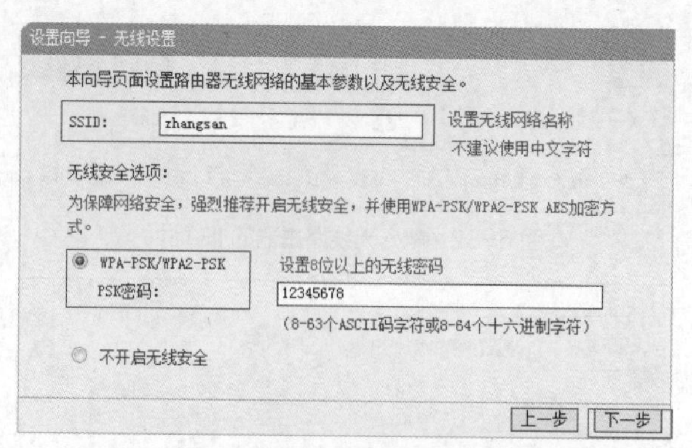

图 6-86　设置无线路由器的 SSID 及密码

（6）在弹出的“设置向导”对话框（见图 6-87）中单击“完成”按钮，无线路由器的设置就大功告成了，重启路由器即可。

（7）搜索无线信号连接上网。在无线设备上搜索 Wi-Fi 信号，找到无线路由器的 SSID，双击该 SSID 进行连接，如图 6-88 所示。

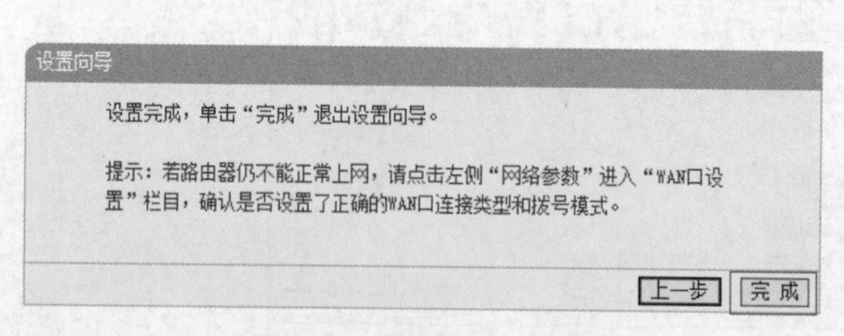

图 6-87　“设置向导”对话框

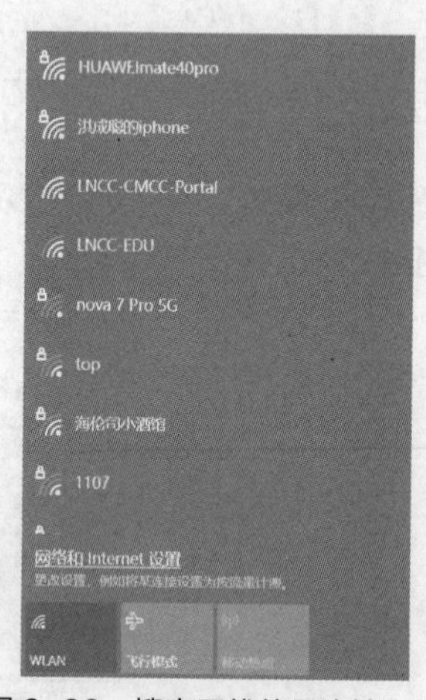

图 6-88　搜索无线信号连接上网

6.4　项目小结

（1）计算机网络概述：计算机网络定义——计算机网络是利用通信线路和设备，将分散在不同地点、具有独立功能的多个计算机系统连接起来，通过网络协议、网络操作系统实现相互通信和资源共享的系统，是现代通信技术与计算机技术结合的产物；计算机网络包括通信子网与资源子网；计算机网络类别——局域网、城域网、广域网等；网络拓扑结构——总线型、环形、星形、网状、树形等。

（2）网络体系结构及其协议：网络体系结构，网络协议的定义、层次结构、OSI 与 TCP/IP 模型等。

（3）IP 地址划分及常用网络测试命令。

（4）构建局域网络实现资源共享：两台主机之间共享资源、配置计算机网络参数、创建用户实现网络资源共享、共享网络打印机等。

（5）构建无线网络：无线网络即利用无线通信技术替代传统的网线或光纤，把两个或多个不同的网络连接起来，适用于无法或者不方便有线施工的场合。具体内容包括构建无线 AP 网络、构建无线路由器网络等。

课后习题

简答题

（1）简述计算机网络的定义及分类。
（2）简述常用网络设备及其用途。
（3）计算机网络拓扑结构分为哪些类型？
（4）简述计算机网络的 OSI 与 TCP/IP 模型。
（5）如何构建小型网络实现资源共享？
（6）如何设置共享打印机？
（7）如何构建无线小型网络？

项目7 计算机系统管理与维护

07

【学习目标】

- 了解计算机工作环境要求和注意事项。
- 学会磁盘的清理和维护方法。
- 掌握计算机账户的配置和管理方法。
- 掌握常见计算机故障的分类及检测方法。
- 掌握计算机系统安全的设置方法。

7.1 项目描述

由于计算机本身的质量问题、用户维护或操作不当、受到外来因素的影响等原因，计算机经常会出现各种各样的故障，要保障计算机操作系统的稳定运行，保护计算机不被病毒攻击，计算机的系统管理与维护工作极为重要。若一台计算机日常维护良好，不仅可以提高工作效率，还能延长其使用寿命。越是缺乏管理与维护的计算机，出故障的频率就越高，甚至可能导致数据丢失，造成无法挽回的损失。本项目讲述了计算机系统管理与维护的相关知识。

7.2 必备知识

7.2.1 计算机工作环境要求和注意事项

为使计算机能够长期稳定工作，用户应该给计算机提供一个良好的工作环境，并掌握正确的使用方法，这是减少计算机故障的前提条件。计算机对工作环境的要求主要包括温度、湿度、洁净度、供电系统、放置环境等方面，这些环境因素对计算机的正常运行有很大的影响。

1. 计算机工作环境要求

计算机只有在良好的工作环境下才能正常工作，一般情况下，计算机的工作环境有如下要求。

V7-1 计算机工作环境要求

（1）温度要求。

计算机工作环境的温度应保持适中，一般为15～35℃。温度过高或过低都不好，都会对计算机的运行造成影响。经常在高温的环境下运行，计算机各部件会因在运行过程中产生的热量不易散发而加速老化，会明显缩短计算机的使用寿命。当室温达到35℃以上时，最好不要使用计算机，以防损坏计算机；当室温过低时，也会影响计算机各部件（如风扇、硬盘等）的工作效率。

（2）湿度要求。

计算机的运行环境应保持干燥，相对湿度应保持在 30%～80%。湿度太高会影响各部件性能的发挥，使计算机内的元器件受潮，甚至会引起一些配件的短路；而湿度太低容易产生静电，同样对各部件的使用不利。

（3）洁净度要求。

放置计算机的房间不能有过多的灰尘，灰尘可以说是计算机的“隐形攻击者”，很多故障往往是由于灰尘造成的。例如，灰尘落在 PCB 上造成散热不好，使得电子元器件温度升高，加速老化；灰尘落在光驱的激光头上，不仅会造成其稳定性和性能下降，还会缩短光驱的使用寿命。因此，要对房间和计算机进行定期除尘，保证计算机有一个良好的运行环境。

（4）对供电系统的要求。

计算机能否长期稳定运行与供电系统密不可分，必须有良好的供电质量及供电连续性，电压一定要稳定，否则会造成设备经常重启，甚至会造成主板或电源损坏，导致计算机无法正常使用。为了获得稳定的电压，建议购买一台专用的不间断电源（Uninterruptible Power Supply，UPS），山特 UPS 和华为 UPS-20000-A 分别如图 7-1 和图 7-2 所示，这样不但可以保证电压稳定，还可以防止突然断电等情况的发生，保证计算机正常运行。

图 7-1　山特 UPS

图 7-2　华为 UPS-20000-A

（5）对放置环境的要求。

计算机应放在干燥的房间内和不易移动的工作台上，以免经常移动对电源或硬盘造成损害，还应防止静电对计算机造成损坏，应远离强磁场，因此计算机设备的外壳一定要接地、防止漏电等。

2. 计算机使用注意事项

为了使计算机更好地运行，在使用时应当注意以下几点。

V7-2　计算机使用注意事项

（1）养成良好的使用习惯。

① 在执行可能造成文件损坏或丢失的操作时一定要格外小心。系统非正常退出或意外断电后，应尽快进行磁盘扫描，及时修复错误。

② 要注意对计算机病毒的防御，尽量使用病毒防火墙。开机时先开启显示器、打印机等外设，后开启主机；关机时先关闭主机，后关闭显示器。

③ 如果长时间不使用计算机，则应关闭总电源开关。条件许可时，计算机机房一定要安装空调，相对湿度应控制在 30%～80%。

④ 计算机主机、显示器最好不要长时间（1 个月以上）不通电，也不可以频繁开、关机，两次

开机时间间隔至少应为 10s，最好不小于 60s。

⑤ 正在对磁盘进行读/写操作时不能关掉电源（可以根据磁盘指示灯是否亮着来判断电源的开关），关机后等待约 30s 才可移动计算机。

⑥ 不能在使用时搬动计算机。注意防尘，保持机器的密封性，保持使用环境的清洁卫生。

⑦ 要避免强光直接照射到显示器屏幕上；要保持显示器屏幕的洁净，擦屏幕时尽量使用干的软布，显示器屏幕不要靠近强磁场。

⑧ 不要将水、食物等流体弄到键盘、屏幕上，不要用力拉鼠标线、键盘线。

（2）保护硬盘及硬盘上的数据。

硬盘是计算机中最重要的存储介质，关于硬盘的维护保养，相信每个计算机用户都有所了解。很多人一打开计算机就会让硬盘满负荷运转，看高清影片、进行不间断的下载、使用 Windows 的系统还原功能等，不过这些应用会给硬盘带来伤害，会造成硬盘及硬盘数据损坏或丢失。使用计算机时，要合理组织磁盘的目录结构，经常备份硬盘上的重要数据，同时要注意以下几点。

① 定期整理磁盘碎片，但要避免频繁地整理磁盘碎片。磁盘碎片整理和系统还原是 Windows 提供的正常功能，但频繁地执行这些操作，对磁盘是有害无利的。磁盘碎片整理要先对磁盘进行底层分析，判断哪些数据可以移动、哪些数据不可以移动，再对文件进行分类排序。在正式安排好磁盘数据结构前，它不断地随机读/写数据并移动到其他簇，排好顺序后再把数据移回适当位置，这些操作都会大量占用 CPU 和磁盘资源。其实，对于现在的大硬盘而言，文档和邮件占用的空间比例比较小，照片、电影和音乐等占用的空间比例比较大，这些分区无须频繁整理，因为播放多媒体文件的效果和磁盘结构并没有关系，播放速度是由显卡和 CPU 决定的。

② 为计算机提供不间断电源。磁盘工作时，一般处于高速旋转的状态，如果磁盘读/写过程中突然断电，则可能会导致磁盘数据的逻辑结构或物理结构的损坏。因此，最好为计算机提供不间断电源，正常关机时一定要注意面板上的磁盘指示灯是否还在闪烁，只有当磁盘指示灯停止闪烁、磁盘结束读/写后方可关闭计算机的电源开关。

③ 为硬盘降温。硬盘在使用过程中会产生一定的热量，存在散热问题。温度对硬盘的使用寿命也是有影响的，以 25～30℃为宜，温度过高或过低都会使晶体振荡器的时钟主频发生改变。不适的温度还会造成硬盘电路元器件失灵，磁介质也会因热胀效应而造成记录错误。

④ 拿硬盘时要小心。在日常的计算机维护工作中，拿硬盘是再频繁不过的事情了。其实，用手拿硬盘还是有“学问”的，稍有不慎就会使硬盘“报废”，因此在拿硬盘时一定要做到以下几点：要轻拿轻放，不要磕碰或者与其他坚硬物体相撞；不能用手随便触摸硬盘背面的电路板，这是因为人的手上可能会带有静电，用手触摸硬盘背面的电路板时，静电就有可能会导致硬盘上的电子元器件损坏，从而使硬盘无法正常运行，因此，拿硬盘时应该抓住硬盘两侧，避免手与其背面的电路板直接接触。

⑤ 在工作中最好不要移动主机。硬盘是一种高度精密的设备，工作时磁头在盘片表面的浮动高度只有零点几微米。当硬盘处于读/写状态时，如果发生较大的震动，则可能造成磁头与盘片的撞击，导致硬盘损坏，所以不要搬动运行中的主机。在硬盘的安装、拆卸、移动过程中应多加小心，严禁磕碰，最好用泡沫或海绵包装保护一下，以减少震动。

⑥ 做好病毒防护及系统升级工作。各类操作系统都存在着很多已知和未知的漏洞，加之现在病毒攻击的范围越来越广泛，而硬盘作为计算机的数据存储基地，通常是计算机病毒攻击的首选目标。所以，为了保证硬盘的安全，应该经常在操作系统内安装必要的补丁，为杀毒软件升级最新的病毒库，做好病毒防护工作。

⑦ 保护硬盘数据。准备一张干净的系统引导盘，一旦操作系统不能启动，就可以用它来启动计

算机。为了防止硬盘损坏、误操作等意外发生，应经常性地备份重要数据，不要乱用格式化、分区等危险命令，防止数据被意外的格式化。

7.2.2 磁盘的清理和维护

磁盘是存储数据的重要场所，需要对磁盘进行定期维护以提高磁盘的性能并有效保障数据安全。

1. 清理磁盘

当应用程序所需的物理内存不足时，一般操作系统会在磁盘中产生临时交换文件，将该文件所占用的磁盘空间虚拟成内存。虚拟内存管理程序会对磁盘进行频繁地读/写，产生大量的碎片，这是产生磁盘碎片的主要原因。另外，使用 IE 浏览网页时生成的临时文件，也会造成系统中形成大量的碎片。文件碎片一般不会在系统中引起问题，但文件碎片过多会使系统在读文件时来回寻找，导致系统性能下降，严重的还会缩短磁盘使用寿命。过多的磁盘碎片还有可能导致存储文件的丢失，因此需要定期对磁盘进行清理。

（1）在桌面上双击“此电脑”图标，打开“此电脑”窗口，选择相应的磁盘并单击鼠标右键，在弹出的快捷菜单中选择“属性”命令，如图 7-3 所示。

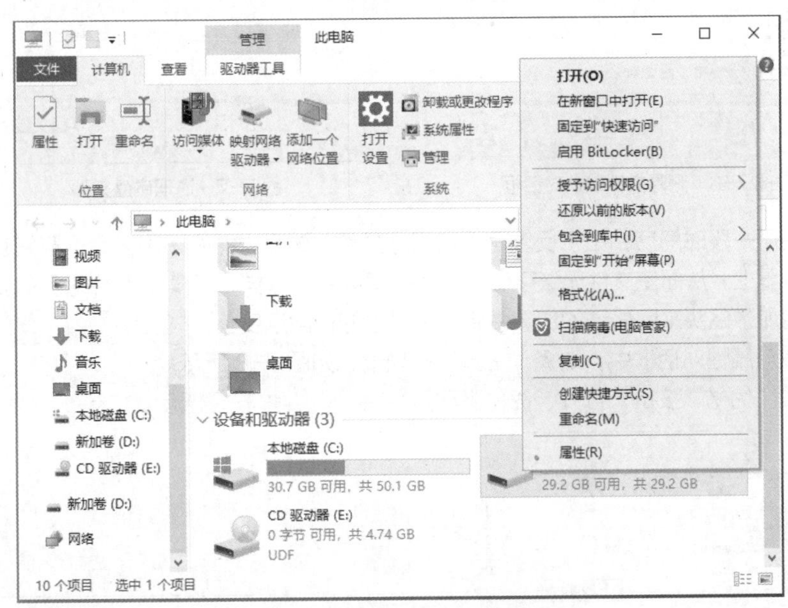

图 7-3 磁盘右键快捷菜单

（2）弹出磁盘属性对话框，在“常规”选项卡中，单击“磁盘清理”按钮，如图 7-4 所示。

（3）弹出磁盘清理对话框，在“要删除的文件”列表框中选择要清理的文件类型，单击“确定”按钮，如图 7-5 所示。

（4）系统弹出删除文件确认对话框，单击“删除文件”按钮，如图 7-6 所示。

（5）系统开始清理磁盘文件，如图 7-7 所示。

2. 整理磁盘碎片

整理磁盘碎片就是通过系统工具或者专业的磁盘碎片整理软件，对计算机磁盘在长期使用过程中产生的碎片和凌乱文件进行整理，以提高计算机的整体性能和运行速度。

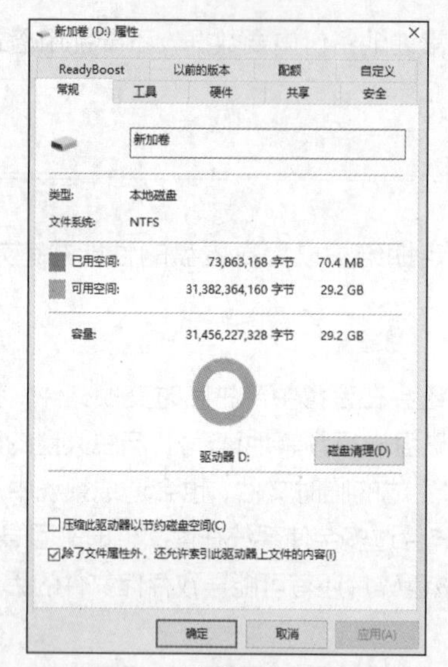

图 7-4 “常规”选项卡

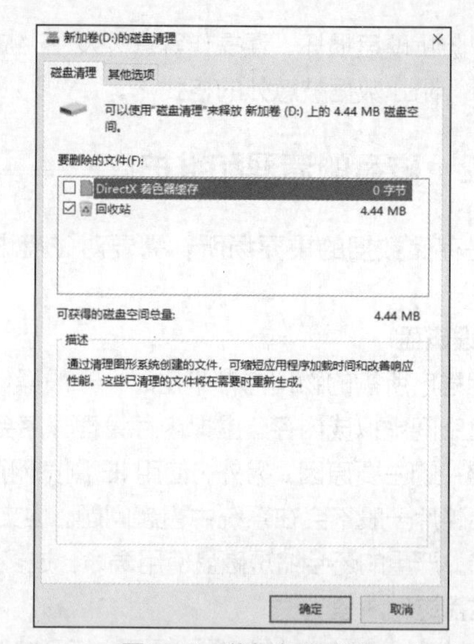

图 7-5 磁盘清理对话框

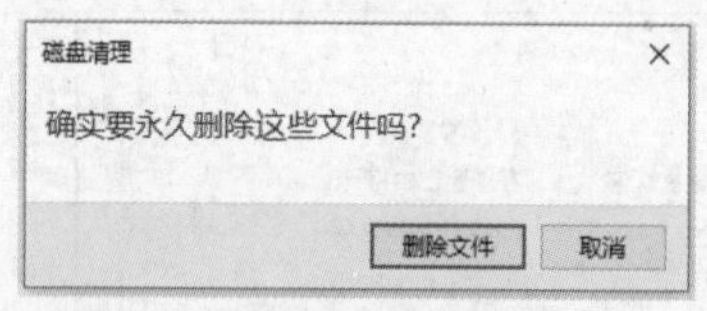

图 7-6 删除文件确认对话框

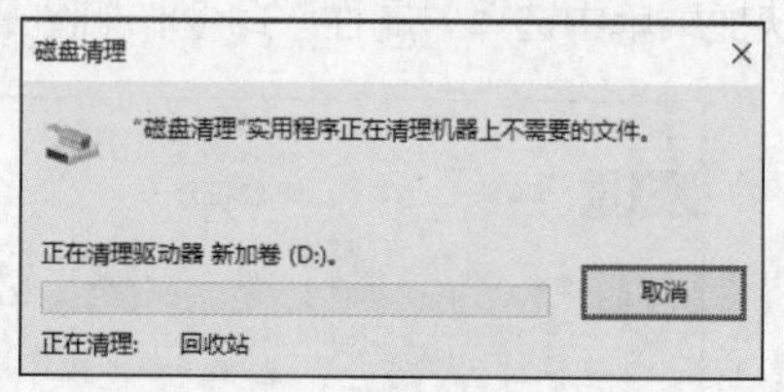

图 7-7 清理磁盘文件

磁盘在使用一段时间后，由于反复写入和删除文件，磁盘中的空闲扇区会分散到整个磁盘中不连续的物理位置上，从而使文件无法存储在连续的扇区中。这样，在读/写文件时就需要到不同的地方去读取，增加了磁头来回移动的次数，降低了磁盘的访问速度。

（1）在磁盘属性对话框中，选择“工具”选项卡，如图 7-8 所示。

（2）单击“优化”按钮，打开“优化驱动器”窗口，如图 7-9 所示。

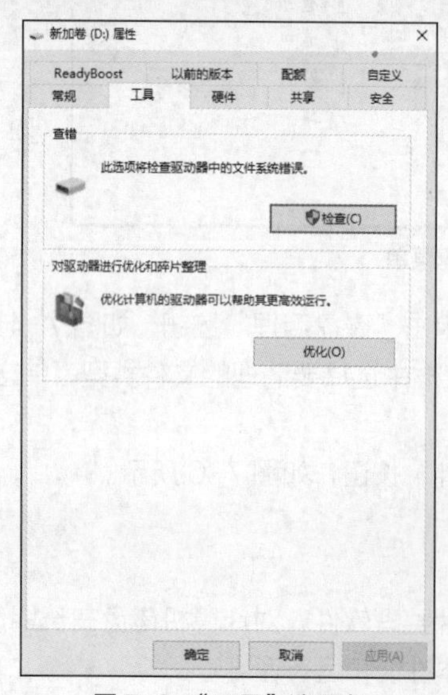

图 7-8 “工具”选项卡

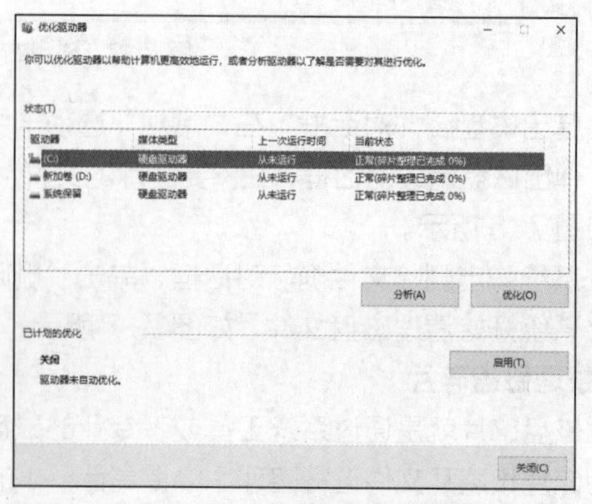

图 7-9 “优化驱动器”窗口

（3）选择相应的磁盘，单击“优化”按钮，开始磁盘优化，如图 7-10 所示。

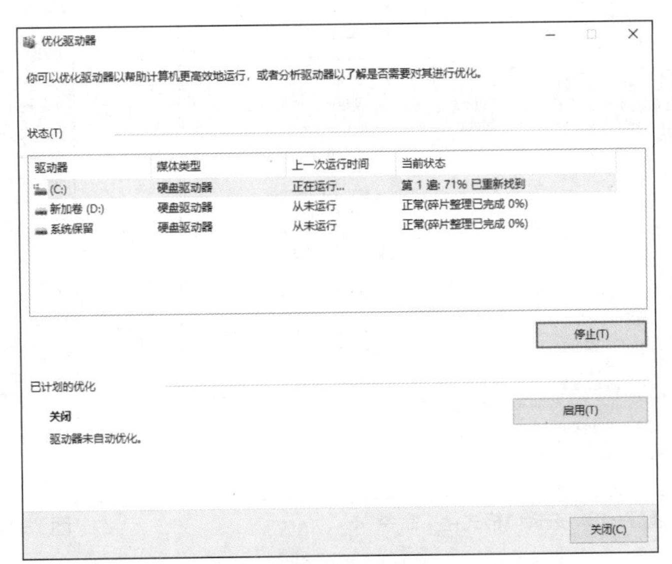

图 7-10　开始磁盘优化

（4）在“优化驱动器”窗口中，单击“启用”按钮，可以在弹出的“优化驱动器”对话框中确定优化计划，如图 7-11 所示。

（5）选中“按计划运行(推荐)”复选框，单击“选择”按钮，选择要定期优化的驱动器，如图 7-12 所示。

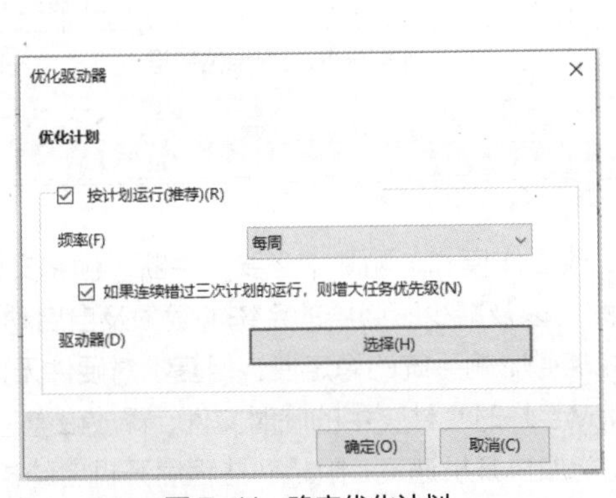

图 7-11　确定优化计划

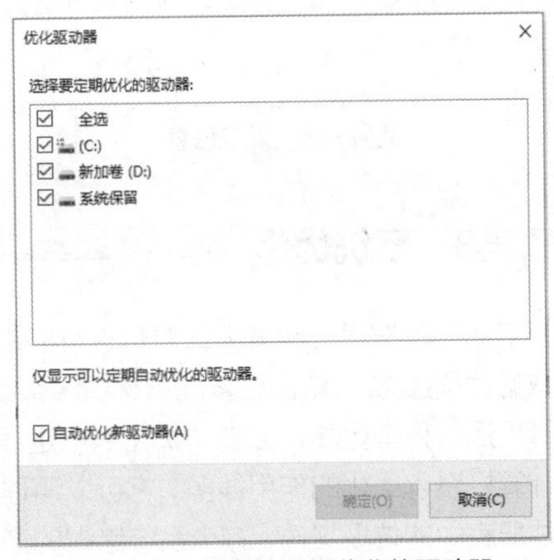

图 7-12　选择要定期优化的驱动器

3. 格式化磁盘

格式化磁盘是指对磁盘或磁盘中的分区进行初始化的一种操作，这种操作通常会导致现有磁盘或分区中的所有文件被清除。格式化通常分为低级格式化和高级格式化，如果没有特别指明，对磁盘的格式化通常指高级格式化。

（1）在需要格式化的磁盘上单击鼠标右键，在弹出的快捷菜单中选择“格式化”命令，如图 7-13 所示。

（2）在弹出的格式化对话框中选择分区格式。为了节约时间，可以选中“快速格式化”复选框，单击“开始”按钮，如图 7-14 所示。

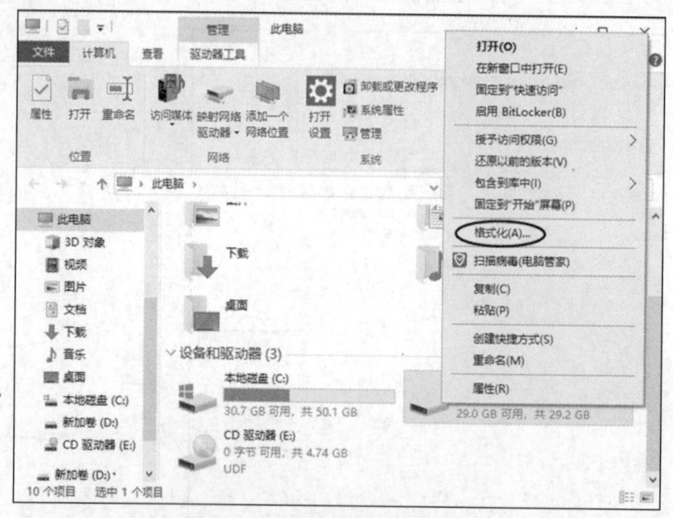

图 7-13　选择“格式化”命令

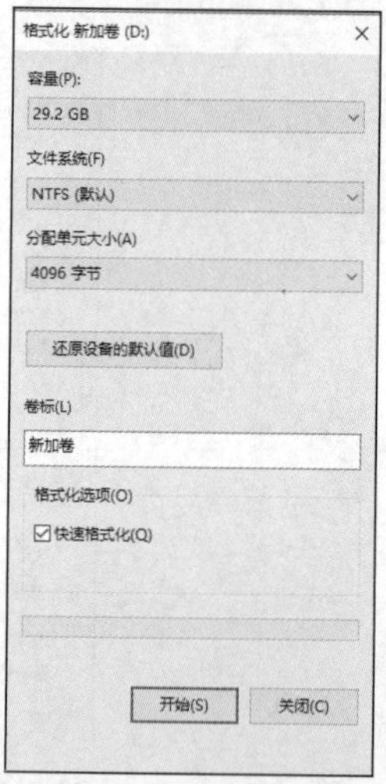

图 7-14　格式化对话框

（3）因为磁盘格式化操作会导致数据丢失，所以在操作前，系统通常会弹出提示信息，如图 7-15 所示。如果确认进行格式化操作，则单击“确定”按钮即可。

（4）格式化完成会弹出提示信息框，如图 7-16 所示，单击“确定”按钮即可。

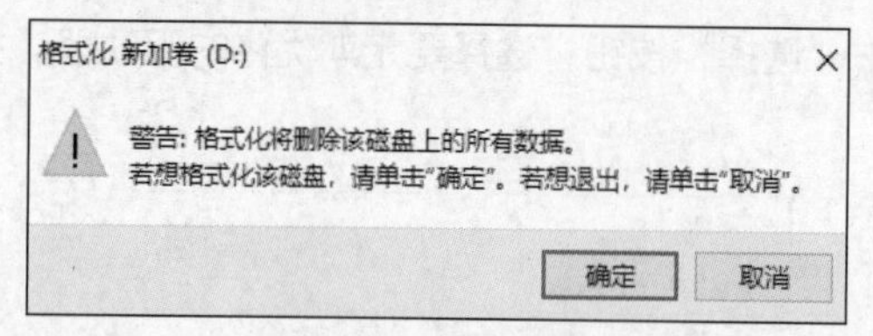

图 7-15　提示信息

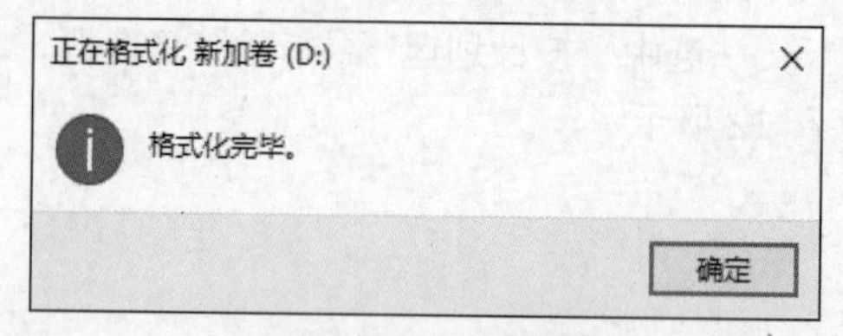

图 7-16　提示信息框

7.2.3　系统优化

系统优化是指尽可能减少计算机执行的进程、更改工作模式、删除不必要的中断、优化文件位置使数据读/写更快、留出更多的系统资源供用户支配，以及减少不必要的系统加载项及自启动项，使计算机运行效率更高。当然，优化到一定程度可能略微影响系统的稳定性，但基本对硬件无害。

计算机系统优化的作用很多，它可以清理 Windows 临时文件夹中的临时文件、释放磁盘空间、清理注册表中的垃圾文件、减少系统错误的产生，还能加快开机速度、阻止一些程序开机自动执行、加快上网和关机速度、个性化操作系统。

1. 优化开机启动程序

实现优化开机启动程序，需要进行如下操作。

（1）打开“控制面板”窗口，切换到“大图标”视图，如图 7-17 所示。

（2）单击“管理工具”图标，启动管理工具，如图 7-18 所示。

（3）打开“管理工具”窗口，双击“系统配置”选项，如图 7-19 所示，打开“系统配置”窗口。

（4）也可以按【Windows+R】组合键，弹出“运行”对话框，如图 7-20 所示，输入命令“msconfig”并按【Enter】键，打开“系统配置”窗口。在“系统配置”窗口中选择“启动”选项卡。

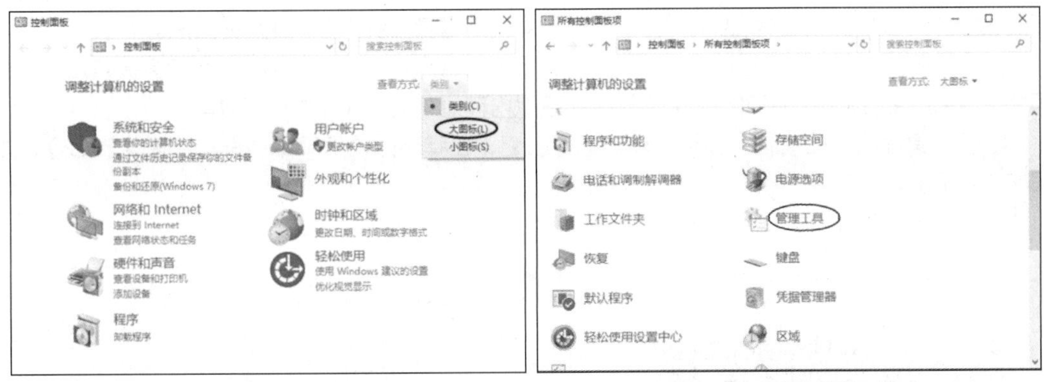

图 7-17　切换到“大图标”视图　　图 7-18　启动管理工具

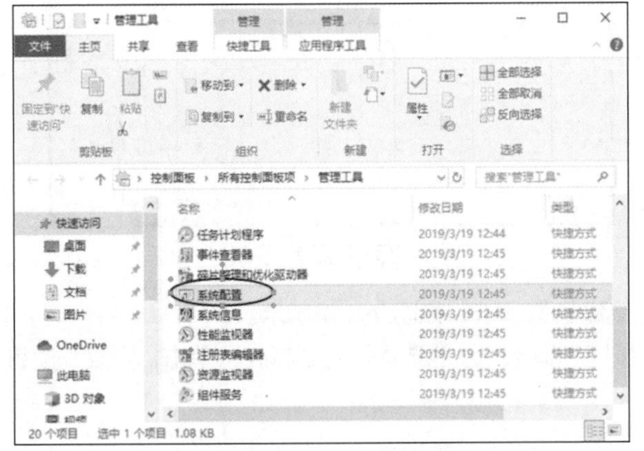

图 7-19　双击“系统配置”选项

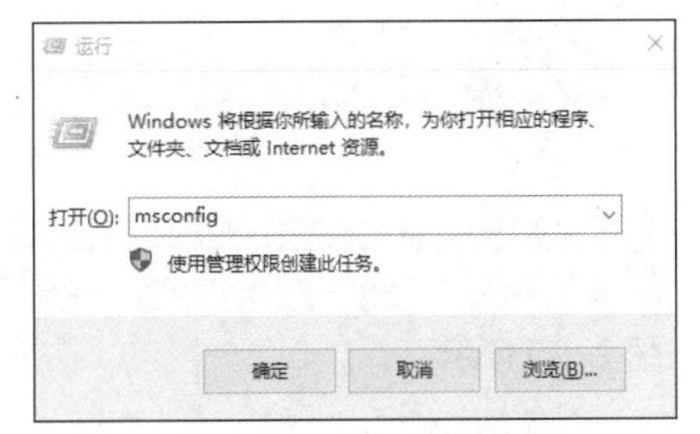

图 7-20　“运行”对话框

（5）在“启动”选项卡中，打开任务管理器，选择计算机启动时不需要加载的程序，单击“禁用”按钮，如图 7-21 所示。

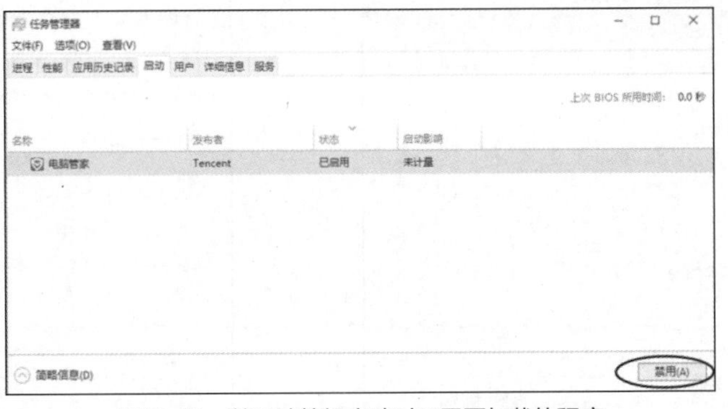

图 7-21　禁用计算机启动时不需要加载的程序

2．设置虚拟内存

Windows 操作系统用虚拟内存来动态管理系统运行时的交换文件。为了提供比实际物理内存还多的内存容量，Windows 操作系统占用了磁盘上的一部分空间作为虚拟内存，当 CPU 有要求时，会先读取内存中的资料，当内存容量不够用时，Windows 操作系统就会将需要暂时储存的数据写入磁盘用作虚拟内存的空间中。所以，计算机的内存大小等于实际物理内存大小加上“分页文件”

（即交换文件）的大小。当需要时，“分页文件”会动用磁盘上所有可以使用的空间。

虚拟内存值太小不利于程序运行，大多数情况下，当虚拟内存值太小时，程序会被禁止运行。因此，当用户运行大型程序时，可以通过增大虚拟内存值来提高程序的运行效率。

（1）在桌面的“此电脑”图标上单击鼠标右键，在弹出的快捷菜单中选择“属性”命令，如图 7-22 所示。

（2）打开“系统”窗口，单击“高级系统设置”链接，如图 7-23 所示。

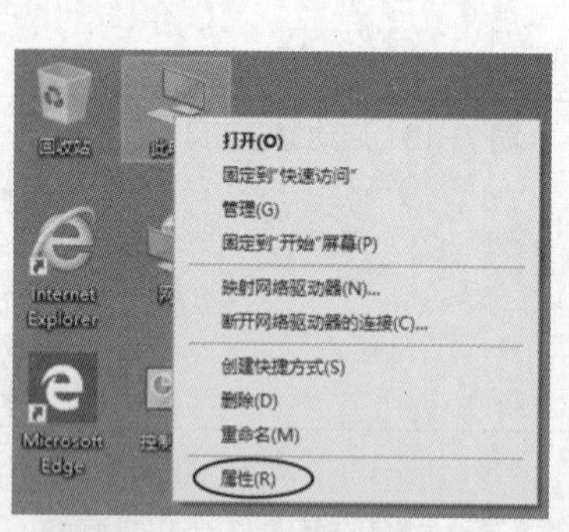

图 7-22　选择“属性”命令

图 7-23　“系统”窗口

（3）弹出“系统属性”对话框，选择“高级”选项卡，如图 7-24 所示。

（4）单击“性能”选项组中的“设置”按钮，弹出“性能选项”对话框，再单击“更改”按钮，如图 7-25 所示。

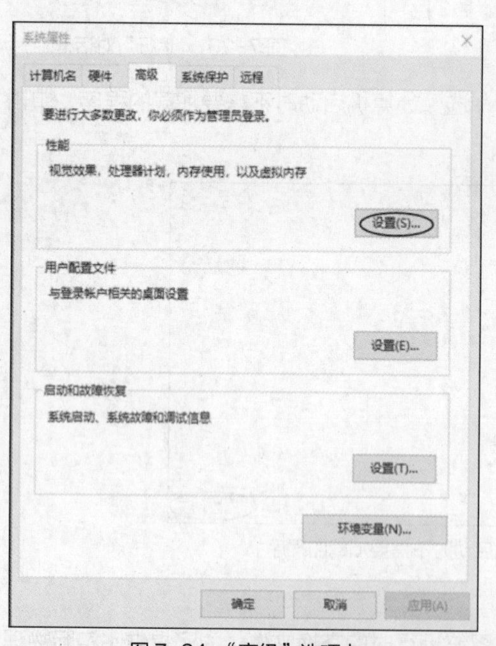

图 7-24　“高级”选项卡

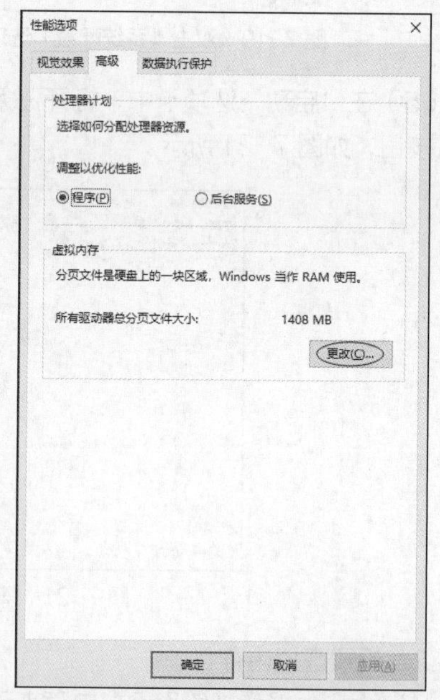

图 7-25　“性能选项”对话框

（5）弹出“虚拟内存”对话框，取消选中“自动管理所有驱动器的分页文件大小”复选框，在“驱动器[卷标]”列表框中选择要设置虚拟内存的磁盘分区，选中“自定义大小”单选按钮，输入自定义的虚拟内存数值，最后单击“设置”按钮，如图 7-26 所示。

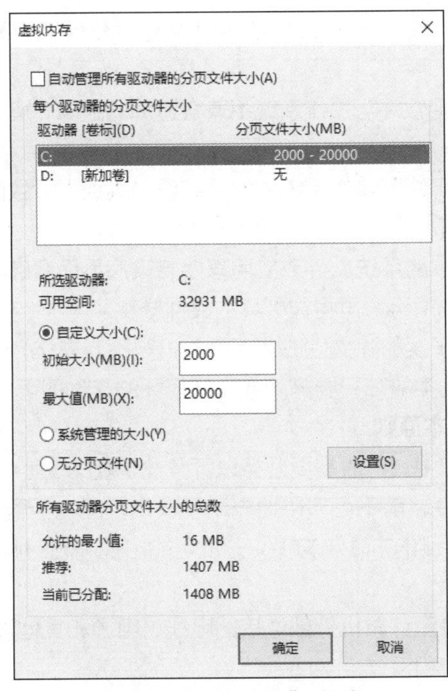

图 7-26 “虚拟内存”对话框

7.2.4 计算机常见故障诊断及维护

计算机虽然是一种精密的电子设备，但也是一种故障率很高的电子设备，计算机系统包含多种部件和外设，使用时难免会发生各种故障，引发故障的原因及故障表现形式也是多种多样的。大多数硬件故障可以通过简单的分析和排除找到原因，并进行相应的处理。

1. 计算机故障分类

V7-3 计算机故障分类

计算机的故障通常可分为硬件故障和软件故障，硬件故障和软件故障之间没有明确的界限，软件故障可能是由硬件工作异常引起的，硬件故障也可能是由于软件使用不当造成的，因此，在排除计算机故障时需要全面分析故障原因。

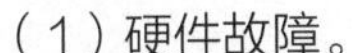

（1）硬件故障。

硬件故障是指主机和外设物理损坏所造成的故障。

① 电源故障：系统和部件没有供电或者只有部分供电。

② 元器件与芯片故障：元器件与芯片失效、松动、接触不良、脱落，或者因温度过高而不正常工作。

③ 跳线与开关故障：各部件上及 PCB 上的跳线连接脱落、错误连接、开关设置错误等，构成不正常的系统配置。

④ 联机与接插件故障：计算机外部和计算机内部的各个部件间的连接电缆或者接插头松动、脱落，或者连接错误。

⑤ 系统硬件兼容性故障：涉及各硬件部件和各种计算机芯片能否相互配合，在工作速度、频率、温度等方面是否具有一致性。

（2）软件故障。

软件故障是指由于计算机系统配置不当、计算机感染病毒或操作人员对软件使用不当等原因引起的计算机不能正常工作的故障。计算机软件故障大致分为软件兼容故障、系统配置故障、病毒故障、操作系统故障。

① 软件兼容故障，指应用软件与操作系统不兼容造成的故障，修复此类故障通常只要将不兼容的软件卸载即可。

② 系统配置故障，指由于修改操作系统中的系统设置选项而导致的故障，修复此类故障通常只要恢复修改过的系统参数即可。

③ 病毒故障，指计算机中的系统文件或应用程序感染病毒而遭破坏，造成计算机无法正常运行的故障，修复此类故障需要先杀毒，再将被破坏的文件修复。

④ 操作系统故障，指由于误删除文件或非正常关机等不当操作，造成计算机程序无法运行或计算机无法启动的故障，修复此类故障只要删除或恢复损坏的文件即可。

2．计算机故障诊断的基本原则

V7-4　计算机故障诊断的基本原则

在计算机故障诊断的过程中，一般需要坚持以下 4 个原则。

（1）先静后动。排除故障之前不可盲目地先动手操作，应先了解情况，根据故障的现象、性质考虑好检测的方法与方案，分析可能出现问题的原因，再动手排除故障。

（2）先外后内。首先要检查计算机外部连接的电线、电源和其他设备情况，然后打开计算机检查内部部件和接线。

（3）先软后硬。计算机出现故障时，要查看是否为计算机所安装的软件出现了问题，先从计算机软件开始检查，确保计算机软件没有问题之后，再对计算机硬件进行检查。

（4）先易后难。先从简单的故障入手，再对复杂故障进行诊断，因为常见的故障发生率较高，特殊故障的发生率较低。

3．计算机故障诊断的步骤与方法

V7-5　计算机故障诊断的步骤与方法

进行计算机故障诊断，可使用如下步骤与方法。

（1）直接检查法。

直接检查法是指通过人的耳、眼、鼻、手来发现并判断计算机故障的方法。

① 耳。首先用耳听一下计算机启动时有无异常声响，如主板、内存、硬盘、风扇等。

② 眼。用眼观察各部件是否有损坏情况，如是否有断线，插头、元部件是否松动，芯片表面是否开裂，电容器是否损坏等。

③ 鼻。用鼻子闻一下是否有电路板烧焦的气味，以便于找到故障点。

④ 手。用手按一下网卡、声卡等的插座是否松动或接触不良，用手感觉一下各部件的温度是否过高，如 CPU、硬盘、芯片等，如果表面温度过高，则可能说明该部件已经损坏。

（2）最小系统法。

最小系统法是指能够保证计算机开机的最小配置，只包括主板、电源、CPU、内存、硬盘，其他部件都不安装，看看计算机是否能够启动。

（3）插拔法。

插拔法是指通过对各部件进行“拔出”“插入”来判断系统故障，一般对内存、网卡、声卡、显卡等可进行这样的操作。插拔法可以判断故障是否因安装或接触不良引起。

（4）清洁法。

如果计算机长期运行，则机箱内部一般会有较厚的灰尘，长时间不清理，灰尘较多，极易导致主机内部元器件温度过高，导致计算机重启或蓝屏故障。

（5）交换法。

交换法是计算机硬件故障检测过程中较为常用的办法，如判断内存、网卡、显卡等是否损坏时，可以找一台相同的计算机，把相同的正常部件换上，看看能否正常使用，这样即可知道该部件是否有问题。

（6）工具软件检测法。

工具软件检测法一般分为硬件检测法和软件检测法，硬件检测法可以通过主板检测卡对计算机主板各部件进行检测，可以检查 BIOS、CPU、内存等；软件检测法则可以通过软件工具对磁盘进行检测，查看磁盘是否有坏道等。

7.3 项目实施

7.3.1 系统账户组与账户配置管理

在 Windows 10 操作系统中，不同的用户组可以有不同的权限，每个用户都有自己的用户组，也都有操作不同账户文件、文件夹、注册表等的权限。为不同的账户设置不同的权限很重要，可以防止重要文件被其他人修改，防止他人误操作引起系统崩溃。

（1）Administrators。

Administrators 是管理员组，默认情况下，Administrators 中的用户对计算机/域有不受限制的完全访问权，分配给该组的默认权限允许对整个系统进行完全控制。一般来说，应该把系统管理员或与其有着同样权限的用户设置为该组的成员。

（2）Users。

Users 是普通用户组，这个组的用户可以运行经过验证的应用程序，但不可以运行大多数旧版应用程序。Users 组是最安全的组，因为分配给该组的默认权限不允许成员修改操作系统的设置或用户资料，提供了安全的程序运行环境。在经过 NTFS 格式化的卷上，默认安全设置旨在禁止该组的成员危及操作系统和已安装程序的完整性。Users 组的用户不能修改系统注册表、操作系统文件或程序文件；可以创建本地组，但只能修改自己创建的本地组；可以关闭工作站，但不能关闭服务器。

（3）Guests。

Guests 是来宾组，来宾组和普通用户组 Users 的成员有同等访问权限，但系统对来宾账户的限制更多。

（4）Everyone。

Everyone 是所有用户组，计算机上的所有用户都属于这个组。

（5）Power Users。

Power Users 是高级用户组，可以执行除了为 Administrators 组保留的任务外的其他任何操作系统任务。分配给 Power Users 组的默认权限允许组内成员修改整个计算机的设置，但 Power Users 的用户不具有将自己添加到 Administrators 组中的权限。在权限设置中，这个组的权限是仅次于 Administrators 组的。

（6）System 组。

System 组拥有和 Administrators 一样甚至更高的权限。在查看用户组的时候，它并不会被显示出来，也不允许任何用户的加入。这个组主要用于保证系统服务的正常运行。

默认情况下，Windows 10 操作系统基于安全考虑，内置的 Administrator 账户和 Guest 账户都处于禁用状态，以免无密码保护的这两个账户被黑客所利用。

1. 创建新账户

V7-6　创建新账户

在 Windows 10 操作系统中，要创建新账户，可以按照以下步骤进行。

（1）在桌面的“此电脑”图标上单击鼠标右键，在弹出的快捷菜单中选择“管理”命令，如图 7-27 所示。

（2）打开“计算机管理”窗口，双击“本地用户和组”选项，选择中间列表框中的“用户”选项，如图 7-28 所示。

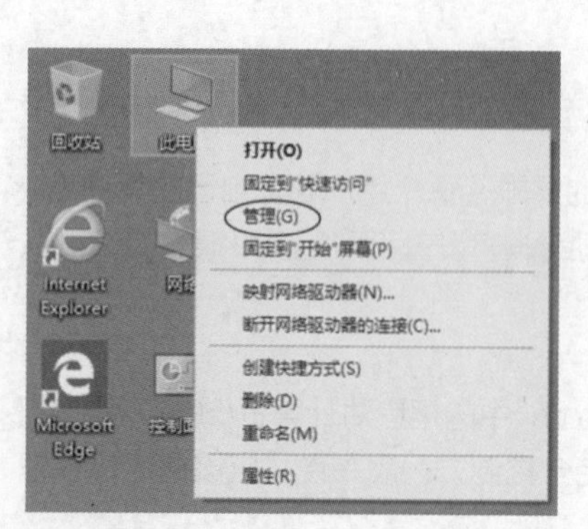

图 7-27　选择“管理”命令

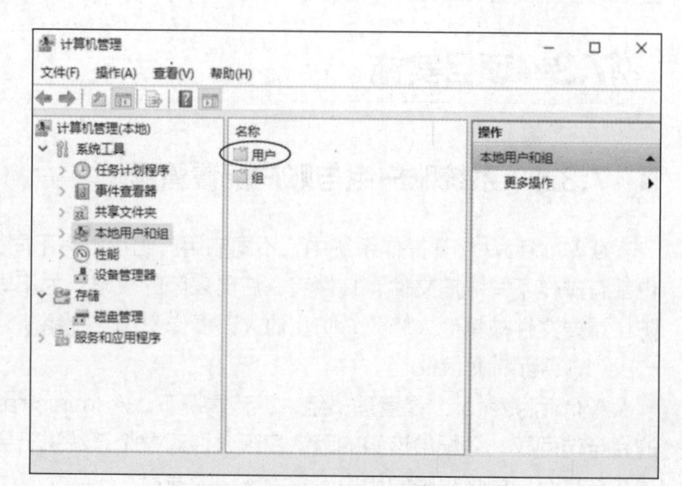

图 7-28　“计算机管理”窗口

（3）双击“用户”选项，可以查看当前用户信息，如图 7-29 所示。

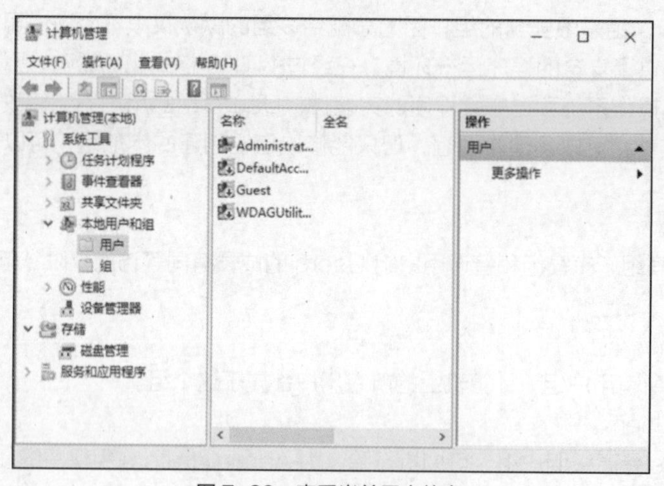

图 7-29　查看当前用户信息

（4）在中间列表框的空白处单击鼠标右键，在弹出的快捷菜单中选择“新用户”命令，如图 7-30 所示。

（5）弹出“新用户”对话框，输入用户名和密码，单击“创建”按钮，单击“关闭”按钮，如图 7-31 所示。

（6）完成新用户的创建，如图 7-32 所示。

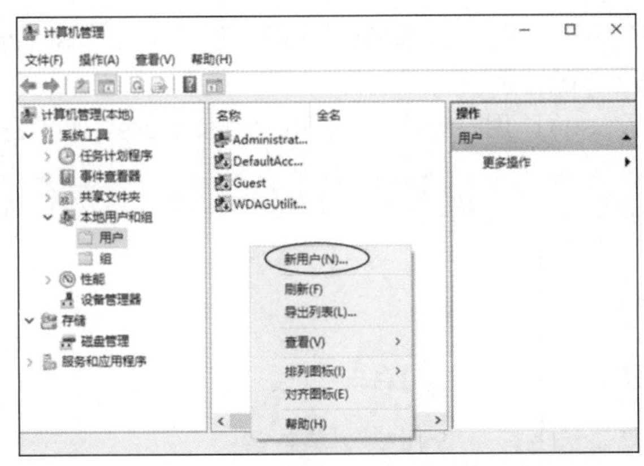

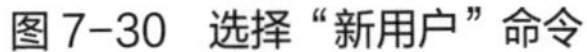
图 7-30 选择“新用户”命令

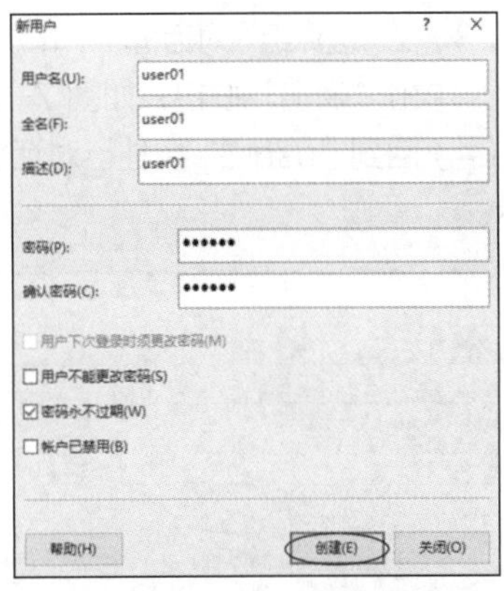

图 7-31 “新用户”对话框

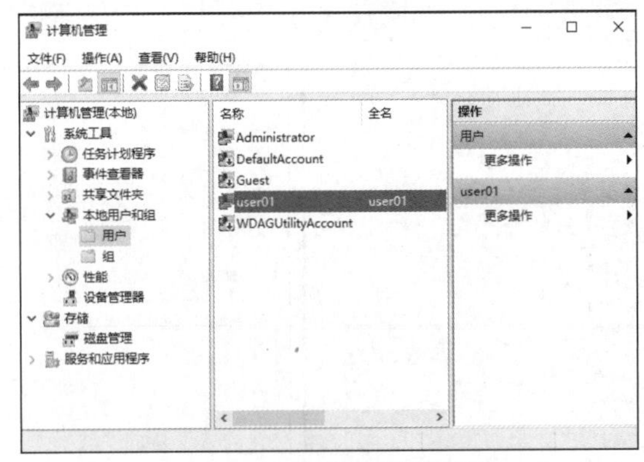

图 7-32 完成新用户的创建

2. 更改用户的工作组

想更改用户的工作组，需要进行如下操作。

（1）双击新建的用户“user01”，弹出“user01 属性”对话框，选择“隶属于”选项卡，如图 7-33 所示。

（2）单击“添加”按钮，弹出“选择组”对话框，如图 7-34 所示。

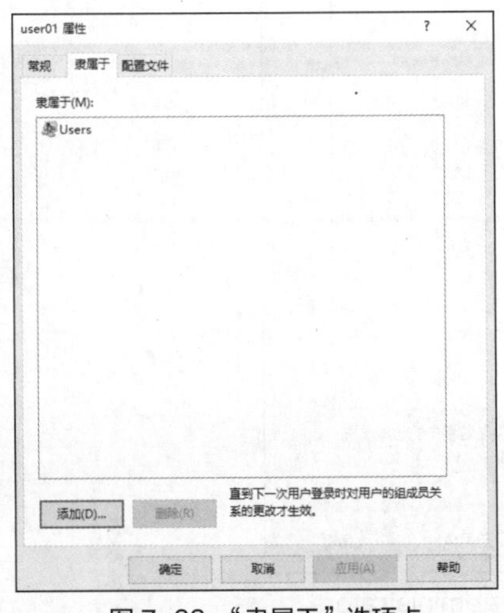

图 7-33 “隶属于”选项卡

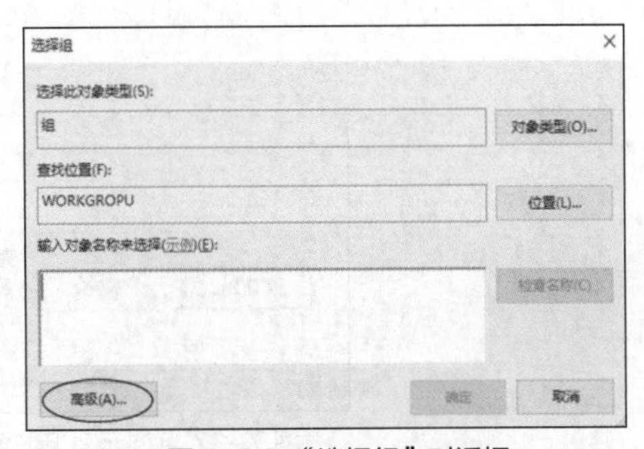

图 7-34 “选择组”对话框

（3）在“选择组”对话框中，单击“高级”按钮，再单击“立即查找”按钮，选择“Administrators”选项，单击“确定”按钮，如图 7-35 和图 7-36 所示。

（4）回到“user01 属性”对话框，显示 user01 用户已经隶属于 Administrators，如图 7-37 所示。

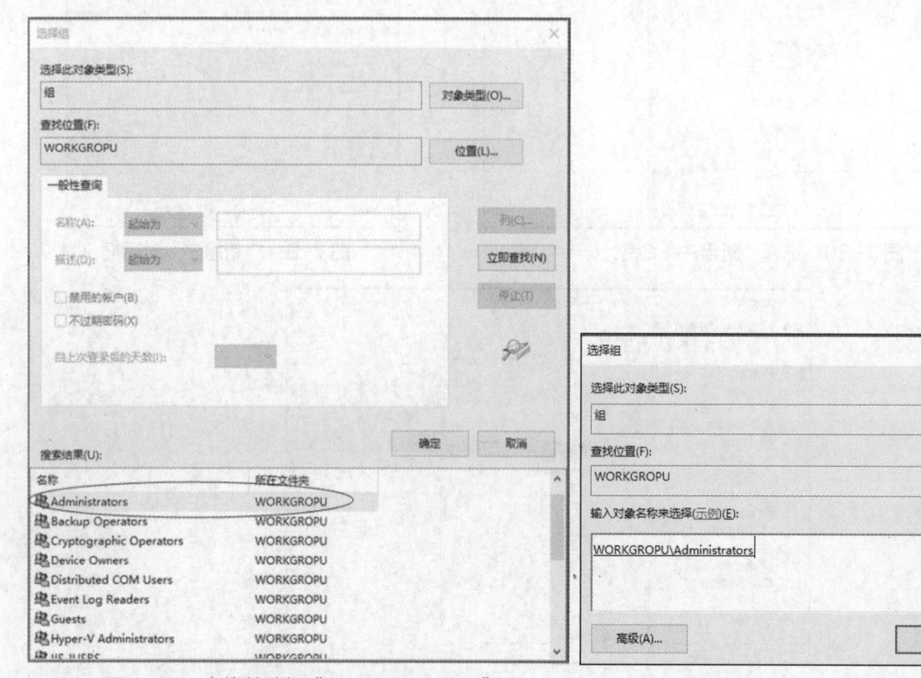

图 7-35　查找并选择“Administrators”　　图 7-36　选中“Administrators”

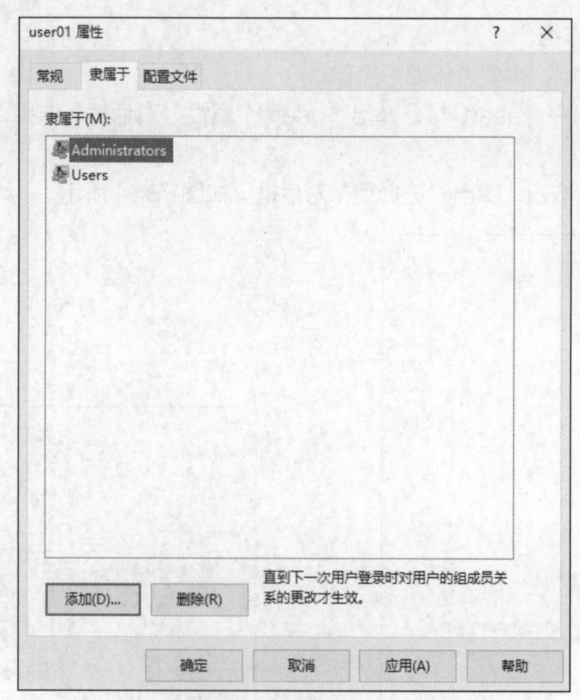

图 7-37　user01 用户已经隶属于 Administrators

3. 密码管理

密码管理是保护操作系统的安全手段之一，可以创建密码、更改密码，其操作如下。

（1）创建密码。

打开“计算机管理”窗口，选择“本地用户和组”选项，在“新用户”对话框中创建新用户并设置密码，单击“创建”按钮，如图 7-38 所示。

（2）更改密码。

① 选择要更改密码的用户并单击鼠标右键，在弹出的快捷菜单中选择“设置密码”命令，如图 7-39 所示。

② 为用户设置密码时，会进入提示信息界面，单击“继续”按钮，如图 7-40 所示。在“为 user02 设置密码”对话框中设置新密码，依次单击“确定”按钮，完成用户密码的更改，如图 7-41 和图 7-42 所示。

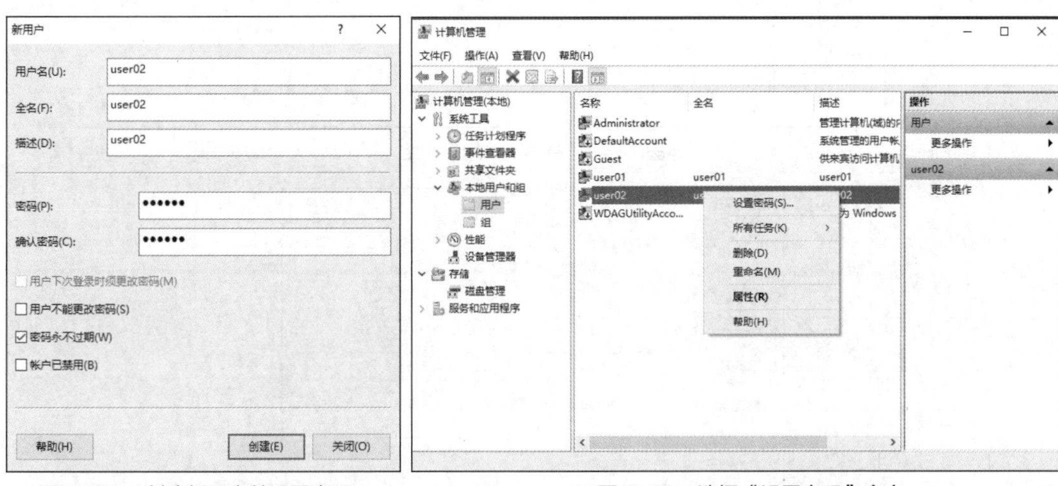

图 7-38　创建新用户并设置密码

图 7-39　选择“设置密码”命令

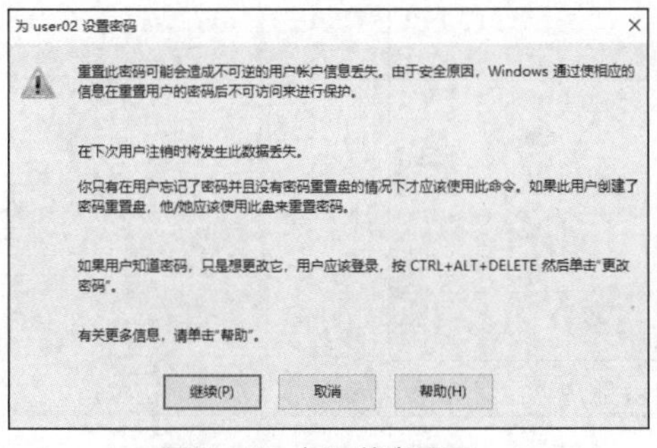

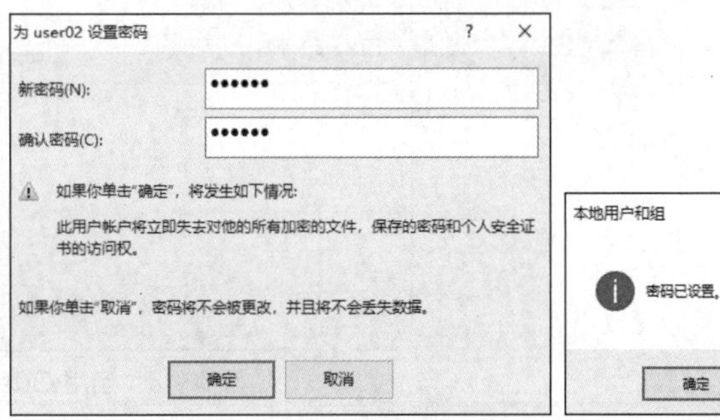

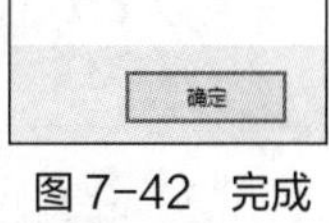

图 7-40　提示信息界面

图 7-41　设置新密码

图 7-42　完成密码的更改

4. 账户管理

Windows 10 操作系统默认禁用了 Guest 账户，用户可以手动启用或禁用这个账户。

（1）启用或禁用 Guest 账户。

① 打开“计算机管理”窗口，选择“本地用户和组”选项，查看本地用户和组如图 7-43 所示。

② 在中间列表框中，双击“Guest”账户，弹出“Guest 属性”对话框，取消选中“账户已禁用”复选框，选中“密码永不过期”复选框，启用 Guest 账户，如图 7-44 所示。

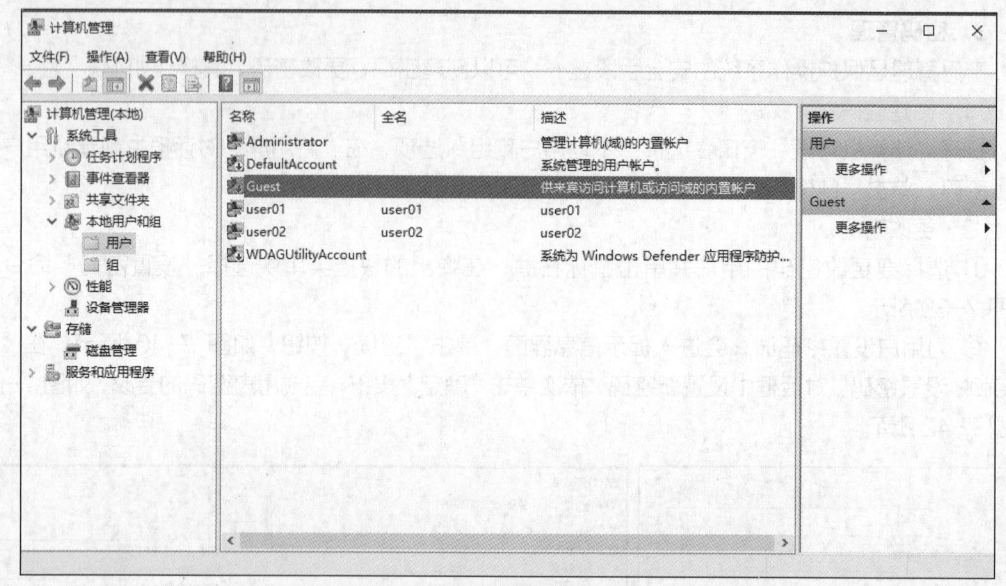

图 7-43　查看本地用户和组

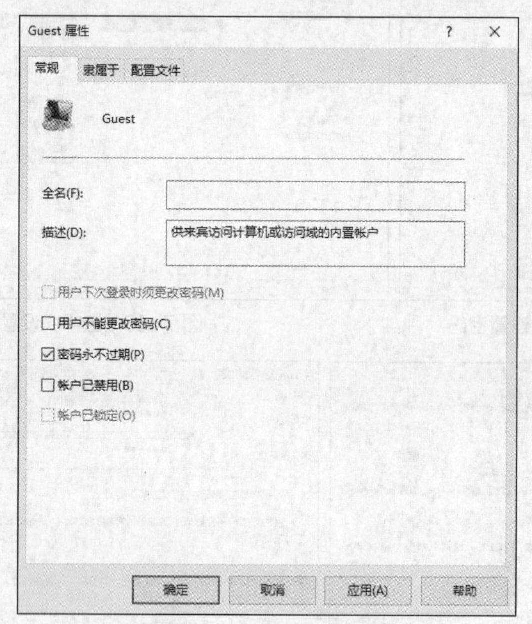

图 7-44　启用 Guest 账户

（2）设置账户默认启动顺序。

想设置账户默认启动顺序，需要进行如下操作。

① 按【Windows+R】组合键，弹出“运行”对话框，输入命令“control userpasswords2”，如图 7-45 所示。

② 单击“确定”按钮，弹出“用户账户”对话框，如图 7-46 所示。

③ 在“用户”选项卡中，取消选中“要使用本计算机，用户必须输入用户名和密码”复选框，选择“user01”用户，单击“应用”按钮，再单击“确定”按钮，即设置了默认启动“user01”用户，如图 7-47 所示。

图 7-45 “运行”对话框

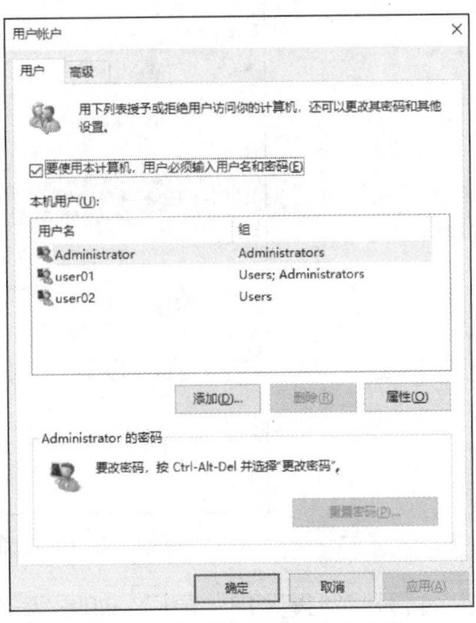

图 7-46 “用户账户”对话框

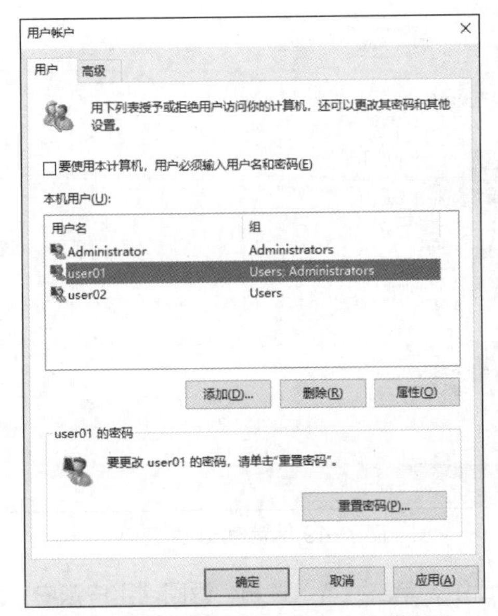

图 7-47 设置默认启动“user01”用户

7.3.2 计算机系统安全设置

计算机网络已成为我们每个人都熟悉的领域，而计算机安全也逐渐成为每个人关心的话题。随着计算机病毒的不断演变，很多人的计算机受到网络安全威胁，安全性不好的计算机不仅容易遭到病毒入侵，还容易成为攻击者的攻击目标。

1. 禁止弹出用户账户控制对话框

Windows 操作系统的用户账户功能是和系统账户权限紧密连接的安全防护机制，一旦有安装程序需要更高的权限时，就会弹出对话框，提示需要更高的权限，这会给用户造成一些不必要的麻烦。正常程序安装完毕后，需恢复用户安全防护机制，以保证系统的安全性。

（1）打开“控制面板”窗口，选择“用户账户”→“更改账户类型”选项，如图 7-48 所示。

图 7-48 “控制面板”窗口

（2）打开“管理账户”窗口，如图 7-49 所示。

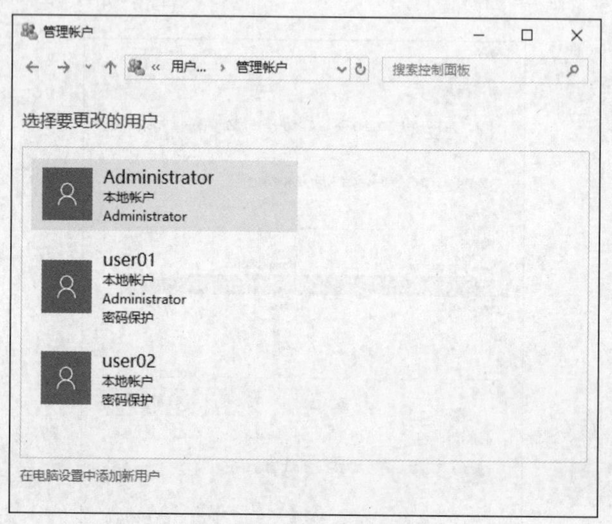

图 7-49 “管理账户”窗口

（3）在“管理账户”窗口中，单击“↑”按钮，返回“用户账户”窗口，如图 7-50 所示。

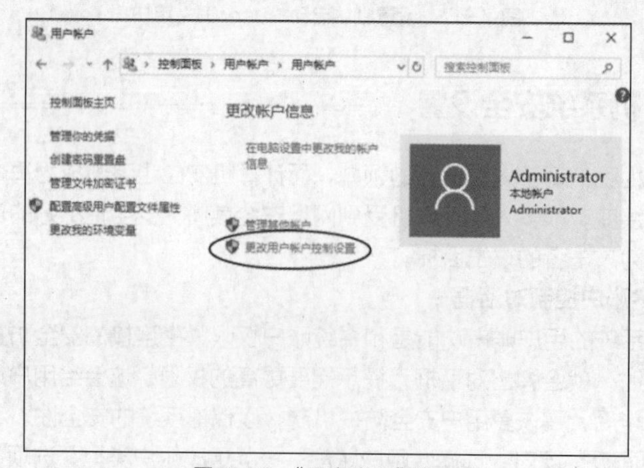

图 7-50 “用户账户”窗口

（4）选择“更改用户账户控制设置”选项，打开“用户账户控制设置”窗口，左侧滑块对应 4 个安全级别，每个级别的含义在右边的文本框中有相应的解释，要禁止弹出用户账户控制对话框，需要选择最低的级别，进行相应的设置，单击“确定”按钮，如图 7-51 所示。

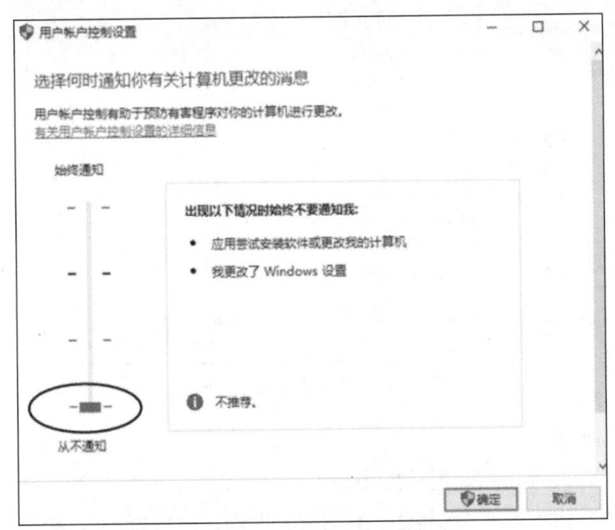

图 7-51 “用户账户控制设置”窗口

2. 设置 Windows 防火墙

Windows 防火墙是 Windows 操作系统自带的安全软件，它可以防止计算机被外网恶意程序破坏。Windows 操作系统默认是打开 Windows 防火墙的。

（1）Windows 防火墙相关设置。

① 打开“控制面板”窗口，选择“系统和安全”选项，如图 7-52 所示。

② 打开“系统和安全”窗口，选择“Windows Defender 防火墙”选项，如图 7-53 所示。

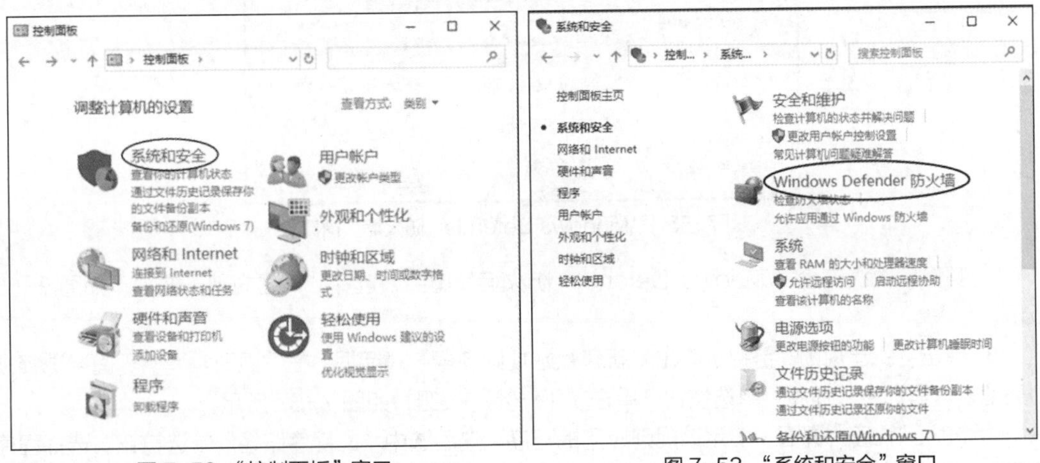

图 7-52 “控制面板”窗口　　图 7-53 “系统和安全”窗口

③ 在打开的“Windows Defender 防火墙”窗口中选择“启用或关闭 Windows Defender 防火墙”选项，打开“自定义设置”窗口，在“自定义设置”窗口中，可以选择启用或关闭防火墙，如图 7-54 所示。

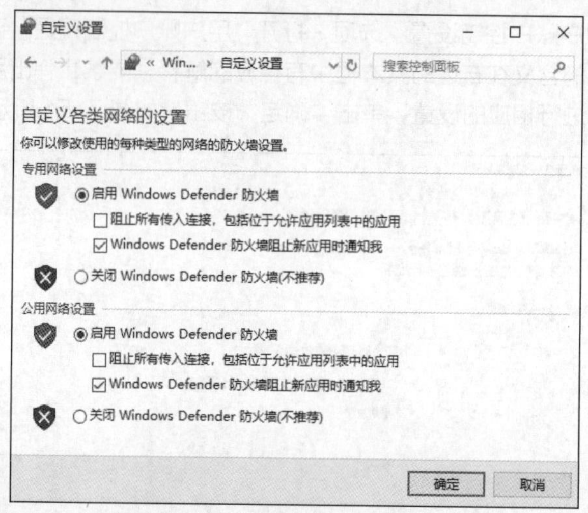

图 7-54 “自定义设置”窗口

（2）配置 Windows 防火墙。

想配置 Windows 防火墙，需要进行如下操作。

① 在“Windows Defender 防火墙”窗口中，单击“高级设置”链接，如图 7-55 所示。

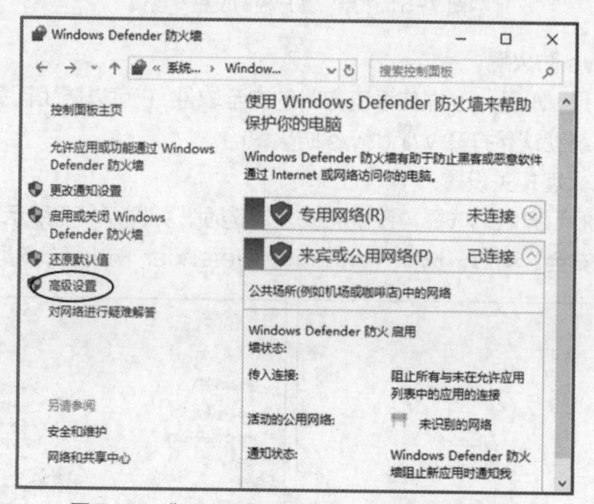

图 7-55 “Windows Defender 防火墙”窗口

② 打开“高级安全 Windows Defender 防火墙”窗口，选择“入站规则”选项，如图 7-56 所示。

③ 单击“新建规则”链接，弹出“新建入站规则向导”对话框，在“规则类型”界面中选择规则类型，这里选中“程序”单选按钮，单击“下一步”按钮，如图 7-57 所示。

④ 进入“程序”界面，指定该规则应用的程序，这里选中“此程序路径”单选按钮，选择程序的路径，单击“下一步”按钮，如图 7-58 所示。

⑤ 进入“操作”界面，选中“允许连接”单选按钮，单击“下一步”按钮，如图 7-59 所示。

⑥ 进入“配置文件”界面，选中“域”“专用”“公用”复选框，单击“下一步”按钮，如图 7-60 所示。

⑦ 进入“名称”界面，输入规则名称“鲁大师”，单击“完成”按钮，如图 7-61 所示。

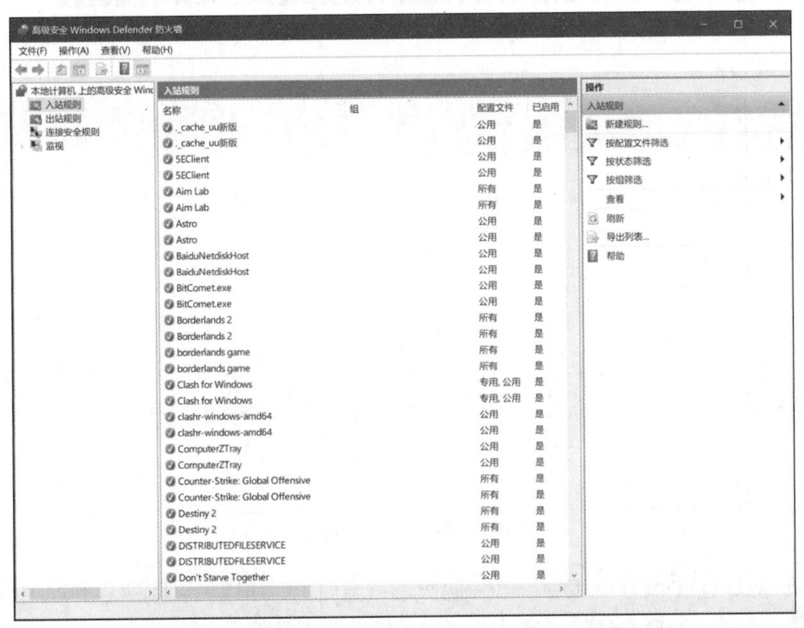

图 7-56 “高级安全 Windows Defender 防火墙”窗口

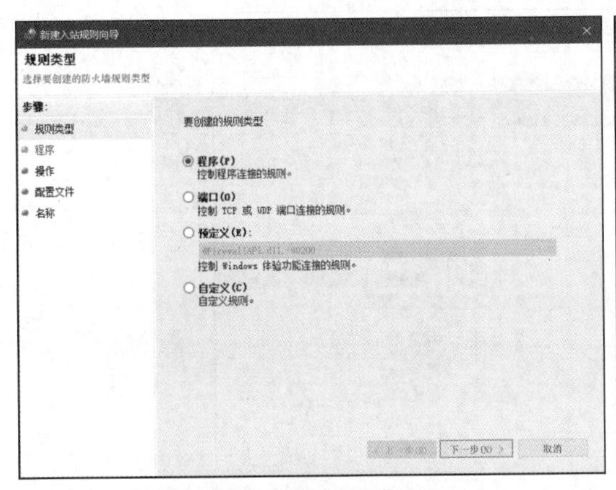

图 7-57 “规则类型”界面

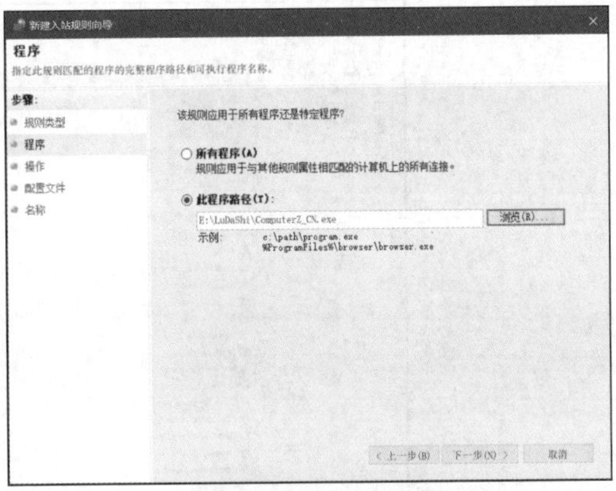

图 7-58 “程序”界面

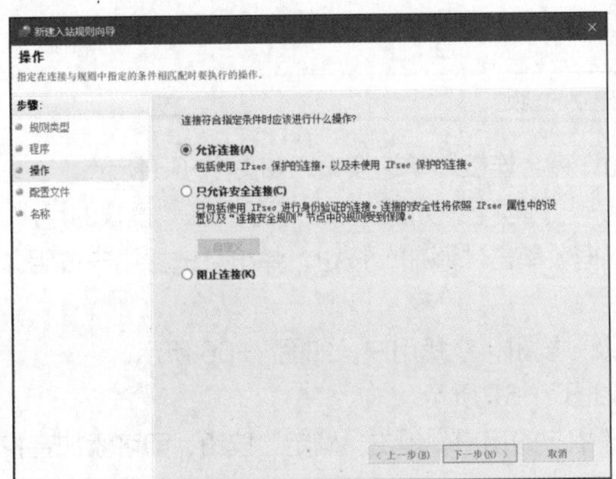

图 7-59 “操作”界面

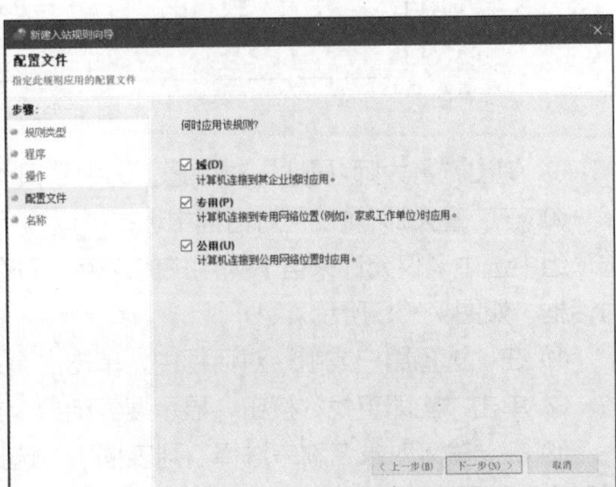

图 7-60 “配置文件”界面

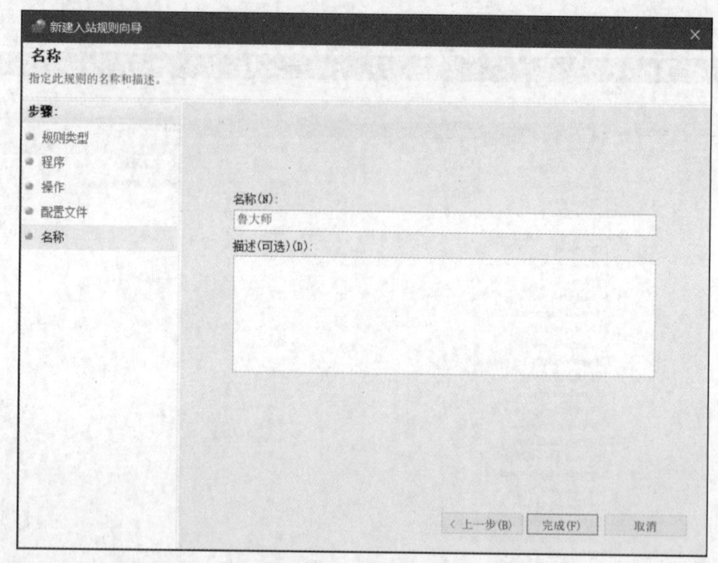

图 7-61 “名称”界面

⑧ 在“高级安全 Windows Defender 防火墙”窗口中，可以看到刚建立的规则，选择新建的规则“鲁大师”选项，选择右侧的“属性”选项，如图 7-62 所示。

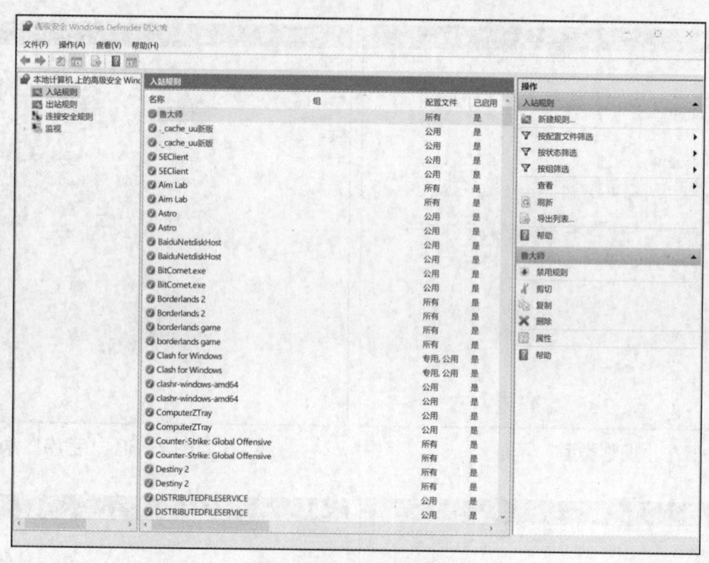

图 7-62 建立的规则

⑨ 弹出“鲁大师 属性”对话框，选中“只允许完全连接”单选按钮，如图 7-63 所示。

⑩ 在“鲁大师 属性”对话框中选择“远程用户”选项卡，如图 7-64 所示，在“授权的用户”选项组中选中“仅允许来自下列用户的连接”复选框，单击“添加”按钮，弹出“选择用户或组”对话框，如图 7-65 所示。

⑪ 在“选择用户或组”对话框中，单击“高级”按钮，查找用户，如图 7-66 所示。

⑫ 单击“立即查找”按钮，显示搜索结果，如图 7-67 所示。

⑬ 在“输入对象名称来选择”列表框中，选择相应的用户，单击“确定”按钮，即可添加查找的用户，如图 7-68 所示。

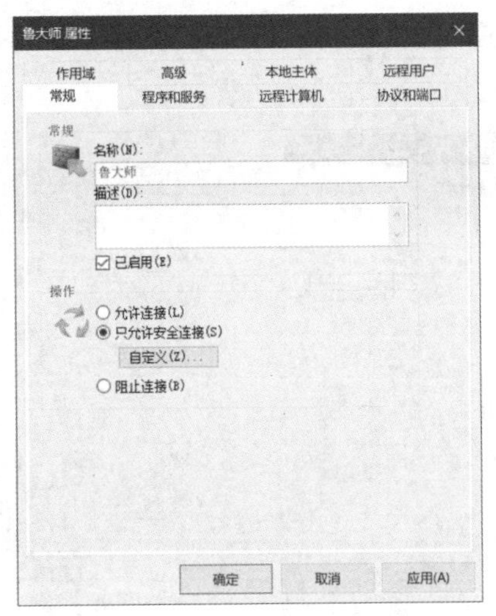

图 7-63 “鲁大师 属性”对话框

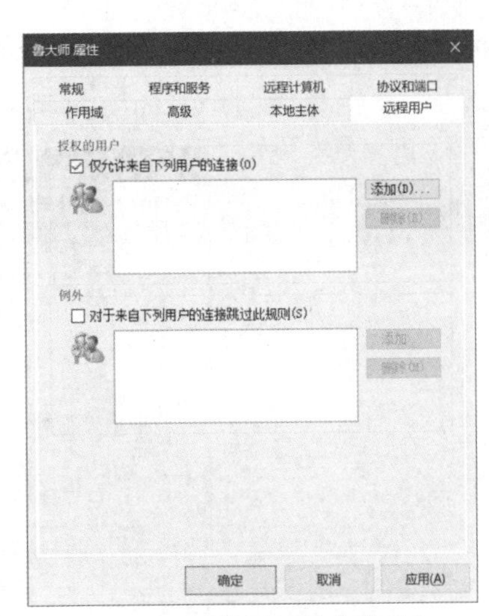

图 7-64 “远程用户”选项卡

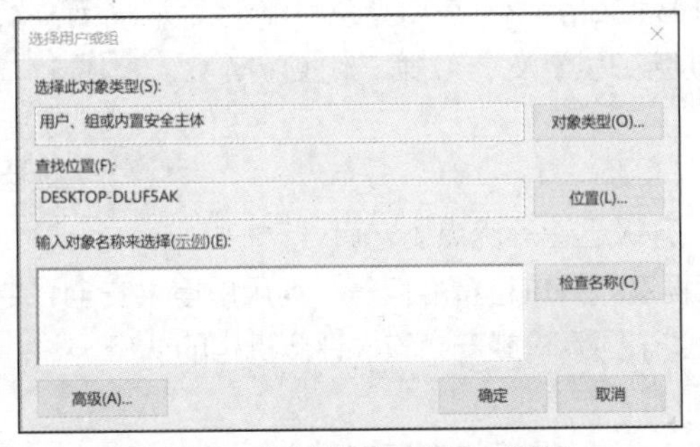

图 7-65 “选择用户或组”对话框

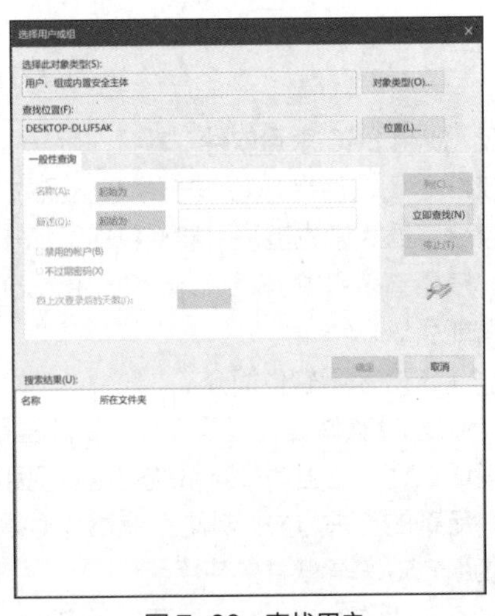

图 7-66 查找用户

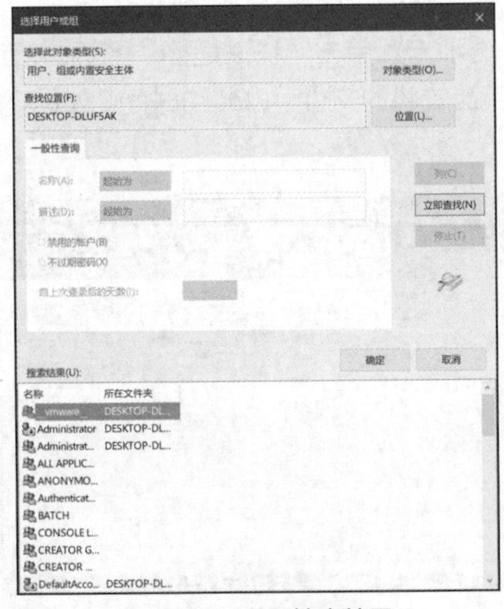

图 7-67 显示搜索结果

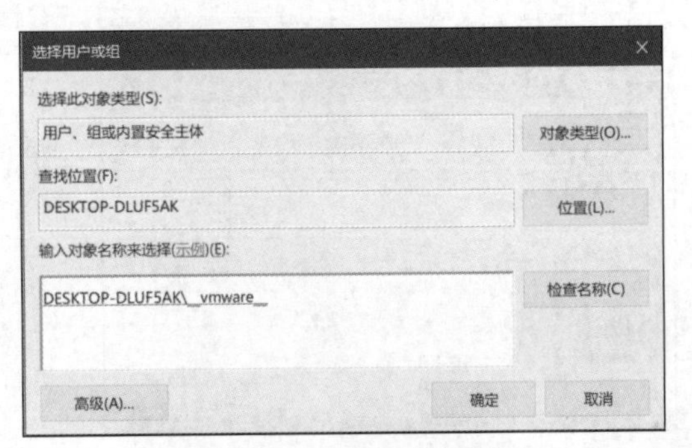

图 7-68 添加查找的用户

⑭ 回到“鲁大师 属性”对话框，在“授权的用户”列表框中可以看到新添加的用户，如图 7-69 所示。

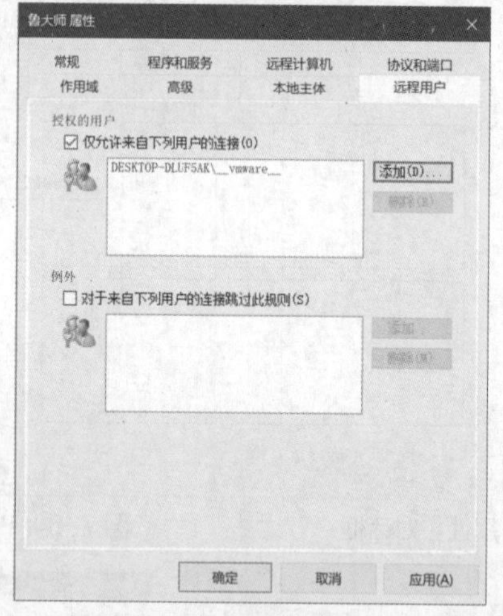

图 7-69 新添加的用户

3. 使用 360 杀毒软件

V7-7 使用 360 杀毒软件

360 杀毒软件是 360 安全中心出品的一款免费的云安全杀毒软件。它创新性地整合了五大领先查杀引擎，包括国际知名的 BitDefender 病毒查杀引擎、小红伞病毒查杀引擎、360 云查杀引擎、360 主动防御引擎及 360 第二代 QVM 人工智能引擎。

（1）360 杀毒软件简介。

360 杀毒软件具有查杀率高、资源占用少、升级迅速等优点。它可一键扫描，能够快速、全面地诊断系统安全状况和健康程度，并进行精准修复，为用户提供安全、专业、有效、新颖的查杀防护。其防杀病毒能力得到了多个国际权威安全软件评测机构的认可。

（2）360 杀毒软件的使用。

360 杀毒软件使用方便灵活，用户可以根据当前的工作环境自行定义。

① 下载并安装 360 杀毒软件，进入“360 杀毒”软件主界面，如图 7-70 所示。

② 在“360 杀毒”软件主界面中选择“病毒查杀”选项卡，单击“快速扫描”图标。快速扫描可以以最快速度对计算机进行扫描，迅速查杀病毒和存在威胁的文件，以节约时间，如图 7-71 所示。

图 7-70 “360 杀毒”软件主界面

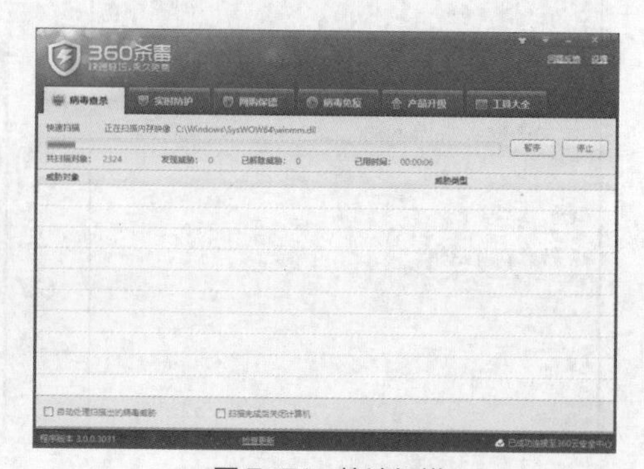

图 7-71 快速扫描

③ 单击“全盘扫描”图标，进行全盘扫描。全盘扫描花费时间长，占用资源较多，建议安排工作间隙来完成，如图 7-72 所示。

④ 单击“指定位置扫描”图标，可以选择扫描目录，如图 7-73 所示。进行自定义扫描，如图 7-74 所示。

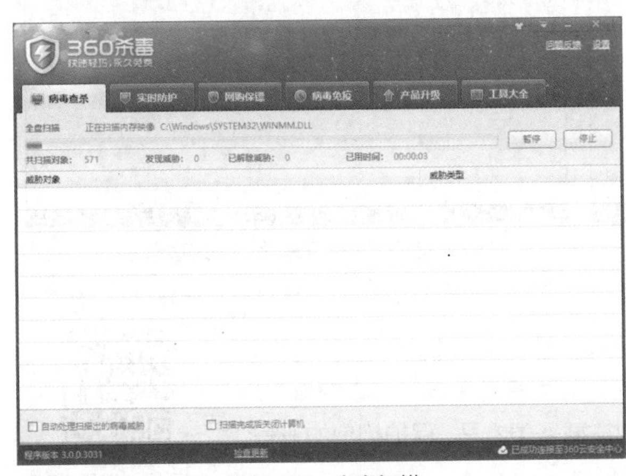

图 7-72　全盘扫描

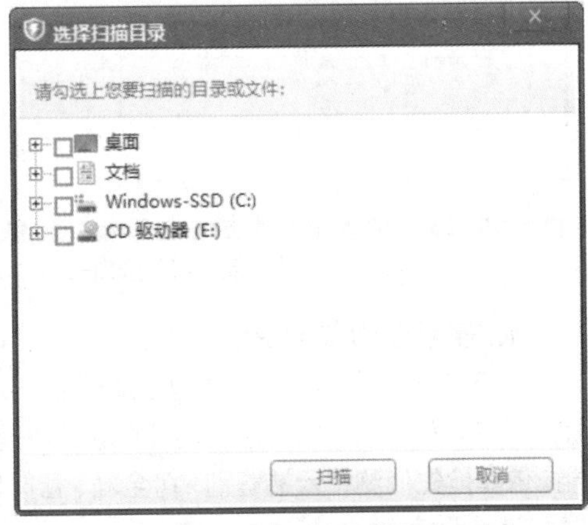

图 7-73　选择扫描目录

⑤ 在“360 杀毒”软件主界面中，分别选择“实时防护”“网购保镖”“病毒免疫”“产品升级”“工具大会”选项卡，可以分别进行各项设置，如图 7-75～图 7-79 所示。

图 7-74　自定义扫描

图 7-75　“实时防护”选项卡

图 7-76　“网购保镖”选项卡

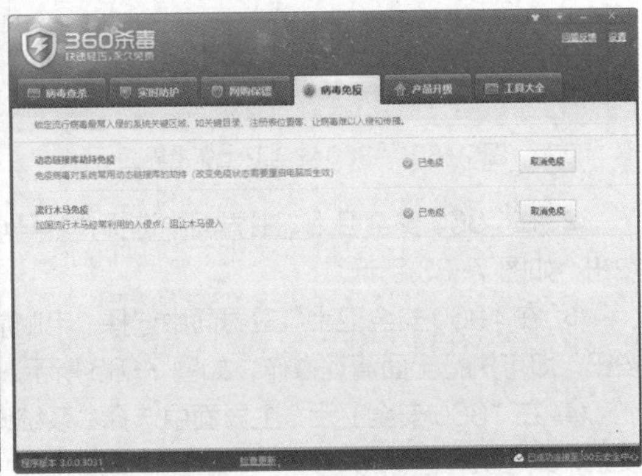

图 7-77　“病毒免疫”选项卡

图 7-78 “产品升级”选项卡

图 7-79 “工具大会”选项卡

4. 使用 360 安全卫士

V7-8 使用 360 安全卫士

360 安全卫士拥有查杀木马、清理插件、修复漏洞、计算机体检、计算机救援、保护隐私、计算机专家、清理垃圾、清理痕迹、木马防火墙、360 密盘等功能，依靠抢先侦测和云端鉴别，可全面、智能地拦截各类木马，保护用户的账号、隐私等重要信息。

（1）360 安全卫士简介。

360 安全卫士使用起来极其方便，一直以来主打在线安装模式，只需联网即可轻松安装最新版本，安装过程简单快速，基本上是全自动完成的，无须人工干预。360 安全卫士启动后将立即自动执行计算机体检任务。主界面的右侧提供了账号登录链接及推荐功能项目，用户还可以在此查看到程序当前的实时防护状态。

（2）360 安全卫士的使用。

① 下载并安装 360 安全卫士，进入“360 安全卫士”主界面，如图 7-80 所示。单击“立即体检”按钮，选择“立即体检”选项卡，如图 7-81 所示。

图 7-80 “360 安全卫士”主界面

图 7-81 “立即体检”选项卡

② 在“360 安全卫士”主界面中选择“木马查杀”选项卡，如图 7-82 所示。单击“快速查杀”按钮，如图 7-83 所示。

③ 在“360 安全卫士”主界面中选择“电脑清理”选项卡，如图 7-84 所示。单击“全面清理”按钮，即可执行全面清理操作，如图 7-85 所示。

④ 在“360 安全卫士”主界面中选择“系统修复”选项卡，如图 7-86 所示。单击“全面修复”按钮，即可执行全面修复操作，如图 7-87 所示。

图 7-82 “木马查杀”选项卡

图 7-83 快速查杀

图 7-84 “电脑清理”选项卡

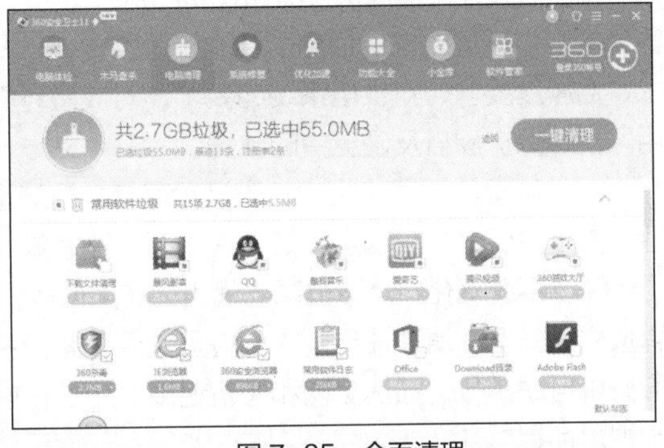

图 7-85 全面清理

图 7-86 “系统修复”选项卡

图 7-87 全面修复

⑤ 在“360 安全卫士”主界面中选择“优化加速”选项卡，如图 7-88 所示。单击“全面加速”按钮，即可执行全面加速操作，如图 7-89 所示。

图 7-88 “优化加速”选项卡

图 7-89 全面加速

⑥ 在“360 安全卫士”主界面中选择“功能大全”选项卡，其中显示了 360 安全卫士提供的各种功能如图 7-90 所示。

⑦ 在“360 安全卫士”主界面中选择“软件管家”选项卡，进入“360 软件管家”主界面，即可对软件进行管理。

图 7-90 “功能大全”选项卡

7.4 项目小结

（1）计算机工作环境要求和注意事项：计算机工作环境要求包括温度要求、湿度要求、洁净度要求、对供电系统的要求、对放置环境的要求；计算机使用注意事项包括养成良好的使用习惯、保护硬盘及硬盘中的数据。

（2）磁盘的清理和维护：磁盘是存储数据的重要场所，需要对磁盘进行定期维护以提高磁盘的性能并有效保障数据安全，如清理磁盘、整理磁盘碎片、格式化磁盘等。

（3）系统优化：计算机系统优化的作用很多，它可以清理 Windows 临时文件夹中的临时文件、释放磁盘空间、清理注册表中的垃圾文件、减少系统错误的产生，还能加快开机速度、阻止一些程序开机自动执行、加快上网和关机速度、个性化操作系统。具体方法包括优化开机启动程序、设置虚拟内存等。

（4）计算机常见故障诊断及维护：计算机系统包含多种部件和外设，使用时难免会发生各种故障，其引发故障的原因及故障表现形式也是多种多样的。具体内容包括计算机故障分类、计算机故障诊断的基本原则、计算机故障诊断的步骤与方法。

（5）系统账户组与账户配置管理：在 Windows 10 操作系统中，不同的用户组可以有不同的权限，每个用户都有自己的用户组，也都有操作不同账户文件、文件夹、注册表等的权限。具体内容包括用户创建、更改账户的工作组、密码管理、账户管理等。

（6）计算机系统安全设置：随着计算机病毒的不断演变，很多人的计算机受到网络安全威胁，安全性不好的计算机不仅容易遭到病毒入侵，还容易成为攻击者的攻击目标。具体内容包括禁止弹出用户账户控制对话框、设置 Windows 防火墙、使用 360 杀毒软件、使用 360 安全卫士等。

课后习题

简答题

（1）计算机工作环境的要求包括哪些？

（2）使用计算机时的注意事项包括哪些？

（3）如何优化开机启动程序？

（4）如何设置用户密码及默认用户登录方式？

（5）简述计算机故障分类及故障检测步骤与方法。

（6）如何进行计算机系统安全设置？